普通高等职业教育"十二五"规划教材

计算机组装与维护

何新洲　刘振栋　主　编
熊　辉　翁业林　王洪亮　刘　强　蔡杰辉　副主编

清华大学出版社
北京

内容简介

本书以培养学生的职业能力为核心,以实际项目为导向,采用任务驱动的教学方法组织教材内容。全书共设置八个项目,分别是了解计算机系统的体系结构、根据实际需求配置台式计算机、台式机的硬件组装、系统安装前的准备工作、计算机系统的软件安装、计算机系统的备份与恢复、计算机的性能测试与优化,以及系统的维护与常见故障的处理,每个项目中的知识点讲解又以不同的工作任务为驱动,充分体现"学做一体化"特点,增强学生实践动手能力。

本书可用作高等职业技术院校计算机相关专业及其他非计算机专业的"计算机组装与维护"课程的教材,也可作为相关教育培训机构的计算机系列培训教材。

本书封面贴有清华大学出版社防伪标签,无标签者不得销售。
版权所有,侵权必究。举报:010-62782989,beiqinquan@tup.tsinghua.edu.cn。

图书在版编目(CIP)数据

计算机组装与维护 / 何新洲,刘振栋主编. --北京:清华大学出版社,2015(2023.8重印)
(普通高等职业教育"十二五"规划教材)
ISBN 978-7-302-41793-4

Ⅰ.①计… Ⅱ.①何… ②刘… Ⅲ.①电子计算机-组装-高等职业教育-教材 ②计算机维护-高等职业教育-教材 Ⅳ.①TP30

中国版本图书馆 CIP 数据核字(2015)第 246037 号

责任编辑:刘志彬
封面设计:汉风唐韵
责任校对:王凤芝
责任印制:刘海龙

出版发行:清华大学出版社
网　　址:http://www.tup.com.cn, http://www.wqbook.com
地　　址:北京清华大学学研大厦 A 座　　邮　编:100084
社 总 机:010-83470000　　邮　购:010-62786544
投稿与读者服务:010-62776969, c-service@tup.tsinghua.edu.cn
质量反馈:010-62772015, zhiliang@tup.tsinghua.edu.cn
印 装 者:涿州市般润文化传播有限公司
经　　销:全国新华书店
开　　本:185mm×260mm　　印　张:17.5　　字　数:425 千字
版　　次:2015 年 11 月第 1 版　　印　次:2023 年 8 月第 10 次印刷
定　　价:49.00 元

产品编号:063122-02

Preface 前言

随着计算机技术的不断进步，计算机软、硬件也在日新月异的变化，我们所处的时代，以"多核心"、"超线程"、"CPU 内置图片处理芯片"、"USB3.0"、"HDMI"、"开源技术"、"移动互联技术"、"互联网+"、"IPv6"、"三网融合"以及"物联网"等为时代关键字，代表着时代的特征和 IT 前沿技术。作为一本介绍计算机技术方面的教材，应该做到与时代相结合，涵盖的知识和内容必须跨越不同的年代，并且紧跟时代发展的步伐，让读者通过本教材学习到最新、最前沿和最实用的技术，以满足工作所需。

为确保教材编写的质量，本书的编写团队深入相关企业，对硬件技术工程师、硬件维护工程师和桌面运维工程师等工作岗位进行了调研，将这些岗位所需的知识和技能以及典型工作任务进行了分析，精心选取了教材的内容；参照工业与信息化部电子教育与考试中心"硬件技术工程师"和"硬件维护工程师"职业技术认证考试大纲，将教材的内容进行重新整合，并按硬件工程师成长规律，对教材内容从逻辑上进行了序化；同时依据高等职业技术教育教学最新理念，按"项目引领、任务驱动"的教学方法，进行教学设计。

全书内容按照八个实际的项目进行编排，具体内容安排如下。

项目 1 主要了解计算机系统的体系结构，围绕"获知计算机的详细配置"和"认识计算机的硬件部件"等两个典型的工作任务进行介绍，涉及知识包括：计算机发展的历程、计算机系统的体系结构、计算机的基本工作原理、计算机系统的基本类型、计算机的应用领域和计算机技术的发展前沿等。

项目 2 根据实际需求配置台式计算机，围绕"确定计算机的配置方案"和"亲临电脑城，购置计算机的硬件配件"等两个典型的工作任务进行介绍，涉及知识包括：中央处理器、主板、内存、硬盘驱动器、移动存储器、显示卡、显示器、声卡、音箱、键盘、鼠标、机箱和电源等配件相关知识和选购技巧。

项目 3 完成台式机的硬件组装，围绕"做好组装前的准备工作"和"完成计算机的硬件组装"等两个典型的工作任务进行介绍，涉及知识包括：电脑城装机注意事项、自助装机注意事项和计算机组装前的准备工作。

项目 4 介绍系统安装前的准备工作,围绕"BIOS 的基本设置"、"制作系统启动 U 盘"和"对硬盘进行分区"等三个典型的工作任务进行介绍,涉及知识包括:BIOS 设置与升级、系统启动 U 盘和硬盘的初始化等。

项目 5 介绍计算机系统的软件安装方法,围绕"安装操作系统"和"安装设备驱动程序"等两个典型的工作任务进行介绍,涉及知识包括:安装 Windows 7 操作系统、安装设备驱动程序和安装与卸载常用软件等。

项目 6 介绍计算机系统的备份与恢复的方法,围绕"Windows 7 系统还原工具"和"利用一键还原精灵软件备份与恢复系统"等两个典型的工作任务进行介绍,涉及知识包括:Windows 7 系统还原工具和 Ghost 软件备份还原系统等。

项目 7 介绍计算机的性能测试与优化的方法,围绕"硬件检测与性能测试"、"对软件系统进行优化"和"进行数据的备份与恢复"等三个典型的工作任务进行介绍,涉及知识包括:计算机硬件检测与性能测试、系统优化和数据的备份与恢复等。

项目 8 介绍系统的维护与常见故障的处理,围绕"计算机各部件的日常维护"、"掌握计算机维修的方法"和"常见故障的分析和处理"等三个典型的工作任务进行介绍。涉及知识包括:计算机的日常维护、计算机故障分类、计算机故障判断分析原则与方法、常见计算机故障分析与排除、典型故障分析与排除和计算机主要部件故障汇总。

本书特色:

1. 丰富实例。本书每个项目以丰富的实例演示计算机硬件和组装操作,便于读者模仿和学习,同时方便教师组织授课。

2. 大量插图。本书提供了大量精美的图片,让读者可以感受逼真的实例效果,从而迅速掌握计算机组装与维护的操作知识。

3. 项目自测。项目自测检验读者对每个项目所介绍知识和技能的掌握程度。

本书由何新洲、刘振栋担任主编,熊辉、翁业林、王洪亮、刘强和蔡杰辉担任副主编。具体分工为:何新洲编写项目 1~3,王洪亮、何新洲编写项目 4,熊辉、翁业林编写项目 5,刘强、蔡杰辉编写项目 6,刘振栋编写项目 7 和项目 8。

由于时间仓促,书中难免存有不当或者错漏之处,恳请师生及广大读者在使用过程中提出宝贵的意见,并予以批评指正。

编　者

Contents 目 录

项目1　了解计算机系统的体系结构

项目知识 1
　知识1.1　计算机发展的历程 2
　知识1.2　计算机系统的体系结构 4
　知识1.3　计算机的基本工作原理 7
　知识1.4　计算机系统的基本类型 8
　知识1.5　计算机的应用领域 12
　知识1.6　计算机技术的发展 14
项目实施 15
　任务1.1　获知计算机的详细配置 15
　任务1.2　认识计算机的硬件部件 18

项目2　根据实际需求配置台式计算机

项目知识 23
　知识2.1　中央处理器 23
　知识2.2　主板 35
　知识2.3　内存 49
　知识2.4　硬盘驱动器 54
　知识2.5　移动存储器 65
　知识2.6　显示卡 68
　知识2.7　显示器 75
　知识2.8　声卡与音箱 81
　知识2.9　键盘与鼠标 84
　知识2.10　机箱与电源 87

项目实施 …… 92
任务 2.1　确定计算机的配置方案 …… 92
任务 2.2　亲临电脑城，购置计算机的硬件配件 …… 94

项目 3　台式机的硬件组装

项目知识 …… 98
知识 3.1　电脑城装机注意事项 …… 98
知识 3.2　自助装机注意事项 …… 100
知识 3.3　计算机组装前的准备工作 …… 102

项目实施 …… 105
任务 3.1　做好组装前的准备工作 …… 105
任务 3.2　完成计算机的硬件组装 …… 106

项目 4　系统安装前的准备工作

项目知识 …… 121
知识 4.1　BIOS 设置与升级 …… 121
知识 4.2　系统启动 U 盘 …… 142
知识 4.3　硬盘的初始化操作 …… 143

项目实施 …… 145
任务 4.1　BIOS 的基本设置 …… 145
任务 4.2　制作系统启动 U 盘 …… 146
任务 4.3　对硬盘进行分区 …… 151

项目 5　计算机系统的软件安装

项目知识 …… 157
知识 5.1　安装 Windows 7 操作系统 …… 157
知识 5.2　安装设备驱动程序 …… 163
知识 5.3　安装与卸载常用软件 …… 170

项目实施 ………………………………………………………………… **174**
    任务 5.1 安装操作系统 ………………………………………………… 174
    任务 5.2 安装设备驱动程序 ……………………………………………… 175

项目 6　计算机系统的备份与恢复

项目知识 ………………………………………………………………… **177**
    知识 6.1 Windows 7 系统还原工具 ……………………………………… 178
    知识 6.2 Ghost 软件备份还原系统 ……………………………………… 182
项目实施 ………………………………………………………………… **189**
    任务 6.1 Windows 7 系统还原工具 ……………………………………… 189
    任务 6.2 利用一键还原精灵软件备份与恢复系统 …………………… 191

项目 7　计算机的性能测试与优化

项目知识 ………………………………………………………………… **195**
    知识 7.1 计算机硬件检测与性能测试 …………………………………… 196
    知识 7.2 系统优化 ……………………………………………………… 204
    知识 7.3 数据的备份与恢复 …………………………………………… 228
项目实施 ………………………………………………………………… **236**
    任务 7.1 硬件检测与性能测试 ………………………………………… 236
    任务 7.2 对软件系统进行优化 ………………………………………… 237
    任务 7.3 进行数据的备份与恢复 ……………………………………… 239

项目 8　系统的维护与常见故障的处理

项目知识 ………………………………………………………………… **245**
    知识 8.1 计算机的日常维护 …………………………………………… 245
    知识 8.2 计算机故障分类 ……………………………………………… 248
    知识 8.3 计算机故障判断分析原则与方法 …………………………… 249
    知识 8.4 常见计算机故障分析与排除 ………………………………… 253
    知识 8.5 典型故障分析与排除 ………………………………………… 256

知识 8.6　计算机主要部件故障汇总 ………………………………………… 261
项目实施 …………………………………………………………………………… **262**
　　任务 8.1　计算机各部件的日常维护 ………………………………………… 262
　　任务 8.2　掌握计算机维修的方法 …………………………………………… 264
　　任务 8.3　常见故障的分析和处理 …………………………………………… 266

参考文献 …………………………………………………………………………… **271**

项目 1 Chapter 1 了解计算机系统的体系结构

│知识目标│

1. 回顾计算机的发展历史,了解计算机系统的体系结构。
2. 掌握计算机的工作原理,了解计算机系统的基本类型。
3. 了解计算机系统的应用领域和计算机技术的发展前沿。

│技能目标│

1. 能够分辨不同类型的计算机系统,并能够说出其各自的主要特点。
2. 能够准确获知计算机系统的详细配置。
3. 能够识别计算机硬件系统的各个组成部件,理解各部件间的匹配关系。
4. 能够区分计算机软件系统中的各种类型,并能够说出其各自的作用。

│教学重点│

1. 计算机的发展历程。
2. 计算机的体系结构。
3. 计算机的工作原理。
4. 计算机的基本类型。

│教学难点│

1. 计算机的体系结构。
2. 计算机的工作原理。

项目知识

计算机的发明是 20 世纪人类最伟大的科学成就之一,它标志着人类进入信息化时代的开始。计算机发展到今天,已不再是一种应用工具,它已经成为一种文化和潮流,并给各行各业带来了巨大的冲击和变化。

回顾计算机的发展历史,人们总会想起美籍匈牙利学者冯·诺依曼,正是他作为"现代计算机之父"所提出的冯·诺依曼理论体系,才使得计算机得以诞生和发展。

知识 1.1 计算机发展的历程

电子计算机是在第二次世界大战时开始研制的。当时为了给美国军械试验提供准确而及时的弹道火力表,迫切需要有一种高速的计算工具。因此,在美国军方的大力支持下,世界上第一台计算机电子数字积分计算机(electronic numerical integrator and calculator,ENIAC)于 1943 年开始研制。参加研制工作的是以宾夕法尼亚大学莫尔电机工程学院的莫西利和埃克特为首的研制小组。

1946 年 2 月 15 日,世界上第一台电子计算机——ENIAC 在美国正式诞生,如图 1.1 所示。

图 1.1 ENIAC 电子计算机

与现代计算机相比,ENIAC 在技术方面显得相当落后,每秒 5 000 次的运算速度也反映出其性能与现代计算机不可相提并论。另外,ENIAC 共使用了 18 000 个电子管,另加 1 500 个继电器以及其他器件,其总体积约 90m^3,质量达 30t,占地 170m^2,需要用一间 30 多米长的大房间才能存放,是个地道的庞然大物,而且它每小时耗电量为 140kW。

ENIAC 的诞生为计算机和信息产业的发展奠定了坚实的基础。如果说 1946 年是计算机发展史上的一个重要的里程碑,那么,1971 年也是人们值得回忆的历史时刻。因为 1971 年正式诞生了微型计算机,由于它具有体积小、质量轻、耗电少、性能价格比最优、可靠性高、结构灵活等特点,所以很快应用于社会生活中的各个领域,并且飞速地发展,到今天,微型计算机已经出现了很多非常具有信息时代特征的产品类型。

从 ENIAC 的诞生到现在,短短几十年的时间,计算机的发展突飞猛进,已经先后出现了不同时代和不同类型的产品,满足不同领域的社会需求。按照计算机所使用的元器件,计算机的发展分为以下几个阶段。

1. 电子管计算机时代

从20世纪40年代末—20世纪50年代中期,电子计算机主要采用电子管为主要元件,这一时代计算机主要用于科学计算。

2. 晶体管计算机时代

20世纪50年代中期,晶体管取代电子管,大大缩小了计算机的体积,降低了计算机的成本,同时将运算速度提高了近百倍。计算机的应用领域也得到了拓展,不仅仅用于科学计算,而且开始用于数据处理和过程控制。

3. 集成电路、超大规模集成电路计算机时代

从20世纪60年代中期发展至今,随着集成电路的问世,出现了由小、中、大、超大规模集成电路构成的第三代计算机。这一时期,实时系统和计算机通信网络有了一定的发展。这一代计算机的体积进一步缩小,性能进一步提高,发展了并行技术和多机系统,微型计算机也是在这个时代产生的。

4. 未来的计算机

在不久的将来,计算机系统将逐步实现智能化,人工智能将会得到广泛的应用。在系统结构上要类似人脑的神经网络,在材料上使用常温超导材料和光器件,在计算机结构上采用超并行的数据流计算,在通信方式上将采用高速网络互联等。

回顾计算机近70年的发展历史,不难看出,计算机发展速度之快、种类之多、用途之广,以及对人类贡献之大都是人类科学技术发展史上任何一门学科和任何一种发明所无法比拟的。计算机硬件与软件技术的发展遵循一个摩尔定律,计算机处理速度越来越快,存储容量越来越大,具备的功能越来越多,系统功能越来越强大。与此相反,计算机元器件的集成度越来越高,计算机整机及外设的体积越来越小,功耗越来越小,应用的范围越来越广等。

技术提示

摩尔定律由英特尔公司(Intel)创始人之一戈登·摩尔(Gordon Moore)提出,意为当价格不变时,集成电路上可容纳的晶体管数目,每隔18个月便会增加一倍,而且性能也将提升一倍。这一定律揭示了信息技术进步的速度。虽然如今的计算机生产厂商并非严格遵循摩尔定律,但这已经成为他们追求的一个目标。

知识1.2 计算机系统的体系结构

计算机是能够根据用户输入的指令自动地完成算术和逻辑运算,并对运算的中间结果和最终结果进行处理,且具有输入、输出及存储记忆功能的系统设备。

如图1.2所示,完整的计算机系统由硬件系统和软件系统两大部分组成。其中,硬件系统是指计算机系统中的各种物理装置,包括运算器、控制器、内存储器、I/O设备以及外存储器等,它是计算机系统的物质基础。

$$\text{计算机系统}\begin{cases}\text{硬件系统(看得见摸得着的实体)}\\\text{软件系统(计算机中的各种程序)}\end{cases}$$

图1.2 计算机系统的体系结构

软件系统是相对于硬件系统而言的。从狭义的角度上讲,软件系统是指运行计算机所需的各种程序;从广义的角度上讲,还包括手册、说明书和有关的资料。

计算机系统中的硬件和软件是相辅相成的,缺一不可。如果计算机系统中没有硬件,就谈不上应用计算机。但是,光有硬件而没有软件,计算机也不能工作。

1. 计算机的硬件系统

按照冯·诺依曼理论体系分析,计算机系统的硬件部分由五大部分组成,即输入设备、存储器、运算器、控制器和输出设备等,如图1.3所示。

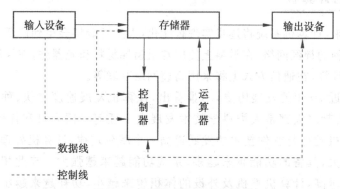

图1.3 计算机系统的硬件结构

尽管随着时代的发展计算机出现了不同类型的产品,但冯·诺依曼理论依然适用于绝大多数现代计算机,只不过,我们在对计算机硬件系统的描述方式上发生了一些变化。比如,现代计算机将运算器和控制器集成在一起,构成中央处理器(center process unit,CPU),所以我们也可以说计算机系统的硬件部分由输入设备、存储器、中央处理器和输出设备等四大部分组成。又如,现代计算机将存储器(这里特指内存储器或主存)和中央处理器安排在主机以内,且输入设备和输出设备统一称为外部设备(简称外设),所以我们也可以说计算机系统的硬件部分由主机和外设两部分构成,如图1.4所示。

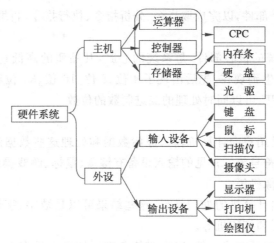

图 1.4 计算机的硬件系统组成

1) 主机部分

计算机主机包含运算器、存储器和控制器三个组成部分。其中,运算器是完成二进制数据的算术或逻辑运算的部件,它由算术逻辑部件(ALU)、累加器和暂存寄存器组成。ALU是运算器的核心,具体完成算术运算和逻辑运算;累加器的字长和位数相同,用于存放参加运算的操作数和连续运算的中间结果以及最后结果,从累加器的功能上来看,它也是一种寄存器;暂存寄存器的字长和位数相同,它用来暂存总线送来的操作数。

技术提示

计算机一次能处理的二进制数的位数称为字长。位数是指机器内数据长度、指令长度、地址长度是二进制的多少位,就寻址空间的大小来说,32位系统的寻址空间是2的32次方(4GB左右),64位系统的寻址空间是2的64次方。

存储器主要用来存放计算机中的数据和程序,是计算机中各种信息的存储和交流的中心。按照存储器在计算机中的作用,可分为内存储器、外存储器和高速缓冲存储器,也就是我们通常所说的三级存储体系结构。

内存储器又称为主存,简称内存,包括只读存储器(ROM)和随机存储器(RAM)。顾名思义,只读存储器内的信息只能读出,一般不能写入,即使机器停电,这些数据也不会丢失。只读存储器一般用于存放计算机的基本程序和数据,如主板上的 BIOS 芯片;而随机存储器用于存放计算机当前正在执行的程序和相关数据,CPU 可以直接对它进行访问。

外存储器又称为辅助存储器,简称外存,用于存放暂时不用的程序和数据,不能被 CPU 直接访问。常见的外存储器有软盘、硬盘、光盘和优盘等。

高速缓冲存储器(也就是我们通常所说的 cache)用于解决 CPU 和内存之间的速度匹配问题。最初在主板上设置高速缓存,近年来为了得到更快的存取速度,CPU 生产厂家直接将缓存做在 CPU 内部,并分为多级缓存(如 L1 cache、L2 cache 和 L3 cache)。一般而言,CPU 内部的高速缓存容量越大,CPU 访问内存的速度越快,CPU 成本越高。

控制器主要负责对程序中的指令进行译码,并且发出为完成每条指令所要执行的各个操作的控制信号。一般来说,控制器必须包括程序计数器、指令寄存器、指令译码器以及时序部件启停线路等四个部件,以完成取指令、分析指令、执行指令、再取下一条指令等周而复始的工作过程。

CPU是计算机系统的核心部件,是系统的心脏,其品质的高低直接决定了计算机系统的档次。从CPU的诞生到现在,先后出现了4位、8位、16位、32位和64位的CPU产品,CPU的位数也就是CPU可以同时处理的二进制数的位数。

2) 外设部分

输入设备用来满足用户向计算机输入原始数据和处理这些数据的程序等,输入的信息包括数字、字母和控制符号等。常见的输入设备有键盘、鼠标、游戏操纵杆、光笔、触摸屏、扫描仪、光学阅读机和摄像机等。

输出设备用来输出计算机的处理结果,这些结果可以是数字、字母、图形和表格等。常见的输出设备有显示器和打印机等。

另外,计算机系统中还有些配件,冯·诺依曼理论体系中没有提到,但这些配件在现代微型计算机中确实存在,如图1.5所示。

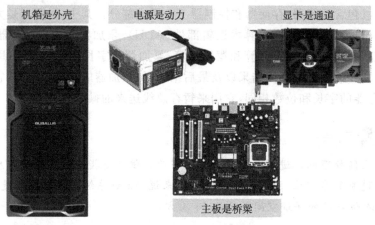

图1.5 硬件系统中的其他配件

2. 计算机的软件系统

软件系统,是指一台计算机中所有程序、数据和相关文件的集合。如果一台计算机没有安装任何软件,就无法工作,这样的计算机我们称为裸机。计算机软件通常分为系统软件和应用软件两大类,如图1.6所示。

1) 系统软件

系统软件是用来支持应用软件开发和运行的管理性软件,主要包括以下三种类型:

(1) 操作系统是计算机软件系统的核心,主要用于管理计算机的硬件和软件资源,使计算机能够正常地工作。操作系统与计算机的硬件系统联系密切,是每台计算机必须配置的软件。从资源管理的观点来看,操作系统的主要功能是进行处理器的管理、存储器的管理、文件管理、设备管理和作业管理。常见的操作系统有Windows、UNIX、Linux、MacOS等。

(2) 语言处理程序相当于翻译者的角色,它的主要任务是将用计算机语言编写的源程序编译成可在计算机上运行的目标代码,如各类程序语言中的编译程序。

(3) 支持软件是为系统的管理和维护提供良好的开发环境和实用工具,常见的测试程

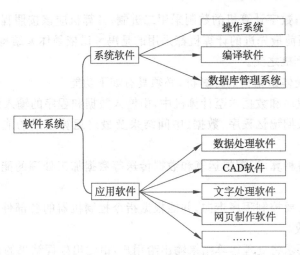

图 1.6 计算机的软件系统组成

序、诊断程序、调试程序等都属于支持软件。

2）应用软件

应用软件是运行在系统软件提供的工作环境下，是为解决各种实际问题而编制的程序。例如，各种办公软件、工程计算软件、数据处理软件、过程控制软件、辅助设计软件、数据库及数据库管理系统等都属于应用软件。

计算机的硬件与软件的关系如图 1.7 所示。

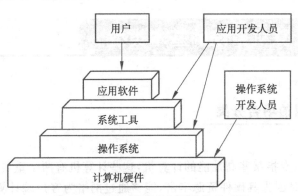

图 1.7 计算机的硬件与软件的关系图

知识 1.3 计算机的基本工作原理

关于计算机的基本工作原理，恐怕最具权威的说法还是源自冯·诺依曼理论，早在 20 世纪 30 年代中期，冯·诺依曼就大胆地提出要抛弃十进制而采用二进制作为数字计算机的数制基础。同时，他还提出要预先编制计算程序，然后由计算机来按照人们事前制定的计算顺序来执行数值计算工作。

冯·诺依曼理论的要点：计算机的硬件由五大部分（输入设备、存储器、运算器、控制器和输出设备等)组成;数字计算机的数制采用二进制;计算机应该按照程序顺序执行命令。

从ENIAC到当前最先进的计算机都采用的是冯·诺依曼体系结构,所以冯·诺依曼是当之无愧的数字计算机之父。

采用冯·诺依曼体系结构的计算机,必须具有如下功能:

(1) 把需要的程序和数据送至计算机中,由输入数据和程序的输入设备来完成。

(2) 必须具有长期记忆程序、数据、中间结果及最终运算结果的能力,由记忆程序和数据的存储器完成。

(3) 具备完成各种算术、逻辑运算和数据传送等数据加工处理的能力,由完成数据加工处理的运算器完成。

(4) 能够根据需要控制程序走向,并能根据指令控制机器的各部件协调操作,由控制程序执行的控制器完成。

(5) 能够按照要求将处理运算结果输出给用户,由输出处理结果的输出设备完成。

技术提示

冯·诺依曼体系结构是现代计算机发展的理论基础,但当前这个体系也达到了瓶颈期。冯·诺依曼结构采用单存储空间,程序指令和数据共用一个存储空间、使用单一的数据和地址总线、取指令和取操作数都是通过一条总线分时进行的,并且当进行高速运算时,会造成数据传输通道的瓶颈现象,其工作速度较慢。

知识1.4 计算机系统的基本类型

1. 根据应用的场合分类

1) 服务器

服务器(server),专指某些高性能的计算机,这些计算机有两个重要的特点:一是必须应用在网络环境中;二是因为其硬件资源丰富,能够通过网络为客户端计算机提供资源共享服务。相比普通电脑,服务器的稳定性、安全性、性能等方面的要求更高一些。

按照服务器的结构,可以将服务器分为塔式服务器、机架式服务器和刀片服务器。

(1) 塔式服务器如图1.8所示,由于其机箱很大,可以提供良好的散热和扩展性能,并且配置可以很高,可以配置多路处理器,多个内存和多块硬盘,当然也可以配置多个冗余电源和散热风扇。

塔式服务器由于具备良好的扩展能力,配置上可根据用户的需求进行升级,所以可以满足企业大多数应用的需求。另外,塔式服务器在设计成本上要低于机架式和刀片服务器,所以价格通常也较低。目前主流应用的工作组级服务器一般都采用塔式结构,当然部门级和企业级服务器也会采用这一结构。

塔式服务器的不足之处在于:虽然具备良好的扩展能力,但是即使扩展能力再强,一台服务器的扩展升级也会有限度,而且塔式服务器需要占用很大的空间,不利于服务器的托

图1.8 塔式服务器

管,所以在需要服务器密集型部署、实现多机协作的领域,塔式服务器并不占优势。

(2)机架式服务器顾名思义就是"可以安装在机架上的服务器"。机架式服务器相对塔式服务器大大节省了空间占用,节省了机房的托管费用,并且随着技术的不断发展,机架式服务器有着不逊色于塔式服务器的性能,机架式服务器是一种平衡了性能和空间占用的解决方案。图1.9所示为机架式服务器。

图1.9 机架式服务器

(3)刀片式结构是一种比机架式更为紧凑的服务器结构。它是专门为特殊行业和高密度计算环境设计的。刀片服务器在外形上比机架式服务器更小,只有机架服务器的1/3~1/2,这样就可以使服务器密度更加集中,更大地节省了空间。图1.10为刀片式服务器。

图1.10 刀片式服务器

2)工作站

工作站(workstation),是一种以个人计算机和分布式网络计算为基础,主要面向专业应用领域,具备强大的数据运算与图形、图像处理能力,为满足工程设计、动画制作、科学研究、软件开发、金融管理、信息服务、模拟仿真等专业领域而设计开发的高性能计算机,如图1.11所示。工作站属于一种高档的计算机,一般拥有较大屏幕显示器和大容量的内存和硬盘,也拥有较强的信息处理功能和高性能的图形、图像处理功能以及联网功能。

图 1.11 工作站

3) 台式机

台式机(desktop),也叫桌面机,是现在非常流行的微型计算机,多数家用电脑和企业办公用机都是台式机,如图 1.12 所示。

图 1.12 台式机

4) 笔记本电脑

笔记本电脑(notebook computer,NB 或 laptop),也称手提电脑或膝上型电脑,是一种小型、可携带的个人电脑,通常质量为 2~5kg,如图 1.13 所示。

笔记本电脑和台式机的结构类似,但是它提供了比台式机更好的便携性:包括较小的体积、液晶显示器和较轻的质量等。笔记本电脑除了键盘外,还提供了触控板或触控点,具有更好的定位和输入功能。

笔记本电脑大体上分为四种类型:商务型笔记本电脑、时尚型笔记本电脑、多媒体应用型笔记本电脑和特殊用途笔记体电脑。商务型笔记本电脑的特点一般可

图 1.13 笔记本电脑

以概括为移动性强、电池续航时间长、商务软件多等;时尚型笔记体电脑外观时尚,主要针对时尚女性;多媒体应用型笔记本电脑则有较强的图形和图像处理能力,以及多媒体文件播放能力,为享受型产品,而且,多媒体应用型笔记本电脑多拥有较为强劲的独立显卡和声卡(均支持高清),并有较大的屏幕;特殊用途的笔记本电脑服务于专业人士,适用于酷暑、严寒、低气压、战争等恶劣环境。

5) 手持设备

手持设备(handheld),其种类较多,如 PDA、智能手机等,它们的特点是体积小。随着 4G 时代的到来,手持设备将会获得更大的发展,其功能也会越来越强,如图 1.14 所示。

图1.14 手持设备

2. 根据应用发展的阶段分类

1) 客户机/服务器阶段

客户机/服务器阶段,即C/S阶段。随着1964年IBM与美国航空公司建立了第一个全球联机的订票系统,把美国当时2 000多个订票的终端用电话线连接在了一起,标志着计算机进入了客户机/服务器阶段,这种模式至今仍在大量使用。在客户机/服务器网络中,服务器是网络的核心,而客户机是网络的基础,客户机依靠服务器获得所需要的网络资源,而服务器为客户机提供网络必需的资源。C/S结构的优点是能充分发挥客户端计算机的处理能力,很多工作可以在客户端处理后再提交给服务器,大大减轻了服务器的压力。

2) Internet阶段

Internet阶段,也称为互联网阶段。互联网即广域网、局域网及单机按照一定的通信协议组成的国际计算机网络。互联网始于1969年,是在ARPA(美国国防部研究计划署)制定的协定下,将美国西南部的大学(加利福尼亚大学洛杉矶分校、史坦福大学研究学院、加利福尼亚大学和犹他州大学)的四台主要的计算机连接起来组成。此后经历了从文本到图片,再到今天的语音、视频等阶段,带宽越来越大,功能越来越强。互联网的特征有全球性、海量性、匿名性、交互性、成长性、扁平性、即时性、多媒体性、成瘾性和喧哗性。互联网的意义不应低估,它是人类迈向地球村坚实的一步。

3) 云计算时代

从2008年起,云计算的概念逐渐流行起来,它正在成为一个通俗和大众化的词语。云计算被视为"革命性的计算模型",因为它使得超级计算能力通过互联网自由流通成为可能。企业与个人用户无须再投入昂贵的硬件购置成本,只需要通过互联网来购买、租赁计算力,用户只需为自己需要的功能付钱,同时消除传统软件在硬件、软件、专业技能方面的花费。

云计算让用户脱离技术与部署上的复杂性而获得应用。云计算囊括了开发、架构、负载平衡和商业模式等,是软件业的未来模式。它基于Web的服务,以互联网为中心,如图1.15所示。

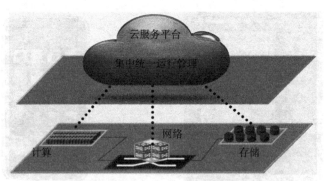

图 1.15　云计算

技术提示

人们常把云计算服务比喻成电网的供电服务。云计算对技术产生的作用就像电力网络对电力应用产生的作用一样，电力网络改进了公司的运行，每个家庭从此可以享受便宜的能源，而不必自己在家里发电。

知识 1.5　计算机的应用领域

进入 21 世纪，微型计算机和互联网已经成为人们工作和生活中不可或缺的重要组成部分，它在人们日常生活和工作中发挥着越来越重要的作用，应用领域越来越广泛。

1. 科学计算领域

计算机研制的初衷就是为了满足科学计算。目前，科学计算仍然是计算机应用的一个重要领域，如高能物理、工程设计、地震预测、气象预报、航天技术等。由于计算机具有较高运算速度、计算精度以及逻辑判断能力，因此，出现了计算力学、计算物理、计算化学、生物控制论等新的学科。

2. 过程检测与控制

利用计算机对工业生产过程中的某些信号进行自动检测，并把检测到的数据存入计算机，再根据需要对这些数据进行处理，这样的系统称为计算机检测系统。特别是仪器仪表引进计算机技术后所产生的智能化仪器仪表，将工业自动化推向了一个更高的水平。

3. 信息管理方面

信息管理是目前计算机应用最广泛的一个领域。利用计算机来加工、管理与操作任何形式的数据资料，如企业管理、物资管理、报表统计、账目管理、信息情报检索等。近年来，国内许多机构纷纷建设了自己的管理信息系统(MIS),生产企业也开始采用制造资源规划软件(MRP),商业流通领域则逐步使用电子信息交换系统(EDI),即实现所谓的无纸贸易。

4. 计算机辅助系统

1) 计算机辅助设计

计算机辅助设计(CAD)是指利用计算机来帮助设计人员进行工程设计,以提高设计工作的自动化程度,节省人力和物力。目前,此技术已经在电路、机械、土木建筑、服装等设计中得到了广泛的应用,如图1.16所示。

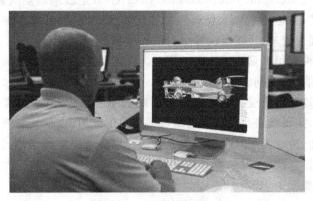

图1.16 计算机辅助设计

2) 计算机辅助制造

计算机辅助制造(CAM)是指利用计算机进行生产设备的管理、控制与操作,从而提高产品质量、降低生产成本、缩短生产周期,并且大大改善了制造人员的工作条件。

3) 计算机辅助测试

计算机辅助测试(CAT)是指利用计算机进行大量而复杂的测试工作,提高测试工作效率。

4) 计算机辅助教学

计算机辅助教学(CAI)是指利用计算机帮助教师讲授和帮助学生学习的自动化系统,使学生能够轻松自如地从中学到所需要的知识,如图1.17所示。

图1.17 计算机辅助教学

知识 1.6　计算机技术的发展

计算机和网络技术的快速发展，加快了社会信息化建设的步伐，有很多带有时代标志的关键词，直接反映了社会信息化的程度和技术发展前沿。

1. 地理信息系统

地理信息系统(geographic information system,GIS)是以地理空间数据库为基础，在计算机软、硬件的支持下，运用系统工程和信息科学的理论，科学管理和综合分析具有空间内涵的地理数据，以提供管理、决策等所需信息的技术系统。

数字地球是一种利用大量地球空间数据对人类赖以生存的地球所做的三维、多级、多分辨率的数字化整体表达，它同时为人类提供了一个网络化的界面体系和超媒体的虚拟现实环境。随着人们对地球系统受人类活动压力影响的不断认识，越来越需要了解有关地球系统状况的各种信息，需要增强我们评价这些数据价值的能力，以便为各级政府和决策者进行环境污染、资源管理、持续发展及全球气候变化的辅助决策提供科学依据。数字地球概念的提出，是空间技术、信息技术、网络及其应用技术发展到一定阶段的产物。基于数字地球技术的三维电子地图如图 1.18 所示。

2. 虚拟现实

虚拟现实(virtual reality,VR)是近年来出现的高新技术。虚拟现实是利用计算机模拟产生一个三维空间的虚拟世界，提供使用者关于视觉、听觉、触觉等感官的模拟，让使用者身临其境，可以及时、没有限制地观察三维空间内的事物。虚拟现实技术案例如图 1.19 所示。

图 1.18　基于数字地球技术的三维电子地图　　图 1.19　虚拟现实技术案例

3. 智能化与个性化的 Web 信息检索技术

随着互联网的发展，网络信息出现爆炸式的增长。那么，人们怎样才能从这些海量的信息中找到他们所需要的信息呢？

搜索引擎是目前为止世界上最为流行的信息搜索工具，它能够让人们非常准确地获得所需要的信息。比较有名的搜索引擎有谷歌、百度、雅虎等，它们都是通过网络机器人搜集网络信息，建立索引数据库，并且不断地更新，通过一定的相关性算法，对用户提供的请求作出响应，并按一定的次序输出高质量的信息。

4. 网格计算与云计算

1) 网格计算

网格计算，即分布式计算，是一门计算机科学。它研究如何把一个需要非常巨大的计算能力才能解决的问题分成许多小的部分，然后把这些部分分配给许多计算机进行处理，最后把这些计算结果综合起来得到最终结果。

换句话说，网格计算就是通过共享网络将不同地点的大量计算机相连，从而形成虚拟的超级计算机，它充分利用各计算机的多余处理器资源，形成巨大的处理能力，从而完成非常巨大的计算任务。有了网格计算技术，那些没有能力购买价值数百万美元的超级计算机的机构，也能拥有巨大的计算能力。

2) 云计算

云计算是从网格计算演化而来，它能够随需应变地提供资源。通常情况下，云计算采用计算机集群构成数据中心，并以服务的形式交付给用户，使得用户可以像使用水、电一样按需购买云计算资源。从这个角度看，云计算与网格计算的目标非常相似。

相对于强调异构资源共享的网格计算，云计算更强调大规模资源池的分享，通过分享提高资源复用率，并利用规模经济降低运行成本。

简言之，云计算是以相对集中的资源，运行分散的应用。

5. 下一代互联网

鉴于现在我们使用的互联网采用 IPv4 的网络协议，下一代网络标准将采用 IPv6 协议，使下一代互联网具有非常巨大的地址空间，网络规模将更大，接入网络的终端种类和数量将会更多，网络应用更广泛。在速度上达到 100MB 以上的端到端高性能通信，在下一代网络中可进行网络对象识别、身份认证和访问授权，具有数据加密和完整性，实现一个可信任的网络，并提供组播服务，进行服务质量控制，可开发大规模实时交互应用，为人们提供无处不在的移动和无线通信应用。

项目实施

任务 1.1　获知计算机的详细配置

| 学习情境 |

计算机网络技术专业的张超同学刚刚进入大学一年级，就接到来自电子商务专业的同学陈思敏的求助。该同学反映:自己刚刚经熟人介绍,到电脑城一商家花高价钱购买了一台台式计算机。可回到寝室,却遭遇同室好友"泼冷水",硬说自己的机器买得太吃亏了,被商家狠狠地坑了一笔,所以心里很不是滋味。可自己毕竟不是学计算机的,购机过程完全处于被动,于是找到计算机网络技术专业的张超同学,想请他帮忙核实并解决问题。

任务分析

这应该算是一个非常普遍的现象,我国计算机用户虽然很多,但真正了解计算机的专业或准专业级用户所占比例却并不大,有的用户甚至仅仅将计算机作为一种家庭游戏娱乐工具使用,所以一般人在购买和使用过程中对计算机存在太多的知识盲区。有的用户自始至终都不清楚自己计算机的真正配置。

本任务将告诉大家如何通过软件来测试计算机的详细配置,以确定商家是否存在以假乱真、鱼龙混杂的欺骗行为。

(1)以 Windows 7 环境为例,首先右键单击"计算机图标",在弹出的快捷菜单上,选择"设备管理器"命令,打开"设备管理器"窗口,检查所有本机所有的硬件是否正常驱动,如图 1.20 所示。

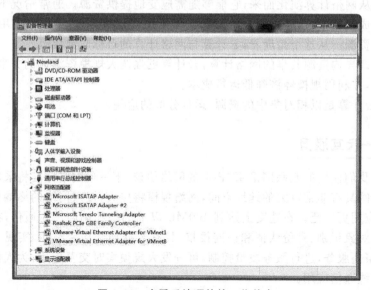

图 1.20 查看系统硬件的工作状态

(2)如果所有硬件正常驱动,则可以到鲁大师官网 www.ludashi.com 直接下载鲁大师最新版本,然后安装到计算机上。

(3)运行鲁大师,将出现如图 1.21 所示的主界面。

(4)选择"硬件检测"功能模块,则会出现如图 1.22 所示的计算机硬件的详细配置信息。

我们可以将检测的结果复制下来,利用其他软件保存并打印出来,以方便我们了解配置。值得注意的是:

① 如果打开设备管理器,发现个别设备出现感叹号、问号或叉等标记,则证明该硬件没有被正常驱动,需要重新安装驱动。这种情况下,利用鲁大师检测的结果则不够准确,需要

图 1.21　启动鲁大师后的软件主界面

图 1.22　利用鲁大师进行计算机硬件配置信息检测

通过主板、显卡驱动程序光盘,或在网上下载驱动精灵,补全驱动,然后再使用鲁大师进行硬件检测。

② 除了鲁大师外,还有其他的几款软件同样具有检测机器硬件信息的功能,如 360 硬件大师、Windows 优化大师等,但从笔者的使用经验来看,鲁大师检测出的机器硬件配置相对精确。

(5) 登录中关村在线网站 www.zol.com.cn,查询计算机中各个硬件配件的市场行情,计算整机的市场价格,然后对比小陈的购机价格。

┃任务小结┃

本任务告诉大家如何通过软件方式来测试计算机的详细配置,以确定商家是否存在以假乱真、鱼龙混杂的欺骗行为。另外,我们也建议大家学会利用网络资源查询相关产品的性能参数和实时市场行情,做到心中有数。

拓展知识

中关村在线网站是一个大型的、综合型较强的IT咨询网站,该网站提供丰富的计算机软、硬件产品信息和权威的产品评测信息。

任务1.2 认识计算机的硬件部件

学习情境

上述任务的完成,让张超同学信心倍增,他终于可以在同学面前一展身手,展示专业技能了。当然,这并没有让他感到丝毫的满足,他又在思考:假如我面对的是一台有故障的机器,系统根本无法启动,甚至无法点亮,那岂不是不能用鲁大师这样的软件来进行硬件信息的检测?

任务分析

面对一台有故障的机器,系统根本无法启动,甚至无法点亮,这个时候要想了解计算机的详细配置信息,只有打开机箱,对计算机进行拆机处理,依次识别各个硬件配件、查看各个配件的型号,并一一记录下来。

操作步骤

(1) 了解拆机、装机的注意事项,做好充分的拆机前的准备工作,如基本工具的准备。

(2) 为了确保拆机过程中的安全性,操作人员必须按操作规程,做好防静电处理。

(3) 选用合适的工具并按照规定的步骤将一台配置完整的计算机拆卸下来,拆卸下来的部件按要求整齐地排列在工作台上,统计螺丝的数量并分类存放。

(4) 通过简单观察,识别各种硬件配件的品牌及型号,确定计算机的实际配置并填写如表1.1所示的计算机的硬件配置信息表。

表1.1 计算机的硬件配置信息表

序号	配置项目	配置信息(品牌、型号等)
1	主板	
2	处理器	
3	内存	
4	硬盘	
5	光驱	
6	软驱	

续表

序号	配置项目	配置信息(品牌、型号等)
7	显示卡	
8	显示器	
9	网 卡	
10	声 卡	
11	机 箱	
12	电 源	
13	键 盘	
14	鼠 标	

(5) 仔细观察各个配件的外部特征和表面标识,并将这些配件的主要性能参数一一列出。

① 主板:要求辨别主板板型、CPU 接口、北桥芯片型号、南桥芯片型号、内存插槽类型及数量、ISA,PCI 总线插槽数量、显卡插槽类型、声音处理芯片(集成声卡)、网络控制芯片(集成网卡)、EIDE 接口的数量、编号及针脚数、软驱接口及针脚数、BIOS 厂家及日期、ATX 电源插座、CMOS 电池、CMOS 跳线、其他外部接口。

② 处理器:包括品牌、型号、主频、二级高速缓存、前端总线频率、产品序列号。

③ 内存:包括适用的类型、品牌、类型、工作频率、容量、是否带 ECC 校验。

④ 显示卡:包括显卡品牌及型号、GPU 芯片品牌及型号、接口类型、显存类型、容量及规格。

⑤ 显示器:包括显示器品牌、型号、尺寸、类型(CRT 或 LCD 液晶)、认证标记。

⑥ 硬盘:主要包括硬盘的品牌、型号、容量、转速、接口类型(EIDE、串口)等。

⑦ 光驱:包括光驱品牌、类型(CD-ROM、DVD-ROM)、光驱倍速、接口类型。

⑧ 声卡和网卡:如果主板集成声卡,请列出主板集成的芯片型号信息。

⑨ 机箱:主要包括机箱的品牌、结构类型(AT、ATX 或 BTX)、立式或者卧式等。

⑩ 电源:品牌、类型(AT、ATX 或 BTX)、型号、额定功率、通过的安全认证等。

(6) 认真阅读主板说明书,详细了解主板性能参数、各种跳线、开关的含义及设置方法。

说明:这里暂不进行装机过程安排,后面的项目中将向大家介绍计算机的装机方法和步骤。

|任务小结|

本任务通过对计算机硬件进行拆卸,近距离地接触计算机的硬件配件,通过观察列出计算机的配置清单,并从产品的表面标识了解各配件的详细信息。

|项目总结|

本项目首先回顾了计算机的发展历史,介绍了计算机系统的体系结构,然后通过冯·诺依曼理论体系解释了计算机的工作原理。最后还对计算机系统的基本类型、计算机系统的应用领域和计算机技术的发展前沿进行了简单介绍。

项目自测

一、单项选择题

1. 世界上第一台电子计算机是（　　）年研制成功的。
   A. 1936　　　　B. 1946　　　　C. 1956　　　　D. 1949
2. 第一台电子计算机的名字是（　　）。
   A. UNIVAX　　　B. Z70　　　　C. PDP7　　　　D. ENIAC
3. 按照计算机使用的元器件，从诞生到现在，计算机经历了（　　）个阶段。
   A. 4　　　　　B. 5　　　　　C. 3　　　　　D. 6
4. 从第一代计算机到第三代计算机，都是由运算器、控制器、存储器和输入输出设备组成的，这种体系结构称为（　　）体系结构。
   A. 艾伦·图灵　B. 罗伯特·诺依斯　C. 比尔·盖茨　D. 冯·诺依曼
5. 第三代计算机采用的主要元器件是（　　）。
   A. 电子管　　　B. 晶体管　　　C. 集成电路　　D. 超导元件
6. 我们所说的32位机，指这种计算机的CPU（　　）。
   A. 是由32个运算器组成的　　　B. 能同时处理32位二进制数据
   C. 包含32个寄存器　　　　　　D. 一共有32个运算器和控制器
7. 计算机的存储容量是以二进制（　　）为单位的。
   A. 位　　　　　B. 字节　　　　C. 双字节　　　D. 字长
8. "裸机"指的是（　　）。
   A. 只装备有操作系统的计算机　　B. 不带输入、输出设备的计算机
   C. 未装备任何软件的计算机　　　D. 计算机主机暴露在外
9. Intel奔腾4处理器是（　　）位的CPU。
   A. 16　　　　　B. 32　　　　　C. 64　　　　　D. 128
10. 计算机存储容量单位有KB、MB、GB和TB，1GB＝（　　）MB。
    A. 1 000　　　B. 100　　　　C. 10　　　　　D. 1 024

二、多项选择题

1. 计算机系统是由（　　）组成的。
   A. 硬件系统　　B. 软件系统　　C. 主机　　　　D. 操作系统
2. 计算机软件系统包括（　　）。
   A. Windows　　　B. Office　　　C. 系统软件　　D. 应用软件
3. 影响计算机性能的主要指标有（　　）。
   A. 处理速度　　B. 存储容量　　C. 外部设备　　D. 字长
4. 目前微机的机器字长是（　　）。
   A. 16位　　　　B. 32位　　　　C. 64位　　　　D. 8位
5. 现代微机是由（　　）组成的。
   A. 运算器　　　B. 控制器　　　C. 存储器　　　D. 输入、输出设备

三、判断题

1. 20 世纪 60 年代，计算机的主要元器件是晶体管。（　　）
2. 计算机的存储容量是以二进制位（bit）为基本单位的。（　　）
3. 计算机系统是由软件和硬件组成的。（　　）
4. 冯·诺依曼体系结构中的运算器，就是微机中的 CPU。（　　）
5. 普通用户在购买微机时最关心的是性价比。（　　）

四、思考题

1. 什么是冯·诺依曼体系结构？
2. 什么是云计算？
3. 服务器与工作站有哪些异同点？

项目2 Chapter 2 根据实际需求配置台式计算机

| 知识目标 |

1. 熟悉计算机硬件系统的基本组件及其作用。
2. 熟悉计算机主要部件的性能指标。
3. 了解计算机主要部件的主流品牌及其型号。
4. 掌握微型计算机各部件间的相互匹配关系。

| 技能目标 |

1. 能够正确识别计算机主要部件的品牌及型号。
2. 能够正确判断计算机主要部件的性能指标。
3. 能够根据实际的应用需求制订合理的计算机配机方案。
4. 能够根据既定配置方案购置计算机的配件。

| 教学重点 |

1. 计算机硬件系统的基本组件及其主要作用。
2. 微型计算机各个硬件部件的主要性能指标。
3. 微型计算机各硬件部件间的相互匹配关系等。

| 教学难点 |

微型计算机各个硬件部件间的相互匹配关系。

项目知识

知识 2.1 中央处理器

中央处理器 CPU 是一块超大规模的集成电路,是微型计算机的运算部件和控制核心,主要功能是解释计算机指令以及处理计算机软件中的数据。

目前,微型计算机采用的 CPU 主要是 Intel 公司和 AMD 公司的产品。

2.1.1 目前主流的 CPU

2008—2009 年,Intel 发布 Core 第一代 i7、i5、i3 处理器,基于全新 Nehalem 架构的新一代桌面处理器将沿用"Core"(酷睿)名称,命名为"Intel Core i7"系列,以 Intel Nehalem 微架构为基础的 64 位四核心 CPU,沿用 x86-64 指令集。内置三通道 DDR3 内存控制器,每颗核心独享 256KB 二级缓存,4~8MB 共享三级缓存,晶体管数量为 7.74 亿。

Core i5 处理器与 Core i7 处理器支持三通道存储器不同,Core i5 只集成双通道 DDR3 存储器控制器。接口也与 Core i7 的 LGA 1366 不同,Core i5 采用全新的 LGA 1156 接口。

采用 45nm 制程的 Core i5 会有 4 个核心,不支持超线程技术,总共仅提供 4 个线程。L2 缓冲存储器方面,每一个核心拥有各自独立的 256KB,并且共享一个达 8MB 的 L3 缓冲存储器。

Core i3 作为 Core i5 的进一步精简版,是面向主流用户的一般应用。

2011 年 1 月,AMD 公司正式发布世界上首款加速处理器(APU)。这是唯一一款面向嵌入式系统推出的 APU。基于 AMD Fusion 技术,AMD 嵌入式 G 系列 APU 在一颗芯片上融合了基于 Bobcat 核心的全新低功耗 x86 CPU 和支持 DirectX 11 的 GPU 处理引擎,带来完整的、全功能的嵌入式平台。

2011 年,Intel 公司发布 Core 第二代 i7、i5、i3 处理器,它们采用了比之前的 45nm 工艺更加先进的 32nm 制造工艺,理论上实现了 CPU 功耗的进一步降低,及其电路尺寸和性能的显著优化,这就为将整合图形核心(核芯显卡)与 CPU 封装在同一块基板上创造了有利条件。

第二代 i7、i5、i3 处理器还加入了全新的高清视频处理单元。视频转解码速度的高与低跟处理器是有直接关系的,由于高清视频处理单元的加入,新一代酷睿处理器的视频处理性能比老款处理器至少提升了 30%。

2011 年 10 月,AMD 公司发布 FX 系列 CPU,AMD 公司推出的这款台式机处理器是世界上首款八核台式机处理器。

2012 年,Intel 公司发布 Core 第三代 i7、i5、i3 处理器,2012 年 4 月 24 日下午,Intel 公司正式发布了 ivy bridge(IVB)架构处理器。22nm Ivy Bridge 将执行单元的数量翻一番,达

到最多 24 个,自然会带来性能上的进一步跃进。Ivy Bridge 加入对 DX11 的支持的集成显卡。另外,新加入的 XHCI USB 3.0 控制器则共享其中 4 条通道,从而提供最多 4 个 USB 3.0,从而支持原生 USB 3.0。CPU 的制作采用 3D 晶体管技术的 CPU 耗电量会减少一半。

为了延续其第三代产品,迎合中、高端市场需求,现在 Intel 公司又推出了其第四代 i7、i5、i3 处理器。

扩展知识

CPU 的技术进步始终引领着信息时代发展的步伐,可以预见:未来 CPU 产品分类将会更加细化,不同设备配置不同类型的处理器,更快的速度、更好的多媒体性能、更低的功率将是发展趋势。

▶ 2.1.2　CPU 的工作原理

CPU 是作为计算机系统中用于数据处理和执行程序的核心部件,其内部结构可以分为控制逻辑、运算单元和存储单元(包括内部总线及缓冲器、寄存器)等三大部分。

CPU 的工作过程就像一个工厂加工产品的过程:进入工厂的原料(程序指令),经过物资分配部门(控制单元)的调度分配,被送往生产线(运算单元),生产出的成品(处理后的数据)后,再存储在仓库(存储单元)中,最后等着拿到市场上去卖(交由应用程序使用)。

存储于计算机中的程序,其基本组成单位是指令,而每条指令又可以包含许多操作。CPU 的主要工作就是按照程序执行的顺序,取出一条指令,并分析指令的功能,然后按顺序执行该指令所要求完成的所有操作,这样一条指令就执行完成了。接下来,CPU 的控制单元又将通过程序地址计数器 PC 找到下一条指令所在的存储单元地址,指令寄存器再读取下一条指令,经过上述分析指令功能并执行指令规定操作的过程,执行完该指令。如此周而复始,直到整个程序执行完成。程序运行的结果将通过输出通道送到显示器或打印机等外围设备进行处理。

为了保证每一步的操作按规定的时间发生,CPU 需要一个时钟信号控制 CPU 所执行的每一个动作。这个时钟就像一个节拍器,它不停地发出脉冲,决定 CPU 的步调和处理时间,这就是我们所熟悉的 CPU 的标称速度,也称为主频。主频数值越高,表明 CPU 的工作速度越快。

▶ 2.1.3　CPU 的主要性能指标

CPU 是微型计算机的核心部件,其性能基本上可以反映出系统的性能,因此了解 CPU 的性能指标及相关术语,对用户认识并合理选购 CPU 有很大帮助。

1. 主频

CPU 的主频是指 CPU 内核(整数和浮点运算器)电路的实际工作频率。在 Intel 80486 DX2 诞生之前,CPU 的主频与外频相等,从 Intel 80486 DX2 开始,基本上所有的 CPU 主频都等于外频乘以倍频系数。CPU 主频越高,电脑运行速度就越快。

2. 外频

CPU 外频也就是 CPU 的总线频率,是主板为 CPU 提供的基准时钟频率。在 Pentium 时代,CPU 的外频一般是 60/66MHZ,从 Pentium Ⅱ 350 开始,CPU 外频提高到 100MHz,而以 Tualatin 为核心的 Pentium Ⅲ 的外频达到了 133MHz。到了 Pentium 4,虽然其外频仍为 100MHz 和 133MHz,但由于采用了 QDR 技术,单时钟周期内可以同时传输 4 条不同的数据流,即进行 4 倍速率的传输,使得其前端总线频率达到了 400MHz 和 533MHz,以后推出的 Pentium 4 的前端总线频率则达到了 800MHz。

由于正常情况下 CPU 总线频率和内存总线频率相同,所以当 CPU 外频提高后,与内存之间的交换速度也得到了相应提高,这对提高计算机的整体运行速度有积极影响。

3. 字长

CPU 的字长即 CPU 的数据总线宽度,是 CPU 的主要技术指标之一,指的是 CPU 一次能并行处理的二进制位数,字长总是 8 的整数倍,通常 PC 机的字长为 16 位(早期)、32 位和 64 位等。

4. 地址总线宽度

地址总线宽度决定了 CPU 可以访问的物理地址空间,简单地说就是 CPU 到底能够使用多大容量的内存。对于 486 以上的微机系统,地址总线的宽度为 32 位,最多可以直接访问 4096 MB(即 4GB)的物理空间。而 Pentium Pro/Pentium Ⅱ/Pentium Ⅲ 则为 36 位,可以直接访问 64GB 的物理空间。

5. 内存总线频率

内存总线频率即 CPU 与二级缓存和内存之间的通信频率。目前的各种主板,外频与内存总线频率相同。

6. 工作电压

CPU 的工作电压是指 CPU 在正常工作时所需要的电压。早期的 CPU 只能工作在 5V 的电压下,而后期推出的主频为 75MHz 以上的 Pentium CPU 均可以在 3.3~3.6V 的电压下。对于具有 MMX 功能的 Pentium CPU(即 P55C),除了上述的要求工作电压外,还要求主板能同时提供 2.8V 的内建电压才能正常工作,这就是 MMX CPU 的双电压工作方式。Pentium 4 的核心工作电压为 1.75V 和 1.5V,很大程度地降低了 CPU 的发热量。而现在市场主流的 CPU,工作电压更低,有效地降低了 CPU 的热功耗。

7. 高速缓存容量

高速缓存(也称为 cache)是指可以进行高速数据交换的存储器,它在内存同 CPU 进行数据交换之前进行,因此速度较快。CPU 的高速缓存通常分一级缓存和二级缓存两种。现在市场主流 CPU 还增加了对三级缓存的支持。

由于高速缓存的容量和结构对 CPU 的性能影响较大,因此,CPU 的生产厂家力争通过提高高速缓存的容量,来改善 CPU 的性能。但是,高速缓存均由静态 RAM 组成,结构较复杂,因此早期的 CPU 内部只集成了一级缓存,而把二级缓存集成在主板上,但集成于主板上的二级缓存受总线频率较低的影响,其工作频率受到较大限制,无法充分发挥其性能。后来 Intel 推出了双独立总线结构,将二级缓存也集成到了 CPU 内部,但只能以 CPU 主频一半的频率工作。现在,Intel 公司与 AMD 公司已成功地将二级缓存集成在 CPU 内部,并且以与 CPU 相同的频率工作,称为全速二级高速缓存。

8. 扩展指令集

CPU 的性能可以用工作频率来衡量,而 CPU 的强大功能则依赖于其所支持的指令系统。新一代的 CPU 产品中,都需要增加新指令,以增强 CPU 的功能。

指令系统决定了一个 CPU 能够运行什么样的程序,因此,指令越多,CPU 功能越强大。从具体运用看,如 Intel 的 MMX、SSE、SSE2、SSE3 及 AMD 的 3D Now! 等都是 CPU 的扩展指令集,分别增强 CPU 的多媒体、图形图像和 Internet 等的处理能力。

9. CPU 生产工艺

在商家介绍 CPU 性能时,经常会提到"生产工艺",如 65nm 和 22nm 等,一般来说,用于标识 CPU 生产工艺的数据越小,表明 CPU 生产技术越先进。

目前,生产 CPU 主要采用 CMOS 技术,采用这种技术生产 CPU 的过程中,用"光刀"加工各种电路和元器件,并在金属铝沉淀到硅材料上后,用"光刀"刻成导线连接各元器件。精度越高表示生产工艺越先进,因为精度越高则表示可以在同样体积的硅材料上生产出更多的元件,所以加工出的连接线越细,这样生产出的 CPU 的工作主频便可以更高。

现在市场主流的 CPU(如 Intel 的 i3、i5、i7 系列)生产工艺已达到 22nm,可见其工艺的先进性。

▶ 2.1.4 市场主流 CPU 介绍

1. 入门级 CPU 产品

1) Intel Pentium G2010

Intel Pentium G2010 基于 Ivy Bridge 架构,采用 22nm 生产工艺。

Intel Pentium G2120 的详细参数如表 2.1 所示。

表 2.1 Intel Pentium G2010 的详细参数

	适用类型	台式机
基本参数	CPU 系列	奔腾双核
	包装形式	盒装

续表

CPU 频率	CPU 主频	2.8GHz
	最大睿频	3GHz
	总线类型	DMI 总线
	总线频率	5.0GT/s
CPU 插槽	插槽类型	LGA 1155
	针脚数目	1155pin
CPU 内核	核心代号	Ivy Bridge
	核心数量	双核心
	线程数	双线程
	制作工艺	22nm
	热设计功耗(TDP)	55W
CPU 缓存	三级缓存	3M
技术参数	内存控制器	双通道:DDR3 1333
	支持最大内存	32GB
	虚拟化技术	Intel VT
	64 位处理器	是
显卡参数	集成显卡	是
	显卡基本频率	650MHz
	显卡最大动态频率	1.05GHz

Pentium G2010 CPU 效能不错，功耗控制非常优秀(仅 55W)，内置的核心显卡可满足一般应用的需求。与 AMD 的 A4 APU 相比，G2010 在 CPU 性能上有较大优势，适合注重 CPU 性能的入门用户选购。

扩展知识

CPU 生产商为了提高 CPU 的性能，通常做法是提高 CPU 的时钟频率和增加缓存容量。不过目前 CPU 的频率越来越快，如果再通过提升 CPU 频率和增加缓存的方法来提高性能，往往会受到制造工艺上的限制以及成本过高的制约。

尽管提高 CPU 的时钟频率和增加缓存容量后的确可以改善性能，但这样的 CPU 性能提高在技术上存在较大的难度。实际上在应用中基于很多原因，CPU 的执行单元都没有被充分使用。如果 CPU 不能正常读取数据(总线/内存的瓶颈)，其执行单元利用率会明显下降。另外，就是目前大多数执行线程缺乏多种指令同时执行(instruction-level parallelism, ILP)支持。这些都造成了目前 CPU 的性能没有得到全部的发挥。因此，Intel 则采用另一个思路去提高 CPU 的性能，让 CPU 可以同时执行多重线程，就能够让 CPU 发挥更大效率，即所谓"超线程"(hyper-threading, HT)技术。超线程技术就是利用特殊的硬件指令，把两个逻辑内核模拟成两个物理芯片,让单个处理器都能使用线程级并行计算,进而兼容多线程操作系统和软件,减少了CPU的闲置时间,提高CPU的运行效率。

采用超线程技术,在同一时间里,应用程序可以使用芯片的不同部分。虽然单线程芯片每秒钟能够处理成千上万条指令,但是在任一时刻只能够对一条指令进行操作。而超线程技术可以使芯片同时进行多线程处理,使芯片性能得到提升。

超线程技术是在一个CPU同时执行多个程序而共同分享一个CPU内的资源,理论上要像两个CPU一样在同一时间执行两个线程,P4处理器需要多加入一个逻辑处理单元。因此新一代的P4 HT的die的面积比以往的P4增大了5%。而其余部分如ALU(整数运算单元)、FPU(浮点运算单元)、二级缓存则保持不变,这些部分是被分享的。

虽然采用超线程技术能同时执行两个线程,但它并不像两个真正的CPU那样,每个CPU都具有独立的资源。当两个线程都同时需要某一个资源时,其中一个要暂时停止,并让出资源,直到这些资源闲置后才能继续。因此超线程的性能并不等于两个CPU的性能。

英特尔P4超线程有两个运行模式,单任务模式及多任务模式,当程序不支持多处理器作业时,系统会停止其中一个逻辑CPU的运行,把资源集中于单个逻辑CPU中,让单线程程序不会因其中一个逻辑CPU闲置而减低性能,但由于被停止运行的逻辑CPU还是会等待工作,占用一定的资源,因此超线程CPU运行单任务程序模式时,有可能达不到不带超线程功能的CPU性能,但性能差距不会太大。也就是说,当运行单线程运用软件时,超线程技术甚至会降低系统性能,尤其在多线程操作系统运行单线程软件时容易出现此问题。

需要注意的是,含有超线程技术的CPU需要芯片组、软件支持,才能比较理想的发挥该项技术的优势。目前支持超线程技术的芯片组如Intel i845GE、PE及矽统iSR658 RDRAM、SiS645DX、SiS651可直接支持超线程;Intel i845E、i850E通过升级BIOS后可支持;威盛P4X400、P4X400A可支持,但未获得正式授权。操作系统如Microsoft Windows XP、Microsoft Windows 2003、Linux kernel 2.4.x以后的版本也支持超线程技术。

2) AMD A4-3400

AMD A4-3400基于Hursky架构,采用32nm生产工艺。

AMD A4-3400的详细参数如表2.2所示。

表 2.2 AMD A4-3400 的详细参数

	适用类型	台式机
基本参数	CPU系列	APU A4
	包装形式	盒装
	CPU主频	2.7GHz
CPU频率	外频	100MHz
	倍频	27倍
CPU插槽	插槽类型	Socket FM1
	针脚数目	905pin

续表

CPU 内核	核心代号	Llano
	CPU 架构	Hursky
	核心数量	双核心
	线程数	双线程
	制作工艺	32nm
	热设计功耗(TDP)	65W
	内核电压	0.9125-1.4125V
CPU 缓存	二级缓存	1MB
技术参数	内存控制器	DDR3-1600
	64 位处理器	是
显卡参数	集成显卡	是
	显卡基本频率	600MHz
	其他参数	显示核心：AMD Radeon HD 6410

AMD A4-3400 定位入门市场，搭配 A75/A55 主板，是 AMD 入门整合平台的主力。集成 CPU 和 GPU，主要对手是 Intel 公司的新奔腾。其中出色的 GPU 性能是 A4 的主要卖点，完胜 Pentium G630 的核心显卡，但是 CPU 性能却有所不及，更适合预算有限，主要用于玩游戏的用户。

2. 主流级 CPU 产品

1）AMD A6-3670K

AMD A6-3670K 基于 Husky 微架构，采用 32nm 生产工艺。

AMD A6-3670K 的详细参数如表 2.3 所示。

表 2.3　AMD A6-3670K 的详细参数

基本参数	适用类型	台式机
	CPU 系列	APU A6
	包装形式	盒装
CPU 频率	CPU 主频	2.7GHz
	外频	100MHz
	倍频	27 倍
	不锁频	可不锁频
	总线频率	600MHz
CPU 插槽	插槽类型	Socket FM1
	针脚数目	905pin

续表

CPU 内核	核心代号	K10
	核心数量	四核心
	线程数	四线程
	制作工艺	32nm
	热设计功耗(TDP)	100W
	内核电压	0.45-1.4125V
CPU 缓存	一级缓存	128KB
	二级缓存	4MB
技术参数	指令集	MMX、3DNOW!、SSE、SSE2、SSE3、X86-64
	内存控制器	DDR3 1866
	64 位处理器	是
显卡参数	集成显卡	是
	显卡基本频率	444MHz
	其他参数	显示核心：AMD Radeon HD 6530D

A6-3670K 已成为 AMD 的主力 APU，内置 HD 6530D 独显核心，能轻松打败 Intel 的核心显卡，更好地满足一般游戏的需求。另外，该 APU 还是黑盒版设计，方便用户超频，性价比较高。很适合超频用户，或是预算有限、暂不想配独显玩游戏的用户。

2) Intel Core i3 2120

Intel Core i3 2120 基于 Sandy Bridge 架构，采用 32nm 生产工艺，属第二代 Core i3 系列产品。

Intel Core i3 2120 的详细参数如表 2.4 所示。

表 2.4 Intel Core i3 2120 的详细参数

基本参数	适用类型	台式机
	CPU 系列	酷睿 i3
	包装形式	散装
CPU 频率	CPU 主频	3.3GHz
	外频	100MHz
	倍频	33 倍
	总线类型	DMI 总线
	总线频率	5.0GT/s
CPU 插槽	插槽类型	LGA 1155
	针脚数目	1155pin

续表

CPU 内核	核心代号	Sandy Bridge
	CPU 架构	Sandy Bridge
	核心数量	双核心
	线程数	四线程
	制作工艺	32nm
	热设计功耗(TDP)	65W
CPU 缓存	一级缓存	2×64KB
	二级缓存	512KB
	三级缓存	3MB
技术参数	指令集	SSE4.1/4.2,AVX
	内存控制器	双通道 DDR3 1066/1333
	支持最大内存	32GB
	超线程技术	支持
	虚拟化技术	Intel VT
	64 位处理器	是
	Turbo Boost 技术	不支持
	病毒防护技术	支持
显卡参数	集成显卡	是
	显卡基本频率	850MHz
	显卡最大动态频率	1.1GHz

Intel Core i3 2120 作为 i3 2100 的升级版,频率高达 3.3GHz,性能更强。相比 AMD 的 A6 APU,i3 在日常应用、游戏性能以及功耗控制方面更出色,多任务性能和 GPU 性能有所不及。Core i3 2120+H61 平台很弹性,可根据需求选择是否安装独立显卡,使得价格也比较弹性,是主流用户的首选平台之一。

3) Intel Core i5 3450

Intel Core i5 3450 基于最新的 Ivy Bridge 架构,属第三代 Core i5 系列产品,用于取代第二代 Core i5 2320、Core i5 2400 等型号。相比上一代产品功耗更低、性能更强。

Intel Core i5 3450 的详细参数如表 2.5 所示。

表 2.5 Intel Core i5 3450 的详细参数

基本参数	适用类型	台式机
	CPU 系列	酷睿 i5
	包装形式	盒装

续表

CPU 频率	CPU 主频	3.1GHz
	最大睿频	3.5GHz
	总线类型	DMI 总线
	总线频率	5.0GT/s
CPU 插槽	插槽类型	LGA 1155
	针脚数目	1155pin
CPU 内核	核心代号	Ivy Bridge
	核心数量	四核心
	线程数	四线程
	制作工艺	22nm
	热设计功耗(TDP)	77W
CPU 缓存	三级缓存	6MB
技术参数	指令集	SSE4.1/4.2,AVX
	内存控制器	双通道:DDR3 1600/1333
	支持最大内存	32GB
	超线程技术	不支持
	64 位处理器	是
	Turbo Boost 技术	支持
显卡参数	集成显卡	是
	显卡基本频率	650MHz
	显卡最大动态频率	1.1GHz
	其他参数	显示核心:Intel HD Graphic 250

从表 2.5 中可以看出,Intel Core i5 3450 采用三级缓存设计,且每个核心拥有独立的一、二级缓存,分别为 64KB 和 256KB,四个核心共享 6MB 三级缓存。核心显卡为 HD Graphics 250,拥有 8 个 EU 单元,默认频率为 650MHz,可睿频到 1150MHz,支持 DX11 技术。

Core i5 3450 相比于 AMD 的 FX 系列,i5 3450 在日常应用、游戏性能以及功耗控制上有明显优势,有较高的性价比。

3. 高端级 CPU 产品

Intel Core i7 系列是目前桌面处理器市场上最强的产品,Intel Core i7 4790K 是第四代 Core i 系列高端型号,核心代号为 Haswell,采用 22nm 生产工艺,原生四核心八线程设计。Intel Core i7 4790K 的详细参数如表 2.6 所示。

表 2.6 Intel Core i7 4790K 的详细参数

基本参数	适用类型	台式机
	CPU 系列	酷睿 i7
	包装形式	盒装
CPU 频率	CPU 主频	4GHz
	最大睿频	4.4GHz
	不锁频	可不锁频
	总线类型	DMI2 总线
	总线频率	5.0GT/s
CPU 插槽	插槽类型	LGA 1150
	针脚数目	1150pin
	封装模式	LGA
CPU 内核	核心代号	Haswell
	CPU 架构	Haswell
	核心数量	四核心
	线程数	八线程
	制作工艺	22nm
	热设计功耗(TDP)	88W
CPU 缓存	三级缓存	8MB
技术参数	指令集	SSE 4.1/4.2,AVX 2.0
	内存控制器	双通道:DDR3 1333/1600
	支持最大内存	32GB
	超线程技术	支持
	虚拟化技术	Intel VT-x
	64 位处理器	是
	Turbo Boost 技术	支持
显卡参数	集成显卡	是
	显卡基本频率	350MHz
	显卡最大动态频率	1.25GHz
	其他参数	显示核心:Intel HD Graphics 4600

▶ 2.1.5 CPU 的选购指南

CPU 自诞生之日起到现在,经历短短几十年的时间,其产品更新的频率非常高,几乎每

3个月推出一代新品,技术发展得非常快,如今已进入八核时代。对于CPU的选购,要考虑多方面的因素,但关键还是要看应用。CPU不像一般的商品,在选购时,不要太过盲目,要量力而行,只选对的不选贵的。另外,要注意CPU与其他配件的合理搭配,再高端的CPU搭配一般的主板、显卡和内存等配件,也不能充分发挥其性能。在选购CPU时,建议大家多考虑以下几个方面的问题。

1. 选择 AMD 还是 Intel 的处理器

这个问题可能是很多人装机时都最头疼的问题之一。从技术层面讲,Intel追求高主频,而AMD追求的是高效率,一般主频不高,AMD的一级缓存比较大,这样更具执行效率。Intel CPU适合长时间开机的办公用电脑。

AMD的CPU在三维制作、游戏应用、视频处理等方面相比同档次的Intel处理器有优势,而Intel的CPU则在商业领域、多媒体应用、平面设计方面有优势。

据统计,在三维游戏制作中,Intel CPU比同档次的AMD CPU慢20％,且3D处理是弱项,但是在视频解码和视频编辑方面,Intel CPU比AMD CPU快20％。

在性能方面,同档次的Intel处理器整体来说可能比AMD的处理器要有少许优势。

在价格方面,AMD由于二级缓存小,所以生产成本更低,因此,在货源充足的情况下,AMD CPU比Intel同档次的处理器的价格低10％～20％。

2. 选择散装还是盒装

从技术角度而言,盒装和散装CPU并没有本质的区别,在质量上是一样的。从理论上来说,盒装和散装产品在性能、稳定性以及可超频潜力方面不存在任何差距,主要差别在质保时间的长短以及是否带散热器。

一般而言,盒装CPU的保修期要长一些(通常为3年),而且附带有一只质量较好的散热风扇;而散装CPU一般的质保时间是一年,而且不带散热风扇。

3. 选购产品的时机

通常一款新的CPU刚刚上市时,其价格一般会很高,而且技术也未必成熟。此时除非特殊需要,否则大可不必追赶潮流去花更多的钱,所以购买时最好选择推出半年到一年以上的CPU产品。

4. 预防购买假的 CPU

一般应注意下面的几点:

(1) 看水印字。Intel处理器包装盒上包裹的塑料薄膜使用了特殊的印字工艺,薄膜上的Intel Corporation的水印文字非常牢固,很难将其刮下来;而假的包装盒上的印字就不那么牢固,很容易就能将字迹变淡或刮下来。

(2) 看激光标签。真正盒装处理器外壳左侧的激光标签采用了四重着色技术,层次丰富、字迹清晰；假货则做不到。

（3）电话查询。盒装标签上有一串很长的编码，可以通过拨打Intel的查询热线查询产品的真伪。

知识 2.2　主板

主板又称母版，或系统版，如图2.1所示。它是计算机内各部件的载体，也是各部件间相互通信的桥梁。

图 2.1　计算机主板

主板采用开放式结构，一般都有6～15个扩展插槽，供计算机外围设备的控制卡（适配器）连接。通过更换这些板卡，可以对微机的相应子系统进行局部升级，使厂家和用户在配置机器时有更大的灵活性。总之，主板在一个微机系统中扮演着举足轻重的角色。可以说，主板的类型和档次决定着整个微机系统的类型和档次，主板的性能影响着整个微机系统的性能。

2.2.1　主板的分类

1. 按照结构分类

1) AT结构的主板

如图2.2所示，AT结构的主板因IBM PC/AT微机首先使用而得名，后期，部分486、586主板也采用AT结构布局。这种主板与现在的主板相比，最大的不足就是不能实现软关机（自动关机）。这种结构的主板必须配备AT标准电源，如图2.3所示。AT主板上市后不久又出现了Baby

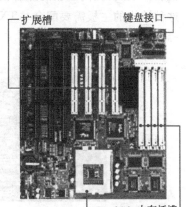

图 2.2　AT结构的主板

AT 结构的主板，如图 2.4 所示，它的尺寸更为小巧一些。随着时代的发展及主板技术的进步，AT 系列结构的主板已被淘汰。

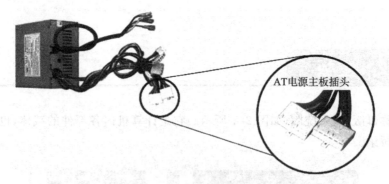

图 2.3　AT 标准的电源

图 2.4　Baby AT 结构的主板

2) ATX 结构主板

1995 年，Intel 公司公布了扩展 AT 主板结构，即 ATX(AT extended)主板标准。符合 ATX 标准的主板是 AT 主板的改进型，它对主板上的元件布局进行了优化，有更好的散热性和集成度，提高主板的兼容性和可扩展性，增强了电源管理功能，真正实现软件开/关机。这种结构的主板需要配合 ATX 机箱使用，是当前市场的主流产品。ATX 结构主板和 ATX 标准电源如图 2.5 所示。

图 2.5　ATX 结构主板和 ATX 标准电源

同样，在 ATX 结构主板推出后不久，又衍生出了 Micro-ATX 结构的主板，专门用来满足某些品牌机或小型电脑使用。

3) BTX 结构的主板

BTX 是 Intel 公司提出的新型主板架构 Balanced Technology Extended 的简称，是 ATX 结构的替代者，这类似于前几年 ATX 取代 AT 一样。革命性的改变是，新的 BTX 结构的主板能够在不牺牲性能的前提下做到最小的体积；系统结构将更加紧凑；针对散热和气流的运动，对主板的线路布局进行了优化设计；主板的安装将更加简便，机械性能也将经过最优化设计。BTX 结构的主板和 BTX 标准电源如图 2.6 所示。

图 2.6　BTX 结构主板和 BTX 标准电源

2. 按主板工艺分类

主板是一块印刷电路板(PCB)，一般采用四层或六层设计。相对而言，为了节省成本，低档主板多为四层板：主信号层、接地层、电源层、次信号层，而六层板则增加了辅助电源层和中间信号层，因此，六层 PCB 的主板抗电磁干扰能力更强，主板的性能也更加稳定。

3. 按主板支持的 CPU 分类

1) 支持 Intel 系列 CPU 的主板

支持 Intel 系列 CPU 的主板先后有 Socket 370(810、815 系列)、Socket 478(845、865 系列)等不同类型，而 LGA 775(915、945、965、G31、P31、G41 及 P41 系列)、LGA 1156(H55、H57、P55、P57、Q57 系列)、LGA 1155(H61、H67、P67 系列)、LGA 1366(X58 系列) 是目前比较流行的主板类型。

2) 支持 AMD 系列 CPU 的主板

目前主要有 Socket AM2(770、780G、785G、790GX 系列主板)、AM2＋(同 AM2)、AM3(870G、880G、890GX、890FX 系列)，另外还有 FM1(A55、A75 系列)等型号。

4. 按逻辑控制芯片组分类

主板上集成的芯片组起着对中央处理器、内存、显卡、缓存和 I/O 总线的控制作用，直接影响着各个部件间的协调工作，是主板的核心和灵魂，在计算机系统中起着举足轻重的作用，因此常常按照芯片组对主板进行分类。

市场上每推出一款新的 CPU，都会有厂商推出与之配套的控制芯片组。生产主板芯片组的厂商主要有 AMD、Intel、NVIDIA 和 VIA 公司等。

5. 按主板的生产厂商分类

芯片组的厂商虽然屈指可数，但主板生产厂商却很多，常见的主板生产厂商如图 2.7 所示。

图 2.7　常见主板的生产厂商

华硕(ASUS)是全球第一大主板制造商，一直以"华硕品质、坚若磐石"来打动消费者，产品的整体性能强劲，设计也颇具人性化，开发了许多独特的超频技术，华硕主板的稳定性一直备受用户推崇，高端主板尤其出色，同时其价格也是最高的。另外，也有中低端的产品。

微星(MSI)主板的出货量位居世界前五，一年一度的校园行令微星在大学生中颇受欢迎。其主要特点是附件齐全而且豪华，但超频能力不算出色，另外中低端某些型号缩水比较严重。

技嘉(GIGABYTE)的主板与微星不相上下，以华丽的做工而闻名。技嘉的产品在玩家们中有很高的声誉，后期产品也一改以前超频能力不强的形象，成为玩家们喜爱的品牌，产品也非常有特色，附加功能较丰富。

2.2.2　主板的组成结构

主板是微型计算机主机箱内最大的一块电路板，在主板上有非常密集的电路和非常丰富的硬件资源，它提供了与主机各硬件部件相连接的接口，同时也提供了与各种外设连接的接口。图 2.8 所示为技嘉 GA-EP31-DS3L 主板。

技嘉 GA-EP31-DS3L 主板详细的参数如表 2.7 所示。

图 2.8 技嘉 GA-EP31-DS3L 主板

表 2.7 技嘉 GA-EP31-DS3L 主板的详细参数

主板芯片	集成芯片	声卡/网卡
	芯片厂商	Intel
	主芯片组	Intel P31
	芯片组描述	采用 Intel P31＋ICH7 芯片组
	显示芯片	无
	音频芯片	集成 Realtek ALC8888 声道音效芯片
	网卡芯片	板载 Realtek RTL8111B 千兆网卡
处理器规格	CPU 平台	Intel
	CPU 类型	Core2 Extreme/Core 2 Quad/Core 2 Duo/Pentium/Pentium D/Pentium 4/Celeron
	CPU 插槽	LGA 775
	CPU 描述	支持 Intel Socket 775 接口处理器
	支持 CPU 数量	1 个
	主板总线 FSB	1600(OC)MHz
内存规格	内存类型	DDR2
	内存描述	支持双通道 DDR2 1066/800/667 内存,最大支持 4GB
扩展插槽	显卡插槽	PCI-E 16X
	PCI 插槽	3 条 PCI 插槽,3 条 PCI-E 1X
	IDE 插槽	1 个 IDE 插槽
	SATA 接口	4 个 SATA Ⅱ 接口

续表

I/O 接口	USB 接口	8 个 USB 2.0 接口
	外接端口	音频接口
	PS/2 接口	PS/2 鼠标,PS/2 键盘接口
	并口串口	1 个串口,1 个并口
	其他接口	1 个 PATA 接口
板型	主板板型	ATX 板型
	外形尺寸	30.5×21.0cm
软体管理	BIOS 性能	1 个 4Mbit flash
	使用经授权	AWARD BIOS
		PnP 1.0a、DMI 2.0、SM BIOS 2.3、ACPI 1.0
其他参数	电源插口	一个四针,一个 24 针电源接口
	供电模式	四相
	硬件监控	系统电压侦测
		CPU/系统温度侦测
		CPU/系统/电源风扇转速侦测
		CPU 过温警告
		CPU 智慧风扇控制
	其他性能	支持 Intel Hyper-Threading 技术
主板附件	包装清单	说明书、驱动光盘、FDD/IDE 数据线、SATA 数据线、挡板

下面以技嘉 GA-EP31-DS3L 主板为例,介绍主板的主要结构。

1. 主板的控制芯片组

主板控制芯片组(以下简称芯片组)是以北桥芯片为核心的南、北桥芯片组合,如图 2.9 所示。一般情况下,主板的命名都是以北桥的核心名称命名的,如 P31 主板用的就是 P31 的北桥芯片。

北桥芯片主要负责处理 CPU、内存、显卡等高速部件之间的通信,同时也负责传达 CPU 对南桥芯片的指令,由于其工作强度大,工作过程中的发热量自然也会比较大,因此,主板上的北桥芯片通常需要加装散热片进行有效散热。

南桥芯片主要负责硬盘、光驱、BIOS 芯片以及其他低速外设之间的数据通信。芯片组在很大程度上决定了主板的功能和性能。需要注意的是,AMD 平台中部分芯片组因 AMD CPU 内置内存控制器,可采取单芯片的方式,如 nVIDIA nForce 4 便采用无北桥的设计。现在在一些高端主板上将南北桥芯片封装到一起,只有一个芯片,这样大大提高了芯片组的整合度。

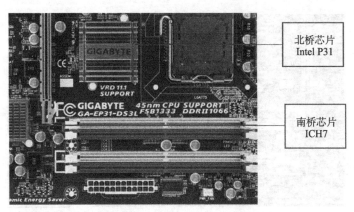

图 2.9　技嘉 GA-EP31-DS3L 主板的芯片组

2. 主板的 CPU 接口

在一块主板上承载的最主要的部件就是 CPU，因此在任何一块主板上，都提供了与 CPU 相连的接口，如图 2.10 所示。

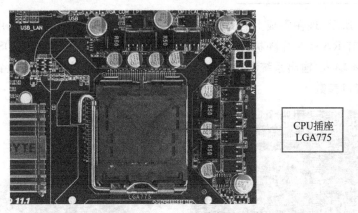

图 2.10　GA-EP31-DS3L 主板 CPU 接口

主板上的 CPU 接口是主板与 CPU 的匹配项，它决定了一块主板所能支持的 CPU 类型和型号。目前，两大 CPU 的生产厂家 Intel 公司和 AMD 公司，它们所生产的 CPU 与主板连接时使用的接口有很大区别，所以主板也有支持 Intel 平台和支持 AMD 平台两大阵容。在我们配置计算机的过程中一定要注意这一点，以免在配机过程中出现差错。

3. 内存和电源接口

主板上也提供了内存接口（现在的主板上内存的接口形式一般都是内存插槽），它一般位于 CPU 插座的附近，靠近 CPU 和北桥芯片下方的位置。如图 2.11 所示为 GA-EP31-DS3L 主板的内存插槽，其支持的内存类型为双通道 DDR Ⅱ 代内存。

现在市场主流内存的类型有 DDR Ⅰ、DDR Ⅱ、DDR Ⅲ 等，它们与主板之间的接口互不兼容。因此，主板上的内存接口是主板与内存的匹配项，它决定了一块主板所能支持的内存类型。这一点也是我们配置计算机的参考依据。

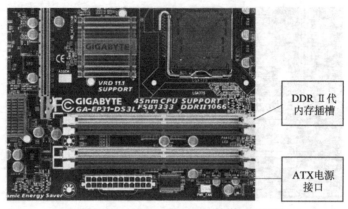

图 2.11　GA-EP31-DS3L 主板内存和电源接口

主机电源为计算机工作提供动力支持,它和计算机主板之间的连接也是通过一个标准接口建立的,我们在图 2.11 中所看到的电源接口,就是标准 ATX 电源接口。

4. 主板上的 BIOS 芯片

如图 2.12 所示,现在主板上的 BIOS 芯片是方形封装的只读存储器芯片(一般为 Flash ROM 芯片,兼有 RAM 芯片随机读写和 ROM 芯片非易失性的优点),BIOS 里面存有与该主板搭配的基本输入/输出系统程序。能够让主板识别各种硬件,还可以设置引导系统的设备,调整各种接口参数。

图 2.12　主板上的 BIOS 芯片

由于 BIOS 芯片是可以写入的,这方便用户更新 BIOS 的版本,以获取更好的性能及对计算机最新硬件的支持,当然不利的一面是:也会让诸如 CIH 病毒在内的攻击性病毒获得乘虚而入的机会。目前很多主板厂商使用双 BIOS 芯片来提高安全性。

5. 主板总线扩展接口

1) AGP 插槽

AGP(accelerated graphics port,图形加速端口)是一种为了提高视频带宽而设定的总线规范,其视频信号传输的速度可以从 PCI 的 133MB/s 提升到 AGP 2X 的 532MB/s、AGP 4X(1998 年)的 1.2Gb/s 以及 AGP 8X(2000 年)的 2.4Gb/s。最早在个人计算机上出现的 AGP 系统,就是被誉为旷世经典的 Intel 440LX/BX 芯片组。

AGP 插槽的颜色多为深棕色,位于北桥芯片和 PCI 插槽之间。AGP 插槽能够保证显卡数据传输的带宽,而且传输速度最高可达到 2133 MB/s(AGP 8X)。

2) PCI 2.0 插槽

PCI 插槽多为乳白色,如图 2.13 所示。这种插槽可以连接软调制解调器、独立声卡、独立网卡、故障检测卡、多功能卡等设备。

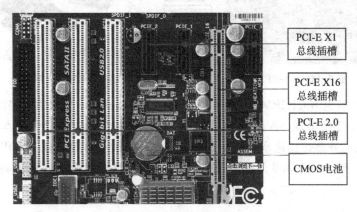

图 2.13　GA-EP31-DS3L 主板的总线扩展接口

3) PCI Express 插槽

在传输速率方面,PCI Express 总线利用串行的连接特点能轻松地将数据传输速度提到一个很高的频率,达到远超出 PCI 总线的传输速率。

PCI Express 的接口根据总线位宽不同而有所差异,包括 X1、X4、X8 以及 X16(X2 模式将用于内部接口而非插槽模式),其中 X1 的传输速度为 250MB/s,而 X16 就是等于 16 倍于 X1 的速度,即是 4GB/s。现在的显卡多为 PCI Express 接口的显卡。

6. 硬盘和光驱接口及主机箱面板跳线

目前,微型计算机中用于连接硬盘和光驱的常用接口可分为 IDE 接口(并口)和 SATA 接口(串口)。其中,IDE 接口也叫做 ATA 端口,只可以接两个容量不超过 528M 的硬盘驱动器,接口的成本很低,因此在 386、486 时期非常流行。但大多数 IDE 接口不支持 DMA 数据传送,只能使用标准的 PCI/O 端口指令来传送所有的命令、状态、数据。几乎所有的 586 主板上都集成了两个 40 针的双排针 IDE 接口插座,分别标注为 IDE1 和 IDE2,其中 IDE1 接口通常用于连接硬盘,而 IDE2 接口通常用于连接光驱。

EIDE 接口较 IDE 接口有了很大改进,是当时最流行的接口。

(1) 它所支持的外设不再是 2 个而是 4 个了,所支持的设备除了硬盘,还包括光盘驱动器、磁盘备份设备等。

(2) EIDE 标准取消了 528MB 的限制,代之以 8GB 限制。

(3) EIDE 有更高的数据传送速率,支持 PIO 模式 3 和模式 4 标准。

而在一些比较新的主板上,开始逐渐用 SATA 接口取代 IDE 接口,但 SATA 接口取代 IDE 接口是逐步进行的,过渡时期出现的主板上,两种接口兼而有之,如图 2.14 所示,其中 SATA 接口用于连接数据传输率高的硬盘,而保留的 IDE 接口主要用于连接并行接口的光驱。随着时间的推移,光驱接口也得到了的改进,现在一些新的主板上,SATA接口彻底取代了IDE接口。

图2.14　GA-EP31-DS3L主板硬盘和光驱接口及主机箱前面板跳线

　　SATA接口是由Intel、IBM、Dell、APT、Maxtor和Seagate公司共同提出的硬盘接口规范,到目前为止,已经出现SATA 1.0、SATA 2.0和SATA 3.0三个版本。其中,SATA 1.0规范将硬盘的外部传输速率理论值提高到了150MB/s,有效突破了IDE接口的速度瓶颈。SATA 2.0和SATA 3.0规范更是将硬盘的外部数据传输率分别提高到了300MB/s和600MB/s。

7. 集成的音效芯片

　　主板上集成的音效控制芯片,如图2.15所示相当于一块声卡的作用,用户无须外接独立声卡,便可以享受到双声道立体声的音乐效果,现在有些高端主板上甚至集成了5.1声道的声卡。

图2.15　GA-EP31-DS3L主板集成的音效芯片

8. 集成的网络控制芯片

　　如图2.16所示,GA-EP31-DS3L主板集成的网络控制芯片RTL 8111B相当于Realtek公司生产的千兆位网卡,为网络通信提供了方便。

9. 集成的I/O控制芯片

　　主板I/O控制芯片的功能是提供对键盘、鼠标、软驱、并口、串口、游戏摇杆等设备的支持,新型I/O芯片还具备各种监控及保护功能。目前常见的I/O控制芯片主要有华邦电子

(Winbond)的 W83627EHF、W83627THF,联阳科技(iTE)的 IT8712F。GA-EP31-DS3L 主板集成的 I/O 控制芯片如图 2.17 所示。

图 2.16　GA-EP31-DS3L 主板集成的网络控制芯片

图 2.17　GA-EP31-DS3L 主板集成的 I/O 控制芯片

10. 主板连接外设的接口

现在市场的主流主板后面都提供了较为丰富的接口,包括音频接口 RJ-45 接口、USB 接口、PS/2 接口、COM 接口、LPT 接口,有的主板甚至还提供了 eSATA 接口、HDMI 接口,如果 CPU 内部集成图形处理芯片或主板集成显卡,那么主板后面还会提供 VGA 接口、DVI 接口等。GA-EP31-DS3L 主板连接外设的接口如图 2.18 所示。

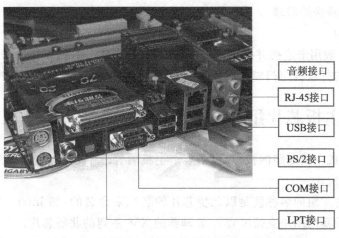

图 2.18　GA-EP31-DS3L 主板连接外设的接口

1) 音频接口

现在大多数主板所集成的 5.1 声道的声卡提供多声道输出,主板后面对应的接口用不同的颜色来区别。

(1) 黑色:后置环绕喇叭。

(2) 橘色:在六声道或以上的声道是中间声道与重低音声道。

(3) 灰色:在八声道功能时接侧边环绕喇叭。

(4) 粉红:麦克风(话筒)输入。

(5) 浅蓝:线路输入。

(6) 浅绿:双声道模式时的左、右声道输出;多声道模式时是前置左、右输出。

2) RJ-45 接口

主板上带有这种接口,表明主板集成网卡,可能直接将该接口通过双绞线连接其他的通信对象(计算机或交换机、路由器等网络设备)。

3) USB 接口

USB 接口是现在最为流行的外设接口,最大可以支持 127 个外设,并且可以独立供电,其应用非常广泛。USB 接口可以从主板上获得 500mA 的电流,支持热插拔,真正做到了即插即用。一个 USB 接口可同时支持高速和低速 USB 外设的访问,由一条四芯电缆连接,其中两条是正负电源,另外两条是数据传输线。USB1.1 的传输速率为 1.5 MB/s,USB2.0 标准最高传输速率可达 60MB/s。USB3.0 已经开始出现在最新主板中,速度为 500MB/s。在主板上,USB3.0 的接口一般为蓝色。

4) PS/2 接口

PS/2 接口的功能比较单一,仅能用于连接键盘和鼠标。一般情况下,鼠标的接口为绿色、键盘的接口为紫色。PS/2 接口的传输速率比 COM 接口稍快一些,但现阶段,虽然绝大多数主板依然配备该接口,但支持该接口的鼠标和键盘越来越少,大部分外设厂商也不再推出基于该接口的外设产品,更多的是推出 USB 接口的外设产品。

5) COM 接口

以前的主板上基本都提供了 1~2 个 COM 接口,分别命名为 COM1 和 COM2,其作用是连接串行接口鼠标和外置调制解调器等设备,现在市面上只有少数主板还带有该接口,主要用于满足某些特殊的需求。

6) LPT 接口

LPT 接口一般用来连接并行接口的打印机或扫描仪。采用 25 脚的 DB-25 接头。现在使用 LPT 接口的打印机与扫描仪已经很少了,多为使用 USB 接口的打印机与扫描仪。

2.2.3 主板芯片组

芯片组是构成主板电路的核心,也是整个主板的管理中心,从一定意义上讲,它决定了主板的级别和档次。

一般来说,芯片组的名称就是以北桥芯片的名称来命名的,如 Intel GM45 芯片组的北桥芯片是 G45,最新的则是支持酷睿 i7 处理器的 X58 系列的北桥芯片。

主流芯片组的有 P45、P43、X48、790GX、790FX、780G、880G、890GX、890FX 等。

NVIDIA 还有 780i、790i 等。

主板芯片组几乎决定着主板的全部功能,其中 CPU 的类型、主板的系统总线频率,内存类型、容量和性能,显卡插槽规格是由芯片组中的北桥芯片决定的;而扩展槽的种类与数量、扩展接口的类型和数量(如 USB2.0/1.1、IEEE1394、串口、并口、笔记本的 VGA 输出接口)等,是由芯片组的南桥决定的。还有些芯片组由于纳入了 3D 加速显示(集成显示芯片)、AC97 声音解码等功能,还决定着计算机系统的显示性能和音频播放性能等。

到目前为止,能够生产芯片组的厂家有 Intel、VIA、NVIDIA、AMD、SiS、ULI、Ali 等为数不多的几家,其中以 Intel 和 NVIDIA 以及 AMD 的芯片组最为常见。在台式机的 Intel 平台上,Intel 自家的芯片组占有最大的市场份额,而且产品线齐全,高、中、低端以及整合型产品都有,其他的芯片组厂商 VIA、SIS、ULI 以及最新加入的 ATI 和 NVIDIA 等几家加起来都只能占有比较小的市场份额。在 AMD 平台上,AMD 在收购 ATI 以后,也开始像 Intel 一样,推出自家芯片组配自家 CPU 的组合,现在产品不但多,而且市场份额也不小。而曾经 AMD 平台上最大的芯片组供应商 VIA 已经基本上在市场上看不到;NVIDIA 也在不断从主板芯片领域抽身,专心于图形加速卡的研制。

▶ 2.2.4 主板的选购

1. 参考 CPU 接口

首先,用户要考虑需要使用什么样的 CPU,主板采用的 CPU 大致决定了整台机器的性能和档次。所以购买主板时,一定要考虑与 CPU 的匹配。

2. 选择芯片组

芯片组实质上是主板的"灵魂"。采用同样控制芯片组的主板一般来说其功能都差不多,所以选择主板重要的就是选择控制芯片组。目前主要有四家公司的产品,即 Intel、VIA、SIS 和 ALI。Intel 公司的控制芯片组在性能、兼容性和稳定性方面比较领先,不过价格也比同档次的另外三家产品贵。

3. 稳定和兼容性

主板是微型计算机的基地,因此,能稳定工作是对主板最基本的要求,也是首要的考察指标。对工作稳定性影响最大的因素除了整体电路设计水平之外,就要看用料和做工了。

由于现在主板设计方面能够自由发挥的余地越来越小,因此,稳定性主要取决于用料和做工。一块偷工减料严重的主板(这样的主板的卖点就是"廉价")是不可能在任何时候都稳定工作的。如果连稳定工作都无法保证,其他方面的特色再多再好,也没有价值。

如果一个主板在使用某些配件、软件的时候工作非常稳定,而换成另外的配件或软件的时候,就频频出现问题或者根本不能工作,这样的主板就是兼容性不好。兼容性不好的主板,有时候会给用户带来很大的困扰,让人搞不清楚是硬件出了问题还是由于自己的操作造成了错误。因此,应将兼容性和稳定性放在一起进行考察。

设备多了,软件更聪明了,这一切都是以更大的内存和更快的 CPU 速度为代价的。因此,能够支持更多的内存条、更大容量的内存,能够很廉价地升级到未来更高速的 CPU,也是我们选择主板的一个考虑因素。如果一个主板在这些方面做得比较好,就意味着采用这种主板的电脑能够适应较大范围的变化,在被淘汰之前,能工作更长的时间,从而降低用户的支出。

这些问题综合起来,反映的其实是主板的扩充能力问题。由于主板的重要地位,其扩充能力其实就代表了电脑的扩充能力,因此主板的扩充能力也是一个要考察的重要指标。

4. 使用方便

如今,DIY(did it yourself)风靡全球,自己动手组装电脑的朋友越来越多,一款好的主板就应该充分照顾这部分 DIY 发烧友的需求,力求设置自动化、简单化,尽量减少操作步骤,降低因操作失误而造成的损失。即使对非常熟悉硬件的朋友,也能提高工作效率。

5. 维修是否方便快捷

现在的硬件、软件层出不穷,互相之间不兼容的现象屡见不鲜。一方面,应积极向用户提供最新的信息让用户自己服务于自己;另一方面,万一主板上某个元件出现问题,用户无法解决的时候,就需要厂商方便快捷的维修服务了。

6. 价格相对便宜

购买硬件时,不能为了省钱而省钱,要在保证前面几个方面的指标不降低的基础之上,再找价格比较低的。还要注意,买的时候要认清楚不要买到假货,购买的时候也要多听听对电脑市场比较熟悉的朋友的意见,以免上当受骗。

▶ 2.2.5 主板升级应注意的事项

1. 尺寸应匹配

在新购主板后对原有系统进行升级时,除了要考虑购买主板的所有因素,还应着重考虑主板与原有系统的匹配问题。不同规格的主板对机箱、电源和扩展板卡都有不同的要求,应尽量购买与原主板大小相同的主板。

2. 有足够的 I/O 扩充槽

I/O 扩充槽按其使用的总线类型可分为 PCI-EXPRESS、PCI 等。一种总线的插卡一般不能插在另一种总线的扩充槽上。购买新主板时应考虑新型总线(如 PCI)的支持,以便为未来扩充留下空间,但也要考虑兼容已有的不同类型板卡。I/O 扩充槽的数量也是考虑因素之一。

3. CPU 插槽要兼顾将来

一种插槽插一种类型的 CPU 已是一个常识,新主板上的 CPU 插槽必须与原有 CPU 管脚保持兼容。有的 CPU 插槽能支持多种类型的 CPU,这些都为用户提供了较多的选择。选择 ZIF(零插拔力)的 CPU 插槽也使得更换 CPU 更为方便。

4. 内存插槽要多

由于现在的软件越来越大,它们对内存的要求也非常高,所以在选择主板时,应注意内存插槽的多少,这关系到将来电脑的升级,最好能选择内存插槽多的主板。

5. 主板配套资料齐全

许多主板带有详尽的中文说明书和配套软件光盘或磁盘。由于升级主板会碰到比新买主板更多的问题,主板配套资料一定得索要齐全,以供参考。

知识 2.3　内存

存储器是现代信息技术中用于保存信息的记忆设备。在计算机中,有了存储器,计算机才具有记忆功能,才能保证计算机的正常工作。

计算机中的存储器按用途可分为内存(主存储器)和外存(辅助存储器)。内存从字面上来理解,就是存在于主机箱以内的存储器,它又分为 ROM 和 RAM 两种,其中 ROM 是只读存储器,具有只读特性,可以用来长期保存数据,最大的优点是即使掉电也不会丢失其中的数据。例如,主板上的 BIOS 芯片。不过,现在的 BIOS 芯片普遍采用的都是 Flash ROM,它兼有 ROM 和 RAM 的特点,需要对 BIOS 进行升级时,可以通过 BIOS 刷新程序进行其内容的更新。不需要升级时,仅仅用作只读存储器,主机断电后仍然能够保存其内部的数据;RAM 也称为随机存储器,具有随机读写的特性,它又分为 SRAM 和 DRAM,SRAM 称为静态随机存储器,它的速度非常快,且价格昂贵,主要用作高速缓冲存储器。DRAM 称为动态随机存储器,主要用于内存条,也用作硬盘、光驱的缓存以及显卡的显存等。当 DRAM 用作内存条时,主要用来存放当前正在执行的数据和程序,当关闭电源或断电时,DRAM 中的数据就会发生丢失。

外存通常是指存在于主机箱以外的存储器,但也有例外,如硬盘,它是一种外存,但又必须放在主机以内,以方便对它的保护。外存包括磁性介质存储器、光盘、移动硬盘、U 盘和各种存储卡等,能够长期保存信息。计算机中的存储分类如图 2.19 所示。

```
            ┌只读存储器(ROM):对应主板、显卡的 BIOS 和内存条的 SPD
      ┌内存┤                  ┌动态随机存储器(DRAM):内存颗粒、硬盘和光驱的缓存、显存等
存储器┤    └随机存储器(RAM)┤
      │                    └静态随机存储器(SRAM):CPU 内部高速缓存、主板集成高速缓存
      └外存:硬盘、光盘、移动硬盘、闪存卡、U 盘
```

图 2.19　计算机中的存储器

2.3.1 内存的分类

要学会配置计算机,我们可能首先应该关注的是计算机中的内存,尤其是安装于主板上的内存条,内存的分类如图 2.20 所示。

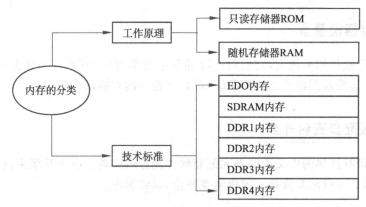

图 2.20 内存的分类

目前,微型计算机中所使用的内存条主要是 DDR 系列的 DDR、DDR2 和 DDR3 三种,它们在内存芯片的封装、金手指信号的排列和分布以及与主板的接口方面都有一定的区别,如图 2.21 所示和图 2.22 所示。因此,这三种内存条互不兼容,在实际配机过程中,不能混用。

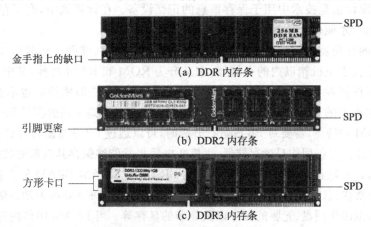

图 2.21 DDR 系列三代内存条在外观上的区别

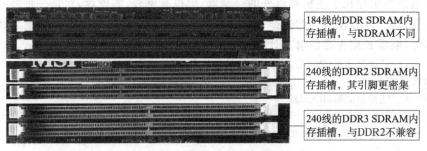

图 2.22 DDR 系列三代内存条在接口上的区别

▶ 2.3.2 内存条的结构

回顾微型计算机的发展历史,我们了解到计算机中的内存曾经以不同的形式、不同的封装出现在计算机主机中。但不管怎样,它的作用没有发生改变。

现在微型计算机中的内存都是模块化的条装内存,每一根内存条上集成了多块内存芯片,同时在主板上也设计相应的内存插槽,这样内存条就可以非常方便地随意安装与拆卸了。内存条的结构如图 2.23 所示。

图 2.23 内存条的结构

1. PCB 板

内存条的 PCB 板多数都是绿色的、带有阻焊工艺,并采用多层设计(例如 4 层设计或 6 层设计等),其内部也有金属的布线。理论上,6 层 PCB 板比 4 层 PCB 板的电气性能要好,性能也较稳定,所以名牌内存多采用 6 层 PCB 设计。因为 PCB 板制造严密,所以从肉眼上较难分辨 PCB 板是 4 层或 6 层,只能借助一些印在 PCB 板上的符号或标识来断定。

2. 金手指

内存条上金黄色的触点是内存条与主板内存插槽接触的部分,数据就是靠它们进行传输的,这部分通常称为金手指。

金手指是铜质导线,使用时间长可能会有氧化的现象,会影响内存的正常工作,易发生无法开机的故障,所以有必要时,每隔一年左右的时间可以用橡皮擦清理一下金手指上的氧化物。

3. 内存芯片

内存芯片也称为内存颗粒,它是内存条的灵魂所在,内存的性能、速度、容量都是由内存芯片决定的。

4. 贴片电容

PCB 板上必不可少的电子元件就是电容和电阻。它们存在于内存条上都是为了提高电气性能的需要,而在电路中专门设置的。为了节省内存条的空间,电容一般采用贴片式封装。

5. 贴片电阻

内存条上的电阻也是采用贴片式封装,一般好的内存条电阻的分布规划也很整齐合理。

6. 固定卡口

内存条的固定卡口主要作用是当内存条插到主板上后,主板上的内存插槽会有两个夹子牢固地扣住内存,这个缺口便是用于固定内存用的。

7. 卡槽

卡槽即金手指缺口,这种设计一是用来防插错;二是用来区分不同类型的内存,以前的 SDRAM 内存条有两个卡槽,而 DDR 内存只有一个卡槽,且 DDR、DDR2、DDR3 三代内存条卡槽所在位置不一样,接口互不兼容,故 DDR 系列三代内存条不能混插。

8. 内存 SPD

SPD 是一个八脚的 EEPROM 芯片,它的容量有 256 字节,可以写入一些信息,这些信息包括内存的标准工作状态、速度、响应时间等,以协调计算机系统更好地工作。从 PC 100 内存时代开始,内存条必须安装 SPD,而且主板也可以从 SPD 中读取到内存的信息,并按 SPD 的规定来使内存获得最佳的工作环境。

▶2.3.3 内存性能指标

图 2.24 所示为威刚 DDR3 1600 4GB 内存条,它是现在市场主流产品之一。

图 2.24 威刚 DDR3 1600 4GB 内存条

威刚 DDR3 1600 4GB 内存条的性能参数如表 2.8 所示。

表 2.8 威刚 DDR3 1600 4GB 内存条的性能参数

	适用类型	台式机
	内存容量	4GB
	容量描述	单条(4GB)
基本参数	内存类型	DDR3
	内存频率	1600MHz
	针脚数	240pin
	插槽类型	DIMM
技术参数	颗粒配置	双面 16 颗
	CL 延迟	11-11-11-28
其他参数	工作电压	1.5V±0.075V

现将我们在配机过程中要考虑的主要参数简单介绍如下。

1. 内存容量

内存容量是指该内存条单条的存储容量,是内存条的关键性参数,单位为 GB 或 MB。一般地,内存容量越大越有利于系统的运行。目前台式机中采用的内存条单条容量为 2GB、4GB 和 8GB。

2. 内存类型

现在市场主流内存条基本为 DDR3,分台式机和笔记本两个版本,DDR2 内存条基本都已停产。

3. 内存频率

内存频率有存储单元核心频率、时钟频率及数据传输频率三种。存储单元核心频率是指存储单元工作频率,它不受外界因素影响;时钟频率是指内存与系统协调一致的频率;数据传输频率是内存模组与系统交换数据的频率。

▶ 2.3.4 内存条的选购

1. 内存条的品牌

在内存的选购过程中,首先应该关注的是内存的品牌,如图 2.25 所示,金士顿、胜创、威刚、宇瞻、金邦、三星等大厂家产品,是我们购机过程中的首选。

图 2.25 内存的常见品牌

2. 关注内存颗粒

像三星、现代、尔必达、镁光等,都是品质非常有保证的,因此在选购内存的时候,用户可以优先选择采用这些厂商内存颗粒的内存产品。

3. 关注售后服务

IT 产品的售后服务一向是购机者关注的焦点,现在企业的"服务商品化"意识逐渐增强,能够在购买内存条的同时享受商家提供的优质的售后服务,这对消费者来说也是一大实惠。大品牌内存一般实施"三年换新,终身质保"的服务承诺。

4. 前瞻性的考虑

内存是决定主机性能的重要因素之一,在选购时,对于容量的考虑最好一步到位,免去将来因内存容量无法满足大型软件运行需求而临时升级的烦恼。因为不同时代的内存暂不兼容,接口又不统一,所以不能混插。

知识 2.4 硬盘驱动器

硬盘驱动器简称硬盘,如图 2.26 所示,是计算机中用来存储和记录数据的重要设备,它较之软盘具有容量大、速度快、可靠性高等优点。硬盘的存储介质是由刚性磁盘片组成,所以称其为硬盘。

图 2.26 计算机中的硬盘

▶ 2.4.1 硬盘的发展历史

1956 年 9 月,IBM 公司向世界展示了第一台磁盘存储系统 IBM 350 RAMAC(random access method of accounting and control),其磁头可以直接移动到盘片上的任何一块存储区域,从而成功地实现了随机存储,这套系统的总容量只有 5MB,共使用了 50 个直径为 24 英寸的磁盘,这些盘片表面涂有一层磁性物质,它们被叠起来固定在一起,绕着同一个轴旋转。

1968 年,IBM 公司首次提出"温彻斯特"(winchester)技术,其技术精髓是"密封、固定并高速旋转的镀磁盘片,磁头沿盘片径向移动,磁头悬浮在高速转动的盘片的上方,不与盘片直接接触",这是现代绝大多数硬盘的原型。

1973年,IBM公司制造出第一台采用"温彻斯特"技术的硬盘,从此硬盘技术的发展有了正确的结构基础;1979年,IBM再次发明了薄膜磁头,为进一步减小硬盘体积、增大容量、提高读写速度提供了可能。

1999年9月7日,Maxtor宣布了首块单碟容量高达10.2GB的ATA硬盘,从此硬盘容量进入了一个新里程碑。

2000年2月23日,希捷发布了转速高达15 000r/m的CheetahX15系列硬盘,其平均寻道时间只有3.9ms,这可算是目前世界上最快的硬盘了,同时它也是到目前为止转速最高的硬盘。目前一般的台式机硬盘的转速为5 400r/m或7 200r/m,服务器硬盘有的达到15 000r/m。

2000年3月16日,IBM推出的"玻璃硬盘"问世,即Deskstar 75GXP及Deskstar 40GV,它们均使用玻璃取代传统的铝作为盘片材料,这能为硬盘带来更大的平滑性及更高的坚固性。另外,玻璃材料在高转速时具有更高的稳定性。

Deskstar 75GXP系列产品最高容量达75GB,是当时最大容量的硬盘,而Deskstar 40GV数据存储密度则高达数十亿数据位/平方英寸,这再次刷新了数据存储密度世界纪录。

如今的硬盘,在技术上可谓突飞猛进,容量相比以前的老硬盘也算是海量了,现在市场上一块普通的硬盘容量至少在500GB,容量大的可以达到4TB。

▶ 2.4.2 硬盘的分类

1. 按工作原理分类

硬盘按照工作原理可以分为机械式硬盘(HDD)和固态硬盘(SSD),分别如图2.27和图2.28所示。其中,机械式硬盘采用磁性介质存储数据,而固态硬盘则使用闪存颗粒来存储数据。

图2.27 机械式硬盘

图2.28 固态硬盘

2. 按物理尺寸分类

硬盘按物理尺寸可以分为5.25英寸型(很早以前的出现在台式机,现已被淘汰)、3.5英寸型(主要用在台式计算机和服务器上)、2.5英寸型(主要用于笔记本)、1.8英寸型(面向迷你型笔记本和便携式音乐播放机)和1英寸型(主要用于CF卡)等5种类型。

3. 按接口类型分类

硬盘的接口是指硬盘与主板相连接的部分,它对于计算机的性能以及在扩充系统时计算机连接其他设备的能力都有很大的影响。

硬盘按接口类型的不同可以分为 IDE 接口硬盘、SATA 接口硬盘、SCSI 接口硬盘和 SAS 接口硬盘。其中,IDE 接口硬盘、SATA 接口的硬盘在个人计算机上比较常见,而 SCSI 接口的硬盘较多的用在服务器上。常见的硬盘接口如图 2.29、图 2.30 和图 2.31 所示。

图 2.29　IDE 接口硬盘和数据线　　图 2.30　SATA 接口硬盘和数据线　　图 2.31　SCSI 接口硬盘和数据线

随着固态硬盘的出现和不断的发展,市场上又出现了一种超高速 SAS 接口的固态硬盘,如图 2.32 所示。SAS 接口的固态硬盘不仅在接口速度上得到显著提升(达到 600MB/s 甚至更多),而且由于采用了串行线缆,不仅可以实现更长的连接距离,还能够提高抗干扰能力,并且这种细细的线缆还可以显著改善机箱内部的散热情况。

图 2.32　SAS 接口的固态硬盘

1) IDE 接口

IDE(integrated drive electronics)，即电子集成驱动器，它的本意是指把"硬盘控制器"与"盘体"集成在一起的硬盘驱动器。而我们常说的 IDE 接口，也叫 ATA(advanced technology attachment)接口，最早是在 1986 年由康柏、西部数据等几家公司共同开发的，在 20 世纪 90 年代初开始应用于台式机系统。它使用一根 40 芯的电缆将硬盘与主板进行连接，最初的设计只能支持两个硬盘，且硬盘的最大容量也被限制在 504MB 范围之内。

ATA 接口从诞生至今，共推出了 7 个不同的版本，分别是 ATA-1(IDE)、ATA-2(EIDEEnhanced IDE/Fast ATA)、ATA-3(FastATA-2)、ATA-4(ATA33)、ATA-5(ATA66)、ATA-6(ATA100)和 ATA-7(ATA 133)。ATA 接口发展到 ATA-7(即 ATA133)，硬盘的外部数据传输速度已经达到 133MB/s，已是 IDE 接口的硬盘外部数据传输率的极限值。

目前新出的主板已经很少设置 IDE 接口，而新出的存储设备也没有 IDE 接口类型的。最后一批出厂的 IDE 接口主板和 IDE 接口存储设备，也已经过了保修期，所以，如果从购买角度来说，完全可以不用考虑 IDE 这个接口。

2) SATA 接口

SATA 接口硬盘的出现，有效地突破了 IDE 接口硬盘的速度瓶颈，原因如下：

（1）Serial ATA 以连续串行的方式传送数据，可以在较少的位宽下使用较高的工作频率来提高数据传输的带宽。Serial ATA 一次只会传送 1 位数据，这样能减少 SATA 接口的针脚数目，使连接电缆数目变少，效率也会更高。

（2）Serial ATA 的起点要求更高、发展潜力更大，Serial ATA 1.0 定义的数据传输率可达 150MB/s，比 IDE 接口硬盘的最高数据传输率(133MB/s)还要高，而 Serial ATA 2.0 的数据传输率达到 300MB/s，如今的 Serial ATA 3.0 可实现 600MB/s 的最高数据传输率。

（3）Serial ATA 具有更强的系统拓展性，由于 Serial ATA 采用点对点的传输协议，这样可以使每个驱动器独享带宽，而且在拓展 Serial ATA 设备方面会更有优势。

3) SCSI 接口

SCSI(small computer system interface，小型计算机系统接口)是同 IDE(ATA)完全不同的接口。IDE 接口是普通计算机的标准接口，而 SCSI 并不是专门为硬盘设计的接口，是一种广泛应用于小型机上的高速数据传输技术。

2.4.3 硬盘的基本结构

1. 机械式硬盘的结构

1) 外部结构

如图 2.33 所示，机械硬盘的正面是产品标签，上面包括硬盘的型号、产地、产品序列号等相关信息以及跳线说明。

而硬盘的背面，我们可以看得到的是主控电路板、安装螺丝孔、产品条码标签、透气孔、电源接口、数据线接口和硬盘的跳线等。

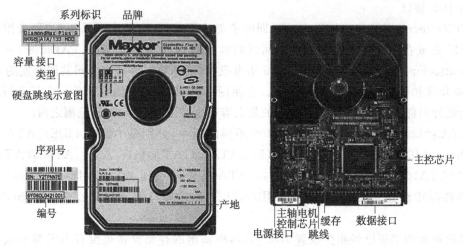

图 2.33 机械硬盘的外部结构

2) 内部结构

机械硬盘的内部由磁头组件、磁盘片、控制电路、主轴组件及外壳组成,如图 2.34 所示,磁头组件和磁盘片组件是构成硬盘的核心,由于现在硬盘厂商把硬盘驱动器和盘片都安置在一个封闭的净化腔内,所以一般提到的硬盘至少应该包括硬盘驱动器和盘片两个部分。

图 2.34 机械硬盘的内部结构

(1) 浮动磁头组件由读写磁头、传动手臂、传动轴三部分组成。磁头是硬盘技术最重要和关键的一环,实际上是集成工艺制成的多个磁头的组合,它采用了非接触式头、盘结构,加电后在高速旋转的磁盘表面飞行,飞高间隙只有 $0.1\sim0.3\mu m$,可以获得极高的数据传输率。现在转速 5 400r/min 以上的硬盘飞高都低于 $0.3\mu m$,以利于读取较大的高信噪比信号,提高数据传输存储的可靠性。

(2) 磁头驱动机构由音圈电机和磁头驱动小车组成,新型大容量硬盘还具有高效的防震动机构。高精度的轻型磁头驱动机构能够对磁头进行正确的驱动和定位,并在很短的时间内精确定位系统指令指定的磁道,保证数据读写的可靠性。

(3) 盘片是硬盘存储数据的载体,现在的盘片大都采用金属薄膜磁盘,这种金属薄膜较之软磁盘的不连续颗粒载体具有更高的记录密度,同时还具有高剩磁和高矫顽力的特点。主轴组件包括主轴部件如轴瓦和驱动电机等。随着硬盘容量的扩大和速度的提高,主轴电机的速度也在不断提升,有厂商开始采用精密机械工业的液态轴承电机技术。

(4) 前置放大电路控制磁头感应的信号、主轴电机调速、磁头驱动和伺服定位等,由于磁头读取的信号微弱,将放大电路密封在腔体内可减少外来信号的干扰,提高操作指令的准确性。

2. 固态硬盘的结构

固态硬盘简称固盘,它是用固态电子存储芯片阵列而制成的硬盘,由控制单元和存储单元(Flash 芯片、DRAM 芯片)组成。固态硬盘在接口的规范和定义、功能及使用方法上与普通硬盘的完全相同,在产品外形和尺寸上也完全与普通硬盘一致,被广泛应用于军事、车载、工控、视频监控、网络监控、网络终端、电力、医疗、航空、导航设备等领域。

存储芯片的工作温度范围很宽,商规产品在 0℃~70℃范围,工规产品在 -40℃~85℃范围,虽然成本较高,但也正在逐渐普及到 DIY 市场。由于固态硬盘技术与传统硬盘技术不同,所以产生了不少新兴的存储器厂商。厂商只需购买 NAND 存储器,再配合适当的控制芯片,就可以制造固态硬盘了。新一代的固态硬盘普遍采用 SATA-2 接口、SATA-3 接口、SAS 接口、MSATA 接口、PCI-E 接口、NGFF 接口、CFast 接口和 SFF-8639 接口。

固态硬盘的存储介质分为两种:一种是采用闪存(Flash 芯片)作为存储介质,另一种是采用 DRAM 作为存储介质。

基于闪存的固态硬盘采用 Flash 芯片作为存储介质,这也是通常所说的 SSD。它的外观可以被制作成多种模样,如笔记本硬盘、微硬盘、存储卡、U 盘等样式。这种 SSD 固态硬盘最大的优点就是可以移动,而且数据保护不受电源控制,能适应于各种环境,适合个人用户使用。一般它的擦写次数普遍为 3 000 次左右,以常用的 64GB 为例,在 SSD 的平衡写入机理下,可擦写的总数据量为 64GB×3000=192000GB。一个普通用户每天写入的数据远低于 10GB,就拿 10GB 来算,可以不间断用 52.5 年,再如果你用的是 128G 的 SSD 的话,可不间断用 104 年。

基于 DRAM 的固态硬盘采用 DRAM 作为存储介质,应用范围较窄。它仿效传统硬盘的设计,可被绝大部分操作系统的文件系统工具进行卷设置和管理,并提供工业标准的 PCI 和 FC 接口用于连接主机或者服务器。应用方式可分为 SSD 硬盘和 SSD 硬盘阵列两种。它是一种高性能的存储器,而且使用寿命很长,美中不足的是需要独立电源来保护数据安全。DRAM 固态硬盘属于非主流的设备。

1) 固态硬盘的结构

基于闪存的固态硬盘是固态硬盘的主要类别,其内部构造十分简单,其内部主体就是一块 PCB 板,而这块 PCB 板上最基本的配件就是控制芯片、缓存芯片(部分低端硬盘无缓存芯片)和用于存储数据的闪存芯片,如图 2.35 所示。

(1) 控制芯片。市面上比较常见的固态硬盘有 LSISandForce、Indilinx、JMicron、Marvell、Phison、Goldendisk、Samsung 以及 Intel 等多种主控芯片。主控芯片是固态硬盘的大脑，其作用一是合理调配数据在各个闪存芯片上的负荷，二是承担了整个数据中转，连接闪存芯片和外部 SATA 接口。不同的主控之间能力相差非常大，在数据处理能力、算法，以及对闪存芯片的读取写入控制上会有非常大的不同，直接会导致固态硬盘产品在性能上的差距高达数十倍。

图 2.35　固态硬盘的结构

(2) 缓存芯片。主控芯片旁边是缓存芯片，固态硬盘和传统硬盘一样需要高速的缓存芯片辅助主控芯片进行数据处理。这里需要注意的是，有一些廉价固态硬盘方案为了节省成本，省去了这块缓存芯片，这样对于使用时的性能会有一定的影响。

(3) 闪存芯片。除了主控芯片和缓存芯片以外，PCB 板上其余的大部分位置都是 NAND Flash 闪存芯片了。NAND Flash 闪存芯片又分为 SLC(单层单元)、MLC(多层单元)以及 TLC(三层单元)的 NAND 闪存。

2) 固态硬盘的特点

固态硬盘的接口规范和定义、功能及使用方法上与普通硬盘几近相同，外形和尺寸也基本与普通的 2.5 英寸硬盘一致。

固态硬盘具有传统机械硬盘不具备的快速读写、质量轻、能耗低以及体积小等特点，同时其劣势也较为明显。尽管 IDC 认为 SSD 已经进入存储市场的主流行列，但其价格仍较为昂贵，容量较低，一旦硬件损坏，数据较难恢复等。并且有人认为固态硬盘的耐用性(寿命)相对较短。

影响固态硬盘性能的因素主要是：主控芯片、NAND 闪存介质和固件。在上述条件相同的情况下，采用何种接口也可能会影响 SSD 的性能。

主流的接口是 SATA (包括 3Gb/s 和 6Gb/s 两种)接口，亦有 PCIe 3.0 接口的 SSD 问世。

关于固态硬盘的正确使用与保养

对于固态硬盘的使用和保养，最重要的一条就是：在机械硬盘时代养成的"良好习惯"，未必适合固态硬盘。

1) 不要使用碎片整理

碎片整理是对付机械硬盘变慢的一个好方法，但对于固态硬盘来说这完全就是一种"折磨"。

消费级固态硬盘的擦写次数是有限制，碎片整理会大大减少固态硬盘的使用寿命。其实，固态硬盘的垃圾回收机制就已经是一种很好的"磁盘整理"，再多的整理完全没必要。Windows 的"磁盘整理"功能是机械硬盘时代的产物，并不适用于 SSD。

除此之外，使用固态硬盘最好禁用 Windows 7 的预读和快速搜索功能。这两个功能的实用意义不大，而禁用可以降低硬盘读写频率。

2) 小分区、少分区

还是由于固态硬盘的"垃圾回收机制"。在固态硬盘上彻底删除文件,是将无效数据所在的整个区域摧毁,过程是这样的:先把区域内有效数据集中起来,转移到空闲的位置,然后把"问题区域"整个清除。

这一机制意味着,分区时不要把SSD的容量都分满。例如,一块128GB的固态硬盘,厂商一般会标称120GB,预留了一部分空间。但如果在分区的时候只分100GB,留出更多空间,固态硬盘的性能表现会更好。这些保留空间会被自动用于固态硬盘内部的优化操作,如磨损平衡、垃圾回收和坏块映射,这种做法被称为"小分区"。

"少分区"则是另一种概念,关系到"4K对齐"对固态硬盘的影响。一方面主流SSD容量都不是很大,分区越多意味着浪费的空间越多;另一方面分区太多容易导致分区错位,在分区边界的磁盘区域性能可能受到影响。最简单地保持"4K对齐"的方法就是用Windows 7自带的分区工具进行分区,这样能保证分出来的区域都是4K对齐的。

3) 保留足够剩余空间

固态硬盘存储越多性能越慢,而如果某个分区长期处于使用量超过90%的状态,固态硬盘崩溃的可能性将大大增加。

所以及时清理无用的文件,设置合适的虚拟内存大小,将电影音乐等大文件存放到机械硬盘非常重要,必须让固态硬盘分区保留足够的剩余空间。

4) 要及时刷新固件

"固件"好比主板上的BIOS,控制固态硬盘一切内部操作,不仅直接影响固态硬盘的性能、稳定性,也会影响到寿命。优秀的固件包含先进的算法能减少固态硬盘不必要的写入,从而减少闪存芯片的磨损,维持性能的同时也延长了固态硬盘的寿命。因此,及时更新官方发布的最新固件十分重要。不仅能提升性能和稳定性,还可以修复之前出现的bug。

5) 学会使用恢复指令

固态硬盘的Trim重置指令可以把性能完全恢复到出厂状态。但不建议过多使用,因为对固态硬盘来说,每做一次Trim重置就相当于完成了一次完整的擦写操作,对磁盘寿命会有影响。

▶ 2.4.4 硬盘的工作原理

1. 机械硬盘的工作原理

机械硬盘之所以可以长久保存数据,关键在于它使用了磁性材料作为存储介质。磁性材料有两种状态:南极和北极,可以分别用来表示"0"和"1",磁场极性不会因为断电而消失,所以磁盘才有长久的记忆能力。

概括地说,硬盘的工作原理是利用特定的磁粒子的极性来记录数据。磁头在读取数据时,将磁粒子的不同极性转换成不同的电脉冲信号,再利用数据转换器将这些原始信号变成计算机可以使用的数据,写的操作正好与此相反。另外,硬盘中还有一个存储缓冲区,这是为了协调硬盘与主机在数据处理速度上的差异而设置的。

硬盘驱动器加电正常工作后,利用控制电路中的单片机初始化模块进行初始化工作,此时磁头置于盘片中心位置,初始化完成后主轴电机将启动并以高速旋转,装载磁头的小车机构移动,将浮动磁头置于盘片表面的"00"磁道,处于等待指令的启动状态。当接口电路接收到微机系统传来的指令信号,通过前置放大控制电路,驱动音圈电机发出磁信号,根据感应阻值变化的磁头对盘片数据信息进行正确定位,并将接收到的数据信息解码,再通过前置放大控制电路传输到接口电路,反馈给主机系统完成指令操作。

2. 固态硬盘的工作原理

固态存储盘是由闪存组成的,也就是由 Flash 芯片阵列制成的硬盘。它所用的芯片与 U 盘是一样的,但它们的区别是接口和容量不一样。固态硬盘的接口规范与普通硬盘的完全相同。假设固态硬盘由 128 片 4GB 的 Flash 芯片组成 512 GB,当 CPU 要读取或存储数据时,接口电路把 CPU 发来的信息(扇区、磁道)翻译成地址码,这些地址的前 7 位去寻址 128 片 Flash 芯片其中的一个(这个芯片被激活),后面 22 位地址则送到 Flash 芯片进行译码,寻找 Flash 芯片的某一单元,将此单元数据进行读或写。

2.4.5 硬盘的性能指标

这里主要介绍机械硬盘的性能指标,表 2.9 为希捷 Barracuda ST1000DM003 硬盘的详细参数。

表 2.9 希捷 Barracuda ST1000DM003 的详细参数

	适用类型	台式机
基本参数	硬盘尺寸	3.5 英寸
	硬盘容量	1 000GB
	盘片数量	1 片
	单碟容量	1 000GB
	磁头数量	2 个
	缓存容量	64MB
	硬盘转速	7 200r/m
	接口类型	SATA3.0
	接口速率	6Gb/秒
性能参数	平均寻道时间	读取:<8.5ms
		写入:<9.5ms
	功率	运行:5.9W
		闲置:3.36W
		待机:0.63W

续表

其他参数	产品尺寸	146.99×101.6×20.17mm
	产品重量	400g
	其他性能	主控采用第三代双核处理器,同时工艺升级为40nm

1. 硬盘主轴转速

硬盘的转速是决定硬盘内部传输率的关键因素之一,它的快慢在很大程度上影响了硬盘的速度,同时转速的快慢也是区分硬盘档次的重要标志之一。现在主流硬盘的转速一般在 5 400~7 200 转/分。

2. 硬盘接口类型

我们前面提到过,硬盘的接口类型常见的有 IDE、SATA 和 SCSI 等三种,IDE 接口硬盘已逐步退出市场,SCSI 接口硬盘适合在服务器中使用,现在市场主流硬盘的接口普遍都为 SATA 接口,它有三个不同的版本,即 SATA 1.0、SATA 2.0 和 SATA 3.0,最新版本 SATA 3.0接口,最高数据传输率达 600MB/s。

3. 平均寻道时间

平均寻道时间,指硬盘在盘面上移动读写头至指定磁道寻找相应目标数据所用的时间,它描述硬盘读取数据的能力,单位为 ms(毫秒),时间越短越好。

4. 平均潜伏时间

平均潜伏时间,指当磁头移动到数据所在磁道后,然后等待所要的数据块继续转动到磁头下的时间,一般在 2~6ms 之间。

5. 平均访问时间

平均访问时间,指磁头找到指定数据的平均时间,通常是平均寻道时间和平均潜伏时间之和。它最能够代表硬盘找到某一数据所用的时间,越短的平均访问时间越好。

6. 自动检测分析及报告技术(简称 S. M. A. R. T)

现在出厂的硬盘基本上都支持 S. M. A. R. T 技术。这种技术可以对硬盘的磁头单元、盘片电机驱动系统、硬盘内部电路以及盘片表面媒介材料等进行监测,当 S. M. A. R. T 监测并分析出硬盘可能出现问题时会及时向用户报警以避免电脑数据受到损失。

7. 缓存容量

缓存是硬盘与外部总线交换数据的场所。硬盘的读数据的过程是将磁信号转化为电信号后,通过缓存一次次地填充与清空,再填充,再清空,一步步按照 PCI 总线的周期送出,可见,缓存的作用是相当重要的。

8. 连续无故障时间

连续无故障时间(MTBF)指硬盘从开始运行到出现故障的最长时间。一般硬盘的 MTBF 至少在 30 000 小时或 40 000 小时。

2.4.6 硬盘的选购技巧

现在的各种软件对硬盘空间的需求是越来越大,所以购买大容量的硬盘已经成了现今的趋势。其实购买硬盘也不能只考虑容量,综合考虑多方面的因素才能买到称心如意的硬盘。下面就讲解一下选购硬盘时应注意的问题。

1. 要看硬盘容量

硬盘的容量是很多消费者购买时首选的因素。分析现在的硬盘市场,可以发现,随着硬盘容量的增加,用户为其每单位容量所付的费用越低。

2. 要看硬盘转速

转速是指硬盘碟片转动的速度,它直接影响数据读取的速度,因而对系统整体的性能也有着一定的影响。现在市场上主流的 IDE 硬盘为 7 200r/min,SATA 硬盘的主流也为 7 200r/min(服务器硬盘一般为 10 000r/min 以上,使用 SCSI 接口)。硬盘的转数越快,硬盘的传输速度也就越快,硬盘整体的性能也随之越来越高。

3. 测试其稳定性

除了以上几点以外,运行时的稳定性也是需要考虑的因素。若硬盘稳定性太差,将在使用过程中造成很多不便,所以在选购之前最好能参考相关硬盘的一些权威测试数据。

4. 看缓存的容量

缓存是硬盘与外部总线交换数据的场所,通过缓存的一次次填充与清空、再填充、再清空,才一步步地按照 PCI 总线周期送出去,所以缓存的容量与速度可以直接关系硬盘的传输速度。现在主流硬盘的容量有 8MB、16MB、32M、64MB 4 种。

5. 再看售后服务

硬盘由于读写操作比较频繁,所以保修问题更为突出。在一般的情况下,硬盘提供的保修服务是三年质保(一年包换,两年保修)。买硬盘时应通过一些正规的渠道购买,这样在出了问题的时候才能保障权益。

扩展知识

目前市场中流行的硬盘主要有希捷、西部数据、日立等品牌。对于正品的硬盘,由于都是从大厂的生产线上下来的,所以质量还是有保证的。不同的品牌,由于质量和售后服务的不同,价格上会有少许差别,我们在选购硬盘的时候,可以根据自己的经济情况尽量考虑售后服务好的、在各项测评中位于前列的品牌。

知识 2.5　移动存储器

所谓移动存储器,是指不需要打开计算机的机箱,即可方便地通过不同的外部接口进行读写数据的存储器,它是用来满足计算机用户实现脱机备份和数据迁移的重要手段。目前常见的移动存储器主要有光盘驱动器、移动硬盘、U 盘等。

随着 U 盘容量的逐渐加大以及系统软件安装方式的变革,光盘驱动器似乎逐渐从人们的视线中消失,它已不再是微型计算机的标配,和其他移动存储设备一样成为微型计算机的选配。

下面仅花比较少的篇幅介绍一下光盘驱动器的结构以及光盘驱动器的选购技巧。读者要想了解更多,可以上网查阅更详细的资料。

光盘驱动器就是我们平常所说的光驱,包括 CD 和 DVD 系列光驱和刻录机,它是一种读取光盘信息的设备。因为光盘(尤其是 DVD 光盘)的存储容量较大,而且价格便宜、保存时间长,适宜保存大量的数据,如声音、图像、动画、视频信息、电影等多媒体信息,所以,光驱是多媒体电脑不可缺少的硬件配置。

1. 光驱的结构

1) CD-ROM 光驱

如图 2.36 所示,CD-ROM 光驱的正面一般包括防尘门和光盘托盘、耳机插孔、音量控制旋钮、播放键、弹出键、读盘指示灯和手动退盘孔等组成部分。

接下来,我们再来看一下光驱的背面,如图 2.37 所示,光驱的背面由电源线接口、数据线接口和音频线接口等几个部分组成。

2) DVD-ROM 光驱

如图 2.38 所示,DVD-ROM 光驱的正面一般包括防尘门和光盘托盘、弹出键、读盘指示灯和手动退盘孔等组成部分。

DVD-ROM 光驱背面的结构与 CD-ROM 光驱的结构类似,这里就不赘述。

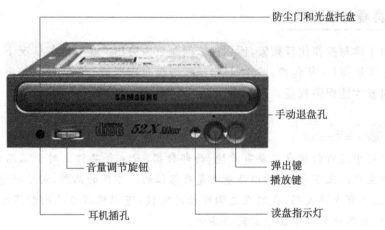

图 2.36　CD-ROM 光驱的前面板结构

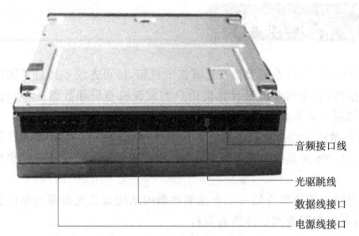

图 2.37　CD-ROM 光驱的背面结构

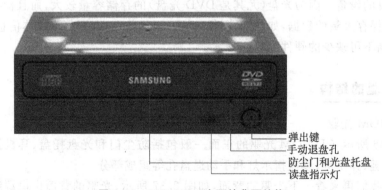

图 2.38　DVD-ROM 光驱的背面结构

2. 光驱的技术指标

表 2.10 为先锋 DVD-232D 光驱的详细参数。

项目2　根据实际需求配置台式计算机

表 2.10　先锋 DVD-232D 光驱的详细参数

基本参数	光驱类型	DVD-ROM
	安装方式	内置(台式机光驱)
	接口类型	SATA
	缓存容量	198K
读取速度	DVD-R	22X
	DVD-RW	16X
	DVD-R DL	12X
	DVD-RAM	12X
	DVD+R	22X
	DVD+R DL	12X
	CD-ROM	40X
	CD-R	52X
	CD-RW	40X
外观及其他	产品颜色	黑色
	产品尺寸	148×42.3×172.7mm

(1) 数据传输率,即常说的倍速,它是衡量光驱性能的最基本指标。单倍速光驱就是指每秒可从光驱存取 150KB 数据的光驱,现在的 24 或 32 倍速光驱每秒钟能读取 3600KB 和 4800 KB 的数据。

(2) 平均寻道时间,是指激光头(光驱中用于读取数据的一个装置)从原来位置移到新位置并开始读取数据所花费的平均时间,显然,平均寻道时间越短,光驱的性能就越好。

(3) CPU 占用时间,是指光驱在维持一定的转速和数据传输率时所占用 CPU 的时间,它也是衡量光驱性能好坏的一个重要指标。CPU 占用时间越少,其整体性能就越好。

(4) 数据缓冲区是光驱内部的存储区,它能减少读盘次数,提高数据传输率。现在大多数光驱的缓冲区为 512KB~8MB。

3. 光驱的工作原理

激光头是光驱的中心部件,光驱都是通过它来读取数据的。光驱在读取信息时,激光头会向光盘发出激光束,当激光束照射到光盘的凹面或非凹面时,反射光束的强弱会发生变化,光驱就根据反射光束的强弱,把光盘上的信息还原成为数字信息,即"0"或"1",再通过相应的控制系统,把数据传给计算机。

4. 光驱的选购技巧

1) 接口类型

光驱常见接口有 IDE、SATA 和 SCSI 几种(详见硬盘的接口介绍)。如果没有特殊要求,选择价格便宜的 IDE 或 SATA 接口光驱就可以了,因为 SCSI 接口的光驱还得配买一块相应的 SCSI 卡,SCSI 接口的光驱一般在服务器或工作站中使用。

2) 数据传输率的高低

光驱的数据传输率越高越好。目前在市面上流行的 CD-ROM 光驱是 32 倍速和 40 倍速的,DVD 光驱一般是 22 倍速的。

3) 数据缓冲区的大小

缓冲区通常为 512KB~2MB 之间的,一般建议选择缓冲区不小于 512 KB 的光驱。

4) 兼容性的好坏

由于产地不同,各种光驱的兼容性的差别很大,有些光驱在读取一些质量不太好的光盘时很容易出错,这会带来很大的麻烦,所以,一定要选兼容性好的光驱。

知识2.6 显示卡

显示卡全称显示接口卡,又称为显示适配器,简称显卡,是计算机主机连接显示器的中间接口,显卡与显示器一起称为微型计算机的显示系统。

显卡是微型计算机最基本的组成部分,承担着输出显示图形的任务,其主要作用是将计算机系统所需要显示的信息进行转换驱动,并向显示器提供行扫描信号,控制显示器正确显示。显卡的优劣对于从事专业图形设计的人来说非常重要。

▶ 2.6.1 显卡的基本分类

1. 按显卡独立性分类

按显卡独立性可分为主板集成显示芯片的集成显卡和独立显卡。独立显卡是以独立的板卡形式存在,需要插在主板的总线插槽上。独立显卡具备单独的显存,不占用系统内存,而且技术上领先于集成显卡,能够提供更好的运行性能和显示效果;集成显卡是将显示芯片集成在主板芯片组中,在价格上更具优势,但不具备显存,需要占用系统内存,性能相对较差。

2. 按显卡的接口分类

根据显卡的接口标准,计算机的显卡一共经历了 4 代:MDA(单色显卡)、CGA、EGA 和 VGA/SVGA(显示绘图阵列)。

▶ 2.6.2 显卡的基本结构

显卡的基本结构如图 2.39 所示,它包括显卡总线接口、显示芯片、显示内存、显卡 BIOS 和显示输出接口等几个组成部分。

项目2　根据实际需求配置台式计算机

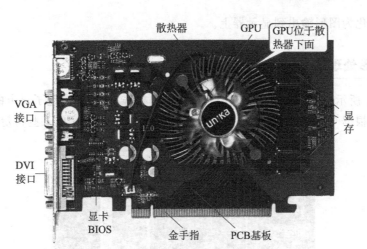

图 2.39　显卡的基本结构

1. 显卡总线接口

伴随着计算机技术的发展,显卡总线接口也历经过几次重大演变,从最初的 ISA 总线接口开始,历经 PCI 接口、AGP 接口到现在的 PCI-E X16 接口,如图 2.40 所示。每一次的演变都意味着显卡技术的一大进步。目前市面上的显卡主要采用 PCI-E X16 总线接口,其带宽为 8GB/s。

图 2.40　PCI-E X16 总线接口

2. 显示内存

显示内存简称显存,也叫帧缓存,它的作用是用来存储显卡芯片处理过或者即将提取的渲染数据。如同计算机的内存一样,显存是用来存储要处理的图形信息的部件。我们在显示屏上看到的画面是由一个个的像素点构成的,而每个像素点都以 4~32 甚至 64 位的数据来控制它的亮度和色彩,这些数据必须通过显存来保存,再交由显示芯片和 CPU 调配,最后

69

把运算结果转化为图形输出到显示器上。

3. 图形处理芯片

如图 2.41 所示,图形处理芯片(GPU)是显卡的核心部件,它决定了显卡的性能和档次,其作用主要是根据 CPU 的指令完成大量的运算任务,让显卡能完成某些特定的绘图功能。

图 2.41　图形处理芯片

由于图形处理芯片的功耗比较大,所以显卡的图形处理芯片都加了散热风扇,使显卡能够更加稳定地工作。

目前,主流的图形处理芯片生产厂家主要有 NVIDIA、ATI 和 Matrox 等三家公司,而其中的 NVIDIA、ATI 两家公司最具实力。

4. 显卡 BIOS

显卡 BIOS 是显卡上的一块 Flash ROM 芯片,如图 2.42 所示,它主要用于存放显示芯片与驱动程序之间的控制程序,以及显卡的型号、规格、生产厂商、出厂时期、显存的容量信息。现在显卡的 BIOS 都采用 EEPROM 芯片,可以在特定的条件下重新修改升级。

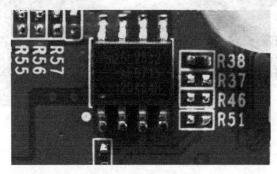

图 2.42　显卡的 BIOS

5. 显卡的输出接口

市场主流显卡的输出接口一般有 VGA 接口和 DVI 接口,目前还有部分显卡具有 HDMI 高清音视频接口,如图 2.43 所示。

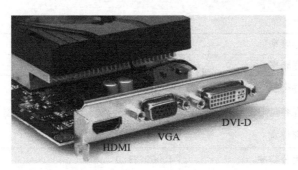

图 2.43 显卡的输出接口

2.6.3 显卡的基本工作原理

计算机的 CPU 通过显卡完成数据的显示过程可以分成以下五个步骤,这个过程足以反映显卡的作用和基本工作原理。

(1) 计算机的 CPU 将数据通过系统总线传送给北桥芯片。
(2) 北桥芯片通过显卡总线接口传送到 GPU 进行处理。
(3) GPU 将处理完成的数据存放在显存。
(4) GPU 从显存读取数据进行视频信号转换(D/A)。
(5) GPU 将转换完成的信号通过输出接口输出到显示器。

2.6.4 显卡的主要技术参数

图 2.44 为七彩虹 iGame960 烈焰战神 U-2GD5 显卡,其详细参数如表 2.11 所示。

图 2.44 七彩虹 iGame960 烈焰战神 U-2GD5 显卡

表 2.11 七彩虹 iGame960 烈焰战神 U-2GD5 显卡详细参数

	芯片厂商	NVIDIA
显卡核心	显卡芯片	GeForce GTX 960
	显示芯片系列	NVIDIA GTX 900 系列
	制作工艺	28nm
	核心代号	GM206

续表

显卡频率	核心频率	1203/1266MHz
	显存频率	7010MHz
显存规格	显存类型	GDDR5
	显存容量	2048MB
	显存位宽	128bit
	最大分辨率	4096×2160
显卡散热	散热方式	双风扇散热＋热管散热
显卡接口	接口类型	PCI Express 3.0 X16
	I/O 接口	HDMI 接口/双 DVI 接口/DisplayPort 接口
	电源接口	6pin
物理特性	3D	APIDirect X12
	流处理单元	1024 个
其他参数	显卡类型	发烧级
	支持 HDCP	是
	产品尺寸	260×130×42mm
	最大功耗	120W
	建议电源	400W 以上

1. 芯片厂商

世界上生产显卡芯片的三大厂商为 NVIDIA、AMD 和 Intel，NVIDIA 和 AMD 各占半壁江山，Intel 的显卡都是整合在主板上的，也就是集成显卡。

2. 芯片型号

显示芯片公开发布时，一般每一个生产商都遵循自己的规律编号，如 GTX 560Ti、R6970 等都是芯片型号，我们一般也用芯片型号来称呼显卡的名字。

3. 显存容量

显存在显卡工作中有着不可替代的作用，GPU 提供的数据都是要通过显存的，一般来说，显存还是越大越好，目前容量一般采用 1GB、2GB 等，以便适应新型 GPU 的高分辨率、高精度的要求，但有时还要考虑与 GPU 的速度搭配问题。

4. 显存类型

显存制造工艺越新，内存频率就越高，传送的数据就越大，目前最高级别的 GDDR5，可以高达 5 000 MHz/s 以上的速度。

5. 显存位宽

显示芯片位宽就是显示芯片内部总线的带宽，带宽越大，可以提供的计算能力和数据吞吐能力也越快，带宽越大越好。目前主流显存带宽一般为 128 bit、192 bit、256 bit 等，某些高端产品可达到 512 bit。

6. GPU 制作工艺

显卡的制造工艺实际上就是指显示核心的制程，它指的是晶体管门电路的尺寸，现阶段主要以 nm 为单位。显示芯片的制造工艺与 CPU 一样，也是用 μm 来衡量其加工精度的。制造工艺的提高，意味着显示芯片的体积将更小、集成度更高，可以容纳更多的晶体管。与 CPU 制造工艺一样，显示卡的核心芯片，也是在硅晶片上制成的。微电子技术的发展与进步，主要是靠工艺技术的不断改进，显示芯片制造工艺在 1995 年以后，从 0.5μm、0.35μm、0.25μm、0.18μm、0.15μm、0.13μm、0.11μm、90 nm、80 nm、65 nm、55 nm 一直发展到目前的 40 nm 制程，NVIDIA 新推出"开普勒"架构的显卡 GTX680 采用 28 nm 制程。

7. 核心频率/显存频率

核心频率就是 GPU 的工作频率，一般来说是越高越好。而显存频率就是指显存在显卡上工作的频率，基本上也是越高越好，超频其实就是超核心频率和显存频率，就是把它的性能挖掘出来，核心频率/显存频率都受到了显存速度的影响，速度越快，核心频率/显存频率就越高。

8. 着色器

早期称为"渲染管线＋着色顶点"，新架构之后统一称为"统一渲染单元"，即"流处理器"，数量越高性能越好。

NVIDIA 显卡一个流处理器就能发挥作用，因此流处理器数量看上去很少。AMD 显卡对"统一渲染单元"定位不一样，要五个流处理器单元一组才能工作，因此看上去数量很多。

2.6.5 显示卡的选购

对于显卡这样的消费类产品来说，由于更新换代的速度非常快，我们要根据自己的实际需求作出合理选择。一般来讲，以 GPU 型号为衡量标准，其性能如图 2.45 所示。我们可以按几种用途来选择。

1. 桌面办公型

这类用途对显示子系统的性能几乎没有什么要求，只要能够做到 2D 显示清晰锐利，对 3D 加速能力完全没有要求。

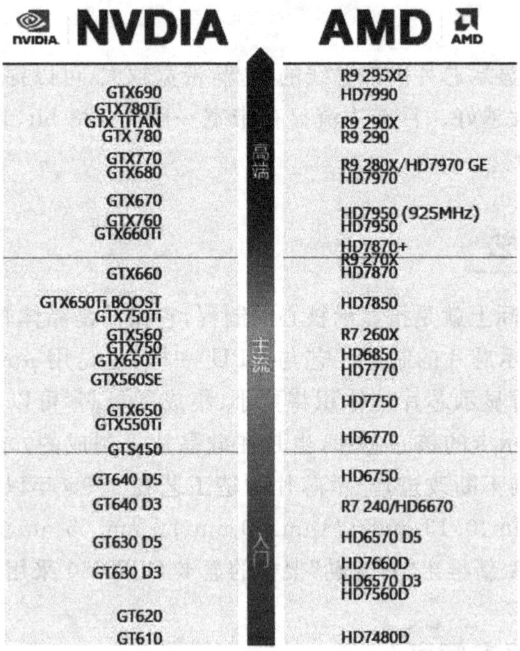

NVIDIA		AMD
GTX690	高端	R9 295X2
GTX780Ti		HD7990
GTX TITAN		R9 290X
GTX 780		R9 290
GTX770		R9 280X/HD7970 GE
GTX680		HD7970
GTX670		HD7950 (925MHz)
GTX760		HD7950
GTX660Ti		HD7870+
		R9 270X
GTX660		HD7870
GTX650Ti BOOST	主流	HD7850
GTX750Ti		
GTX560		R7 260X
GTX750		HD6850
GTX650Ti		HD7770
GTX560SE		
GTX650		HD7750
GTX550Ti		HD6770
GTS450		
GT640 D5		HD6750
GT640 D3		R7 240/HD6670
GT630 D5	入门	HD6570 D5
GT630 D3		HD7660D
		HD6570 D3
		HD7560D
GT620		
GT610		HD7480D

图 2.45 显卡性能图

在这种情况下,市面所售的所有 3D 娱乐显卡都显得有些浪费,任何特效贴图的支持在办公类软件的处理上都显得毫无意义。对于办公用的计算机系统来说,主板集成的显示芯片就足以应对任何需要,并且在一个很长的时间内都无须升级换代。

2. 家用娱乐性

这类用途对显卡的 3D 加速性能要求并不十分严格,更快的显示处理速度、更大的显存容量并不能给用户带来更多使用上的好处。这类用户一般的用途多为上网、看影碟或者文字处理,或对硬件要求不高的游戏。在这种情况下,显示效果出色,同时拥有一定 3D 处理能力的高性价比显卡应该说是最好的选择。在预算方面,合理的范围应该是选择 300~600 元的产品,节约下来的预算可以用来选择更好的显示器和外设产品。

3. 游戏发烧型

这类用途对显卡的加速性能要求很高,合理的范围应该是选择 1000~2000 元的产品,更快的 GPU 速度、更多的流处理器,加上大容量的显存和高带宽,在游戏中保持画面的精美和流畅,运行绝大多数游戏都没有问题。

技术提示

显卡的型号非常多,在选择时可以简单地以价格来划分,300~500 元为初级卡,500~1000 元为中级卡,1000 元以上为高级卡。

知识 2.7 显示器

显示器又叫监视器,它是计算机系统中最主要的输出设备之一,是人机交互的窗口。显示器的价格变动幅度不像 CPU 和内存、硬盘那样大。在购机预算中,显示器理应占有一个较大的比例,所以挑选一台好的显示器是非常重要的。

2.7.1 显示器的分类

1. 按显示的颜色分类

显示器按显示的颜色的不同可以分为单色显示器和彩色显示器。当然,目前市场上的显示器均为彩色显示器。

2. 按照显示器件分类

显示器按显示器件的不同可以分为阴极射线管(CRT)显示器、液晶(LCD)显示器、发光二极管(LED)显示器、等离子体(PDP)显示器、荧光(VF)平板显示器等。其中,LCD 显示器和 LED 显示器是目前市场的主流显示器,如图 2.46 和图 2.47 所示。

图 2.46 CRT 显示器

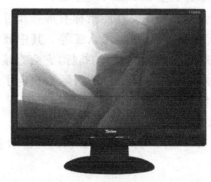
图 2.47 LCD 显示器

3. 按照显示方式分类

显示器按显示方式的不同可以分为图形显示方式的显示器和字符显示方式的显示器。

2.7.2 CRT 显示器

CRT 显示器通过电子枪束产生图像。CRT 显示器按照所使用的显像管的不同又可以分为球面显示器、平面直角显示器和纯平显示器等三种。除了用户正在使用的 CRT 显示器外,市场上已经不常见到这类显示器了。

1. CRT 显示器的特点

1) 出色的色彩还原度

CRT 显示器的色彩组成是由三根电子枪（三原色）发出的不同电子流混合而成的，与天然颜色的组成原理一样。

2) 高带宽带来的高分辨率

CRT 显示器的带宽远远高于 LCD 显示器。CRT 显示器的高带宽使显示器能够达到更高的分辨率，同时具有更高的刷新频率。这对专业图形用户非常有意义。

3) 响应速度快

CRT 显示器的内部采用了 CRT 显像管，它与 LCD 面板的构造机理不同，CRT 显像管的响应速度是 LCD 面板无法相比的。

4) 辐射和体积较大

CRT 显示器的体积比较大，其辐射主要来自高压电路和电子枪的电磁辐射，长时间在 CRT 显示器前工作对用户的视力和健康都将带来不利的影响。

2. CRT 显示器的性能指标

CRT 显示器的生产厂家比较多，其中最具代表性的有韩国三星公司和荷兰飞利浦公司的产品。如图 2.48 所示为三星 988MB＋显示器。

CRT 显示器的主要性能指标有屏幕尺寸、点距、分辨率、刷新频率、带宽和环保认证等。其中环保认证对于显示器来说是个非常重要的指标，它会直接影响到使用者的视力及身体健康。目前国际上规定了一些显示器的低辐射标准。现在主流显示器都获得了严格的 TCO03 标准的认证。

表 2.12 所示为三星 988MB＋显示器的详细参数。

图 2.48 三星 988MB＋显示器

表 2.12 三星 988MB＋显示器的详细参数

	显示屏尺寸	19 英寸
	显像管类型	纯平
	点距	0.2mm
主要参数	水平扫描	30-85kHz
	垂直扫描	50-160Hz
	最高分辨率	1 600×1 200@68Hz
	推荐分辨率	1 280×1 024 @75Hz；1024×768 @85Hz
	可设置模式	8/8 模式

续表

主要参数	带宽	185MHz
	输入信号连接/接口	15 针 D-sub
	前面板控制	有 OSD 菜单内容
	偏转角度	90°
	外形尺寸	440×459×455mm
	产品重量	24.5kg
	安规认证	TCO03、CCC 等
	随机附件	旋转底座、使用说明书、电源线、软件包等

一些传统的生产 CRT 显示的厂家都停止生这种类型的显示器,转而生产 LCD 显示器,仅有很少一部分厂家在生产 LCD 显示器的同时,保留部分 CRT 显示器的生产线,以满足一些特殊用户的需求。所以对于 CRT 显示器的性能指标,我们仅作了解,而不再详述,如读者对此部分内容感兴趣,可以上网查阅相关技术资料。

▶ 2.7.3 LCD 显示器

LCD 显示器又叫液晶显示器,是利用液晶在通电时能够发光的原理显示图像的。以前一直被用在笔记本计算机中,现在越来越多的台式机也开始采用液晶显示器。

1. LCD 显示器的特点

1) 低辐射

LCD 显示器最突出的优点是其辐射大大低于 CRT 显示器,因此受到广大用户的欢迎。

2) 体积小、轻便

LCD 显示器占用空间小,可以节省使用者的大量空间。另外,其携带轻便,有利于消费者购买和移动,可以降低消费者的运输成本。

3) 失真小、无闪烁

LCD 显示器在几何失真方面的控制优于 CRT 显示器。液晶成像的原理决定了其没有任何闪烁。

4) 色彩还原度不足

在色彩还原度方面,LCD 显示器与 CRT 显示器之间存在着较大的差别,LCD 显示器逊色一些。

5) 响应速度慢

响应速度是指 LCD 显示器在显示图像时,各像素点对输入信号反应的速度,即像素点由亮转暗或是由暗转亮所需的时间。

6) 分辨率不可限

LCD 显示器一般会有一个标称的"最佳分辨率"。实际上,它不仅仅是最佳分辨率,也是LCD显示器的唯一分辨率。

2. LCD显示器的主要性能指标

现在LCD显示器的生产厂家很多,主要有三星、AOC、HKC、飞利浦、明基、优派、LG、戴尔、华硕、SANC等。

下面以飞利浦220V4LSB/93显示器为例作详细说明,如图2.49所示为飞利浦220V4LSB/93显示器。

飞利浦220V4LSB/93显示器的详细参数如表2.13所示。

图2.49 飞利浦220V4LSB/93显示器

表2.13 飞利浦220V4LSB/93显示器的详细参数

基本参数	产品类型	LED显示器
	产品定位	大众实用
	屏幕尺寸	22英寸
	最佳分辨率	1 680×1 050
	屏幕比例	16∶10(宽屏)
	面板类型	TN
	背光类型	LED背光
	静态对比度	1 000∶1
	灰阶响应时间	5ms
显示参数	亮度	250cd/m²
	可视角度	176/170°
	显示颜色	16.7M
面板控制	控制方式	触摸
	语言菜单	英文、德语、法语、意大利语、西班牙语、俄语、葡萄牙语、土耳其语、简体中文
接口	视频接口	D-Sub(VGA),DVI-D
外观设计	机身颜色	樱桃红
	外观设计	樱桃红高光泽后背外观,简洁素雅
	产品尺寸	517.6×357.3×62.8mm(不含底座)
		517.6×428.8×191mm(包含底座)
		587×477×130mm(包装)
	产品重量	3.4kg(净重)
		4.95kg(毛重)
	底座功能	倾斜
其他	电源功率	最大:23W
		待机:0.3W

1) 分辨率

与 CRT 显示器相同,分辨率也是 LCD 显示器的关键指标之一。分辨率是指屏幕上每行有多少像素点、每列有多少像素点,一般用矩阵行列式来表示,其中每个像素点都能被计算机单独访问。LCD 显示器的分辨率与 CRT 显示器不同,它是由制造商设置和规定的,一般不能任意调整,即所谓的真实分辨率,LCD 显示器只有在真实分辨率下,才能显现最佳影像。LCD 显示器的真实分辨率根据 LCD 的面板尺寸定,15 英寸的真实分辨率为 1 024×768,17 英寸为 1 280×1 024。

2) 亮度与对比度

亮度是以每平方米烛光(cd/m^2)为测量单位,通常在液晶显示器规格中都会标示亮度,而亮度的标示就是背光光源所能产生的最大亮度。亮度是否均匀与光源及反光镜的数量和配置方式息息相关,离光源远的地方,其亮度必然较暗。对比度是指屏幕的纯白色亮度与纯黑色亮度的比值,这又常常被简化为最大亮度与最小亮度的比值。对比度越高,图像越清晰。但是当对比度达到某一程度后,颜色的纯正就会出现问题。大多数 LCD 显示器的对比度一般都是 250∶1 左右,更好的达到了 300∶1 或者更高。只有亮度与对比度搭配得恰到好处,才能够呈现美观的画质。一般来说,品质较佳的 LCD 显示器具有智能的调节功能,能够自动调节图像,使亮度和对比度达到最佳。

3) 点距与刷新频率

LCD 显示器的像素间距的意义类似于 CRT 显示器的点距,因此,也被称为点距。不过前者对于产品性能的重要性却没有后者那么高。与 CRT 显示器比较,由于 LCD 显示器采用的矩阵显示技术,在视觉范围内基本无法察觉到它的闪烁显示,所以刷新频率已不再是它的关键因素。

4) 响应时间

响应时间是 LCD 显示器的特定指标,它是指各像素点对输入讯号反应的速度,即像素由暗转亮或由亮转暗的速度,其单位是毫秒(ms)。响应速率分为两个部分:Rising 和 Falling,表示时以两者之和为准。响应时间越小越好,如果响应时间过长,在显示动态影像(看 DVD、玩游戏)时,就会产生较严重的"拖尾"现象。

5) 可视角度

可视角度也是 LCD 显示器非常重要的一个参数。它是指用户可以从不同的方向清晰地观察屏幕上所有内容的角度。由于提供 LCD 显示器显示的光源经折射和反射后输出时已有一定的方向性,在超出这一范围观看时就会产生色彩失真现象,CRT 显示器不会有这个问题。

3. LED 显示器

LED 显示屏是一种通过控制半导体发光二极管的显示方式,用来显示文字、图形、图像、动画、行情、视频、录像信号等各种信息的显示屏幕。

LED 显示器集微电子技术、计算机技术、信息处理于一体,以其色彩鲜艳、动态范围广、亮度高、寿命长、工作稳定可靠等优点,成为最具优势的新一代显示媒体,目前,LED 显示器已广泛应用于大型广场、商业广告、体育场馆、信息传播、新闻发布、证券交易等,可以满足不同环境的需要。

　　LED 与 LCD 是两种不同的显示技术，LCD 是由液态晶体组成的显示屏，而 LED 则是由发光二极管组成的显示屏。LED 显示器与 LCD 显示器相比，LED 在亮度、功耗、可视角度和刷新速率等方面，都更具优势。LED 显示器能提供宽达 160°的视角，分辨率一般较低，价格也比较昂贵。利用 LED 技术，可以制造出比 LCD 更薄、更亮、更清晰的显示器，拥有广泛的应用前景。

4. 等离子显示器

　　等离子（PDP）显示屏，是继阴极射线管（CRT）和液晶屏（LCD）之后的一种新颖直视式图像显示器件。等离子体显示器以出众的图像效果、独特的数字信号直接驱动方式而成为优秀的视频显示设备和高清晰的电脑显示器，它将是高清晰度数字电视的最佳显示屏幕。

　　PDP 是一种利用气体放电的显示技术，具体工作原理与日光灯极其相似。PDP 采用了等离子管作为发光元件，屏幕上的每一个等离子管对应一个像素，屏幕以玻璃作为基板，基板间隔一定距离，四周经气密性封接形成一个个放电空间，放电空间内充入氖、氙等混合惰性气体。两块玻璃基板作为工作媒质其内侧面上涂有金属氧化物导电薄膜作激励电极。当向电极上加入电压，放电空间内的混合气体便发生等离子体放电现象，也称电浆效应。气体等离子体放电产生紫外线，紫外线激发涂有红绿蓝荧光粉的荧光屏，荧光屏发射出可见光，显现出图像。当每一颜色情景实现 256 级灰度后再进行混色，便实现彩色显示。

　　等离子显示器厚度薄、分辨率高、占用空间小且可作为家中的壁挂电视使用，代表了未来计算机显示器的发展趋势。

▶ 2.7.4　显示器的选购

　　显示器是计算机系统最常用的输出设备，也是人们在使用计算机时眼睛注视最多的设备。如何选择一台适合自己的显示器，对保护视力、达到更好的视觉效果都会起到很好的作用。下面我们将介绍如何选购一台适合自己的显示器。

1. CRT 显示器的选购

　　对于少数从事设计工作的用户而言，CRT 显示器依然是首选。在选购时，要从显像管、尺寸、分辨率、刷新频率、点距、品牌（常见的品牌有优派、美格、宏基、明基、飞利浦、三星、LG、长城等）等方面综合考虑。

2. LCD 显示器的选购

　　现在 LCD 液晶显示器已经成为大多数用户购买时的首选，在选购时需要考虑以下因素：

1）确定屏幕尺寸

LCD 显示器的屏幕尺寸较多，主要可从个人喜好和可接受的价格范围来考虑屏幕尺寸的大小。一般用户选择价格较便宜的 19 英寸宽屏液晶显示器即可,若要追求更好的视觉享受,在资金充足的情况下可以选择 22 英寸或者更大尺寸的 LCD 显示器。

2) 注意显示器的亮度、对比度、可视角度和响应时间

消费者在选择同类产品的时候,一定要认真地阅读产品技术指标说明书,因为很多中小品牌的显示器产品在编写说明书的时候,采用了欺骗消费者的方法,其中最常见的,便是在液晶显示器响应时间这个重要标准上做手脚,这种产品指标说明往往不会明确地标出响应时间的指标是单程还是双程,而仅仅列出单程响应时间,使之看起来比其他品牌的响应时间要短。因此,在选择的时候,一定要明确这个指标是单程还是双程。

3) 重要的选择标准是液晶屏上的"亮点"数量

液晶面板的质量中,与消费者最直接的标准是"亮点"的数目。从纯技术角度来说,一块优质的液晶面板有 3 个亮点是可以被接受的,但是真正的到了消费者的眼中,即使只有 3 个亮点也会影响视觉效果。

4) 电性能检查

电性能可通过调节亮度及对比度来检查。液晶显示器的发光度和一般的显示器有截然不同的区别。一般的 CRT 显示器的图像是通过电子束打击荧光屏产生的,而液晶显示器内部有一个背光源来产生亮度,亮度是用 NIT 流来计量的。液晶显示器的亮度应达到 200NIT。这样才能把液晶显示器生动的画面、艳丽的色彩栩栩如生地展现出来。对比度就是图像由暗到亮的层次。液晶显示器的对比度要比一般的高 50%,应达到 250∶1,如能达到 400∶1,那是最理想的了。购买时,把亮度、对比度由暗到亮地慢慢调节,不应该出现突变的现象。

知识 2.8　声卡与音箱

声卡与音箱是多媒体计算机声音系统的主要组成部分,声卡负责音频信号的数/模相互转换,以及音频数据的解码等操作。音箱作为回放设备,对人的主观听觉感受影响巨大。

▶ 2.8.1　声卡

声卡是多媒体技术中最基本的组成部分,是实现声波/数字信号相互转换的一种硬件。声卡的基本功能是把来自话筒、磁带、光盘的原始声音信号加以转换,输出到耳机、扬声器、扩音机、录音机等声响设备,或通过音乐设备数字接口(MIDI)使乐器发出美妙的声音,此外,现在声卡一般具有多声道,用于模拟真实环境下的声音效果。

目前,声卡主要分为集成式、板卡式和外置式等 3 种类型,以满足不同用户的需求,这 3 种类型的产品各有优缺点。

1. 集成式声卡

此类产品集成在主板上,如图 2.50 所示,具有不占用 PCI 接口、成本更为低廉、兼容性更好等优势,能够满足普通用户的绝大多数音频需求,自然就受到市场青睐。而且集成声卡

的技术也在不断进步,它也由此占据了市场主导地位。

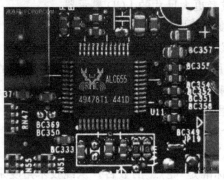 

图 2.50　主板集成声卡　　　　　　图 2.51　板卡式声卡

2. 板卡式声卡

如图 2.51 所示,板卡式声卡也称为独立声卡,对于高级用户或专业音频工作者,因为集成声卡不能满足其工作要求,这样板卡式声卡产品自然就成为他们的首选,板卡式声卡拥有更好的性能及兼容性,支持即插即用,而且安装使用都很方便。

3. 外置式声卡

外置式声卡独立于主机外部存在,如图 2.52 所示,它通过 USB 接口与计算机连接,具有使用方便、便于移动等优势。但这类产品主要应用于特殊环境,如连接笔记本以实现更好的音质等。

图 2.52　外置式声卡

在声卡的选择上,一般用户可以直接使用主板上集成的声卡,芯片多为瑞昱 Realtek 或骅讯 C-Media 等公司的产品,性能足以满足日常要求,还可以实现多声道的环绕效果,高级用户和专业音频工作者会根据自己的喜好和工作要求选择独立声卡或外置式声卡,品牌可以选择创新(CREATIVE)、华硕、德国坦克、乐之邦等。

2.8.2　音箱

音箱是整个音响系统的终端,其作用是把音频电能转换成相应的声能,并把它辐射到空间去。它是音响系统极其重要的组成部分,因为它担负着把电信号转变成声信号供人的耳朵直接聆听的关键任务,它要直接与人的听觉打交道,而人的听觉是十分灵敏的,并且对复杂声音的音色具有很强的辨别能力。由于人耳对声音的主观感受是评价一个音响系统音质好坏的最重要的标准,因此,可以认为,音箱的性能高低对一个音响系统的放音质量是起着关键作用的。

计算机系统配套的音箱是防磁音箱,由于其需要放置在电脑显示器的旁边,所以具有特殊的防磁要求,扬声器必须使用防磁扬声器(即所谓的磁体密闭型扬声器或是"永磁式"扬声器),功放电路也不能采用电磁波外泄较大的设计。

为了配合多声道声卡,在游戏和影视节目中实现环绕效果,计算机音箱根据箱体个数的不同,可以分为2.0音箱、2.1音箱、5.1音箱,甚至是7.1音箱。其中前面的数字代表环绕声场音箱的个数,后面的".1"代表的是超重低音。

1) 2.0音箱摆放原则

对于2.0音箱的摆放其实比较简单,一般以使用者的头部为中轴线,把音箱放在显示器左右两侧,为了保证两边声音的平衡,两只音箱到中轴线的距离应该一样,并且两音箱间的距离不能太近,如图2.53所示,家庭使用时两只音箱的距离在1~2m的范围内比较适合。

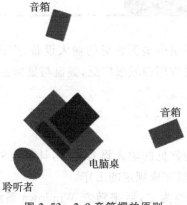

图2.53 2.0音箱摆放原则

2) 5.1音箱摆放原则

5.1音箱是在4.1音箱的基础上增加了一个中央声道的中置音箱,专门用以播放电影对白和人声等音效。对于中置音箱,可将其摆放在显示器的上方或显示器前的桌面上,要求它与前方的两个主音箱面向聆听者一字排开,可在同一平面上且高度尽可能相同,也可将中置音箱稍稍后移一些,但其正面仍与前置主音箱正面平行,这样才能达到满意的声音回放效果,如图2.54所示。架得太高,声音会显得像是从上面压下来的,放得太低就会造成对白被矮化。

3) 7.1音箱摆放原则

7.1音箱的摆放,重点放在四个环绕音箱上。可将其摆放或挂在聆听者左前、左后、右前、右后的两侧位置(墙上或音箱架上),朝向聆听者并且以面对面的方式摆放,架设高度约高出聆听者坐姿时头部以上60~90cm处,应保证左边的两个音箱和右边的两个音箱分别处在同一条直线上。另外,左前、右前环绕音箱,除了应处于与聆听者和电脑屏幕垂直的一条直线上,还要与后面的一对环绕音箱同处一个平面内,如图2.55所示。

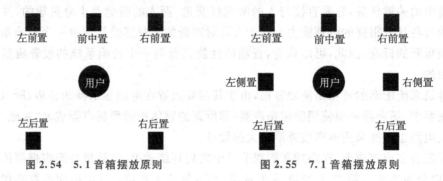

图 2.54　5.1 音箱摆放原则　　　　图 2.55　7.1 音箱摆放原则

技术提示

音箱的选择余地很大,下至几十元一对的塑料音箱,上到几万元的 HIFI 音箱,而且人耳对声音的敏感度也不一样,大家要亲身试一下。

知识 2.9　键盘与鼠标

键盘与鼠标作为计算机系统中最为常见的输入设备,广泛应用于微型计算机和各种终端设备上。由于现在计算机的应用领域很广泛,键盘与鼠标也因此分为各种不同的类型。

▶ 2.9.1　键盘

键盘是计算机系统中最为常见的输入设备之一,计算机的操作者通过键盘向计算机输入各种指令和数据,指挥计算机完成规定的工作。

早期的键盘主要是以 83 键为主,后来随着 Windows 系统的流行,又出现了 101 键和 104 键键盘,并占据市场的主流地位。近几年出现的多媒体键盘,它在传统的 101 键盘基础上又增加了不少常用快捷键或音量调节装置,使计算机的操作进一步简化,对于收发电子邮件、打开浏览器软件、启动多媒体播放器等都只需要按一个特殊按键即可。

现在市场上的键盘从结构上可以分为机械式和薄膜式两种,下面分别加以介绍。

1. 机械式键盘

如图 2.56 所示,机械式键盘采用类似金属接触式开关,每一个按键都有一个单独的开关来控制闭合。机械式键盘具有工艺简单、噪音大、易维护等特点。

机械式键盘曾一度被淘汰,近年来,随着工艺的提升,出现了很多高档机械键盘,如 Cherry MX 系列黑轴键盘,其高达 5 000 万次的寿命和清晰的段落感,成为高端键盘的首选。

项目2 根据实际需求配置台式计算机

图 2.56 机械式键盘

2. 塑料薄膜式键盘

如图 2.57 所示，塑料薄膜式键盘内部共分四层，实现了无机械磨损。其特点是低价格、低噪声和低成本，在一定程度上可以防水，已占领中、低端市场的绝大部分份额。

图 2.57 机械式键盘

2.9.2 鼠标

鼠标是现在计算机系统中最常用的输入设备，自从图形化的视窗操作系统诞生以来，鼠标的使用使得计算机的操作变得更加简便。

鼠标按连接方式的不同可以分为有线鼠标和无线鼠标两种，如图 2.58 所示。

鼠标按照工作原理的不同又可以分为机械式鼠标和光电鼠标。

机械式鼠标主要由滚球、辊柱和光栅信号传感器组成，其内部结构如图 2.59 所示。当拖动鼠标时，带动滚球转动，滚球又带动辊柱转动，装在辊柱端部的光栅信号传感器产生的光电脉冲信号反映出鼠标器在垂直和水平方向的位移变化，再通过计算机程序的处理和转换来控制屏幕上光标箭头的移动。

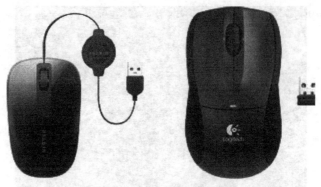

图 2.58　有线鼠标和无线鼠标

图 2.59　机械式鼠标的内部结构

光电鼠标是通过检测鼠标的位移,将位移信号转换为电脉冲信号,再通过程序的处理和转换来控制屏幕上的鼠标箭头的移动。光电鼠标用光电传感器代替了滚球,如图 2.60 所示。

图 2.60　光电鼠标的内部结构

光电鼠标内部没有机械运动,不易进灰尘,定位精度高,反应速度快,已成为市场的绝对主流。

技术提示

选购鼠标时尽量选择大品牌的产品,如罗技、微软、Razer、雷柏、双飞燕等,在外形设计上要选择符合人体工程学的产品,长时间使用时不易疲劳。

知识 2.10　机箱与电源

计算机系统中最容易被忽略的就是机箱和电源,事实上,好的机箱和电源是非常重要的,它能直接影响一台电脑的稳定性、易用性和使用寿命。

▶ 2.10.1　机箱

机箱作为微型计算机配件中的一部分,它所起的主要作用是放置和固定各个计算机配件,起到承托和保护的作用,此外,机箱具有屏蔽电磁辐射的重要作用。

由于机箱不像 CPU、显卡、主板等配件能迅速提高整机性能,所以在 DIY 配机过程中一直不被列为重点考虑对象。但是机箱也并不是毫无作用,一些用户买了杂牌机箱后,因为钢板生锈、变形等原因,使主板和机箱形成回路,导致短路,使系统变得很不稳定。

1. 机箱的内部结构

如图 2.61 所示,机箱一般包括外壳、支架、面板上的各种开关、指示灯等。外壳用钢板和塑料结合制成,硬度高,主要起保护机箱内部元件的作用;支架主要用于固定主板、电源和驱动器等。

图 2.61　机箱的内部结构

机箱有很多种类型。现在市场比较普遍的是 ATX、Micro-ATX 以及最新的 BTX。如图 2.62 所示,BTX 机箱内部和 ATX 有着较大的区别,BTX 机箱最让人关注的设计重点就在于对散热方面的改进,CPU、显卡和内存的位置相比 ATX 架构都完全不同,CPU 的位置完全被移到了机箱的前板,而不是原先的后部位置,这是为了更有效地利用散热设备,提升对机箱内各个设备的散热效能。为此,BTX 架构的设备将会以线性进行配置,并在设计上以降低散热气流的阻抗因素为主;通过从机箱前部向后吸入冷却气流,并顺沿内部线性配置的设备,最后在机箱背部流出。这样不仅更利于提高内部的散热效能,而且也可以因此而降低散热设备的风扇转速,保证机箱内部的低噪声环境。

图 2.62　BTX 机箱的内部结构

2. 机箱的选购原则

1) 散热

机箱想要达到很好的散热效果实际上很简单,只需要尽可能多地开孔以及安装尽可能多的风扇,不过与此同时会在静音、防尘、辐射、强度等方面带来很多麻烦,要平衡考虑。

2) 静音

机箱的噪声可以简单地分为两类,一类是风噪,一类是震噪。降低风扇噪声除了减少风扇和降低转速之外,在机箱内部做一些隔音处理也可以达到很好的效果。而降低震噪主要是将硬盘的连接部件处理好,结构需要足够的刚性,而连接硬盘部分则需要一定的弹性,如加装橡胶垫等。

3) 空间

空间简单地来讲就是机箱尺寸大不大,这个空间也包括多个方面,如主板空间的大小,显卡空间的大小,电源空间的大小,每个硬盘空间的大小(这个经常被很多人所忽略),散热设备空间的大小等。

4）结构

结构主要指的是机箱内部各个配件的摆放位置，一般来说，空间优秀的机箱往往也拥有较为优秀的结构，但是也有少量机箱虽然拥有很大的空间，但是绝大多数被浪费。

5）耐用性

影响机箱耐用性的主要因素有两个：灰尘以及腐蚀，机箱的防锈性能要好。

6）辐射

机箱本身的辐射并不大，但是机箱要有一定的防辐射性能。

7）辅助功能

辅助性功能主要包括以下几个方面：按键的合理性、背板走线、充足的接口、存储设备的热插拔、对于箱内风扇的控制，以及对于计算机运行情况的监控等。

▶ 2.10.2 电源

目前主流微型计算机一般都采用 ATX 电源，如图 2.63 所示。ATX 电源是由 Intel 公司于 1995 年提出的工业标准，从最初的 ATX1.0 开始，ATX 标准又经过了多次的变化和完善，目前国内市场上流行的是 ATX 2.03 和 ATX 12V 这两个标准，其中 ATX12V 又可分为 ATX12V1.2、ATX12V1.3、ATX12V 2.0 等多个版本。

ATX 电源与之前的传统电源相比最重要的区别是，关机时 ATX 电源本身并没有彻底断电，而是维持了一个比较微弱的电流。同时它利用这一电流增加了一个电源管理功能，称为 Stand-By。它可以让操作系统直接对电源进行管理。通过此功能，用户就可以直接通过操作系统实现软关机，而且还可以实现网络化的电源管理。

2005 年，随着 PCI-Express 的出现，带动显卡对供电的需求，因此 Intel 推出了电源 ATX 12V 2.0 规范，增加第二路＋12 V 输出的方式，来解决大功耗设备的电源供应问题。现在 ATX12V 电源版本已经提高到 ATX12V 2.31。如图 2.64 所示的鑫谷 GP600G 黑金版即为 ATX12V 2.31 版本。

图 2.63　ATX 电源

图 2.64　鑫谷 GP600G 黑金版 ATX 电源

1. 电源的性能指标

鑫谷 GP600G 黑金版 ATX 电源的详细参数如表 2.14 所示。

表 2.14 鑫谷 GP600G 黑金版 ATX 电源的详细参数

基本参数	电源类型	台式机电源
	适用范围	全面兼容 Intel 与 AMD 全系列产品
	电源版本	ATX 12V 2.31
	出线类型	非模组电源
	额定功率	500W
	风扇描述	12cm 液压轴承静音风扇
电源接口	主板接口	20+4pin
	CPU 接口(4+4pin)	1个
	显卡接口(6+2Pin)	2个
	硬盘接口	4个
	软驱接口(小 4pin)	1个
	供电接口(大 4pin)	3个
性能参数	交流输入	100~240V(宽幅),6~12A,47~63Hz
	3.3V 输出电流	24A
	5V 输出电流	15A
	5Vsb 输出电流	2.5A
	12V 输出电流	38A
	−12V 输出电流	0.3A
其他参数	PFC 类型	主动式(功率因数为 0.98)
	保护功能	过压保护 OVP,低电压保护 UVP,过电流保护 OCP,过功率保护 OPP,过温保护 OTP,短路保护 SCP
	转换效率	91%
	80PLUS 认证	金牌
	平均无故障时间	120 000 小时

1) 额定功率

现在市场上有额定功率为 300~500W 的多种电源。额定功率越大,代表可以连接的设备就越多,计算机的扩充性就越好。随着计算机性能的不断提升,耗电量也越来越大,大功率的电源是计算机稳定工作的重要保证,电源功率的相关参数在电源标识上可以看到。

2) 噪声和滤波

输入 220V 的交流电,通过电源的滤波器和稳压器变换成计算机工作时所需要的低压直流电。噪声大小用于表示输出直流电的平滑程度,而滤波品质的高低代表输出直流电中包含交流成分的高低。噪声和滤波这两项性能指标需要专门的仪器才能进行定量的分析。

3) 瞬间反应能力

瞬间反应能力也就是电源对异常情况的反应能力,它是指当输入电压在允许的范围内瞬间发生较大变化时,输出电压恢复到正常值所需的时间。

4) 电压保持时间

在微机系统中应用的 UPS(不间断电源)在正常供电状态下一般处于待机状态,一旦外部断电,它会立即进入供电状态,不过这个过程需要大约 2~10ms 的切换时间,在此期间需要电源自身能够靠内部储备的电能维持供电。一般优质电源的电压保持时间为 12~18ms,都能保证在 UPS 切换到供电期间维持正常供电。

5) 电磁干扰

电源在工作时内部会产生较强的电磁振荡和辐射,从而对外产生电磁干扰,这种干扰一般是用电源外壳和机箱进行屏蔽,但无法完全避免这种电磁干扰,为了限制它,国际上制定了 FCCA 和 FCCB 标准,国内也制定了国际 A(工业级)标准和国标 B(家用电器级)标准,优质电源都能通过 B 级标准。

6) 开机延时

开机延时是为了向微机提供稳定的电压而在电源中添加的新功能,因为在电源刚接通电时,电压处于不稳定状态,为此电源设计者让电源延迟 100~500 ms 之后再向微机供电。

7) 电源效率和寿命

电源效率和电源设计电路有密切的关系,提高电源效率可以减少电源自身的电源损耗和发热量。电源寿命是根据其内部的元器件的寿命确定的,如果按一般元器件寿命为 3~5 年来计算,则一般的电源寿命可达 8 万~10 万小时。

2. 电源的选购与注意事项

电源是微型计算机中各设备的动力源泉,品质的好坏直接影响微型计算机的工作,电源一般都和机箱一同出售(也有单独出售的),在选购电源时应考虑以下几点:

1) 看品牌

市场上电源的牌子种类繁多,而伪劣电源不但在线路板的焊点、器件等方面不规则,而且没有温控、滤波装置,标称的输出功率也不够,这样很容易导致电源输出的不稳定,所以应尽量选择享有良好声誉和口碑的电源品牌。目前,国内一些比较著名的品牌如航嘉、长城、台达、康舒、全汉、鑫谷、酷冷至尊这些都是口碑相当不错的品牌,值得选择。

2) 电源风扇

风扇在计算机工作的过程中,对于配件的散热起着重要的作用。风扇的安排对散热能力起决定作用。传统 ATX2.01 版本以上的计算机电源的风扇都是采用向外抽风方式散热,这样可以保证电源内的热量能及时排出,避免热量在电源及机箱内积聚,也可以避免在工作时外部灰尘由电源进入机箱。以一般电源使用的 8cm、12V 直流风扇,现在还有 12cm 风扇的,大叶片低转速,在保证风量的前提下,减少了噪声。

3) 过压保护

AT 电源的直流输出有±5 V 和±12V,ATX 电源的输出多了 3.3V 和辅助性 5V 电压。若电源的电压太高,则可能烧坏计算机的主机及其插卡,所以市面上的电源大都具有过压保护的功能。即当电源一旦检测到输出电压超过某一值时,就自动中断输出,以保护板卡。

4）安全认证

为了避免因电源质量问题引起的严重事故，电源必须通过各种安全认证才能在市场上销售，因此电源的标签上都会印有各种国内、国际认证标记。其中，国际上主要有 FCC、UL、CSA、TUV 和 CE 等认证，国内认证为中国的安全认证机构的 CCEE 长城认证。

5）电源接口

如果用户的配件比较多，则需要选一款接口比较多的电源或者采用双电源了。

项目实施

任务2.1　确定计算机的配置方案

学习情境

通过前面的介绍，张超同学对台式机的硬件配件算是有了一定的了解，他现在想为自己配置一台台式计算机，但是又不知道从何入手。

任务分析

要配置一台台式机，一定要从实际需求出发，明确配置计算机的主要目的，也就是说，要知道配机主要是为了做什么、处理哪些业务、处理这些业务时又需要用到哪些软件等，最重要的是在配置够用的情况下追求高性价比，保证各配件之间的相互匹配。

操作步骤

1）了解计算机配置的基本常识

个人计算机可以分为台式机和便携式机型。其中，台式机又分为品牌机和组装机两种类型。品牌机是由具有一定规模和实力的商家推出，并标识有经过注册的商标品牌。便携式机型又可以分为笔记本、上网本、超级本和平板电脑等。

（1）关于品牌机。品牌机内部结构与组装机大致相同，有些品牌机具有个性化的设计。另外，品牌机一般都能提供比组装机更好的售后服务和技术支持。

品牌机根据用途的不同，通常提供家用电脑、商用电脑，以及面向高端的图形工作站、服务器等。其中，家用电脑主要在多媒体和 3D 图像处理性能方面增强；商用电脑主要面向单位办公用户，配置比较简单，注重文本显示质量和稳定性；图形工作站和服务器一般是提供给专业用户使用，价格一般都比较昂贵。

（2）关于组装机。组装机最大的优势是性价比高、配置灵活，另外，组装机的升级空间也比较大。国内往往没有相应的软件成本，所以在价格上较同档次的品牌机要便宜不少。

初学者 DIY 装机配置的推荐原则：

① 减法配机原则（即首先选择非关键部件，然后将主要精力放在核心部件的选择上）。

② 在需求至上的前提下,重点考虑性价比。

③ 关注核心配件间的相关匹配项。DIY 购机时非常讲究配件间的搭配技巧,配件搭配不合理,则无法达到用户要求的性能。一般来说,上网、看电影、查资料、玩些小游戏,那么宽屏液晶显示器加双核 CPU 就是目前主流的选择;玩大型网络游戏或使用电脑进行动画制作,则一定要配备一块较高配置的独立显卡。

(3) 关于笔记本。与台式机相比,笔记本电脑除具有体积小、便于携带外的优点外,它的抗震性能也较好,可以使用两种方式供电。

早期的笔记本电脑价格昂贵,大都用于办公或商用。现在,笔记本的价格已与台式机相差不大,所以在校大学生购买电脑都首选笔记本了。

购买笔记本电脑与台式机一样,看用在哪个方面。图形图像处理软件对显示系统的要求要高些,一般会选择独立显卡。

购买笔记本时还要考虑到屏幕的尺寸、机身重量、电池续航时间等。无线网卡现在已成为笔记本电脑的标准配置了,所以我们在购买时要留意。

2) 做好需求分析工作

例如,针对一名多媒体技术专业的学生,我们要从以下几个方面进行需求分析。

(1) 配置计算机的主要目的是满足多媒体专业学生学习需要,主要用计算机完成各种网页素材的制作,包括图形、图像和音、视频的处理,静态、动态网页设计与制作,网站建设与管理,音、视频的编辑以及学习各种编程语言等。

(2) 系统软件和应用软件需求。包括 Office、网络通信工具、网络下载软件、压缩解压缩软件、音视频播放器等常用软件,以及音视频编辑软件、图像和动画制作软件、各种语言编译器等。

(3) 用户的购买能力。作为学生用户,配置计算机应以"满足学习需要"为第一参考,但也要考虑家庭的经济条件,需要把握一定的尺度,配置上基本够用即可。以目前的市场价格为参考,配置一台价格在 4000 元左右的台式机即可满足软件运行需求。

(4) 特殊要求:配置独立显卡、声卡、音箱和大容量串口硬盘。

3) 了解最新的硬件资讯和市场行情

登录中关村在线,了解最新的硬件资讯和市场行情。

4) 列出配置清单

登录中关村在线模拟攒机网站,根据用户的需求进行计算机的配置,列出配置清单,如表 2.15 所示,并简述配置的理由。

表 2.15 配置清单

配件名称	品牌+型号	价格(元)
CPU		
主　板		
内　存		

续表

配件名称	品牌＋型号	价格(元)
硬　盘		
显　卡		
声　卡		
网　卡		
光　驱		
显示器		
鼠　标		
键　盘		
音　箱		
机箱电源		
整机价格		

| 任务小结 |

通过本任务的完成,我们基本掌握了台式机配置的基本原则,学会了根据不同用户的需求配置计算机的方法;同时,我们也了解了台式机配置的注意事项,并利用网上专业电脑市场,体验了模拟配机的过程。

任务2.2　亲临电脑城,购置计算机的硬件配件

| 学习情境 |

列出了计算机的详细配置单,张超同学非常有成就感,希望马上前往电脑城把计算机买回来,那么这个过程又会涉及哪些问题呢?

任务分析

按照自己完成的配置单购买台式机的配件,这个过程可不是想象中的那么轻松、顺利。首先自己配置单上的价格信息都是网上提供的,与本地电脑市场价格会存在一些差异,因此,到电脑城核实价格是我们要做的一项重要工作;其次,选择什么样的时机购买计算机也比较关键,一部分商家为了吸引顾客,经常会举办一些促销活动,价格方面肯定有比较大的优惠幅度;再次,手持自己的配置单到电脑城购机,一部分经销商为了追求更大的利润,肯定会以各种各样的理由对顾客手上的配置做微调,这是需要购机者与商家洽谈才能解决的。

操作步骤

1) 选择合适的购机时机

有些购机者一旦确定了机器的配置,就迫不及待地希望早点把机器买回来,这种心情是可以理解的。但我们必须理性的选择购机时机,追求更高的性价比。多到市场上去走走看看,总会找到合适的时机。

2) 选择信誉良好的商家

电脑城里的商家大致可以分成两种不同的类型,一是计算机硬件部件的代理商(包括区域总代理商和分级代理商);二是普通的经销商。在购买计算机硬件配件的过程中,选择关键部件的代理商(如某品牌主板的代理商),有助于购机者获得优惠的价格和良好的售后支持,使购机有保障,所以建议购机者应在电脑城众多的商家中选择关键部件的代理商和规模较大且重信誉的经销商。

3) 通过洽谈确定机器的配置

尽管来到电脑城之前,我们已经确定了一个大致的配置,但当购机者手持自己的配置单到电脑城购机时,一部分经销商总会有理由建议购机者适当调整机器的配置,这时,购机者应保持清醒的头脑,理性地对待经销商给出的建议,即便对配置单进行微调,也要有说得过去的理由;否则,宁愿多找几家经销商,也要顺利完成自己的购机计划。

4) 确定价格

机器的配置确定以后,我们可以与多个商家洽谈,以确定最终的价格。这个过程中要掌握一定的技巧,讨价还价是必须的,并且要为自己争取更好的售后服务和更多的购机优惠。

5) 现场验货(真假识别)

一定要按照配置单上的详细型号,仔细核对,以防以假乱真或以低端产品替换配置单上的高端配件。

任务小结

本任务主要向大家介绍购买计算机硬件的技巧和应遵循的基本原则,包括选择合适的购机时间、选择信誉良好的商家、通过洽谈确定最终的配置、确定成交价格和现场验货等。

项目总结

本项目主要介绍了台式计算机中的各种硬件配件,包括CPU、主板、内存、硬盘和显卡等关键核心部件,同时也介绍了显示器、声卡、音箱、键盘、鼠标、机箱和电源等常见外设,让同学们增加对计算机硬件的了解,掌握计算机硬件的选购知识。最终通过两个具体的工作任务让同学们分别完成台式计算机的配置选择和配件的购买,以增强实际动手能力。

项目自测

一、单项选择题

1. 计算机的各个部件都是连接到(　　)上的。
   A. CPU　　　　　B. 主板　　　　　C. IDE　　　　　D. SATA
2. CPU 的(　　)指标,描述了 CPU 的速度。
   A. 字长　　　　　B. 外频　　　　　C. 主频　　　　　D. 指令集
3. 主板的核心部件是(　　)。
   A. 芯片组　　　　B. 接口　　　　　C. 处理器　　　　D. 以上三项都是
4. USB 2.0 接口数据传输率是 USB 1.1 的(　　)倍。
   A. 4　　　　　　B. 10　　　　　　C. 40　　　　　　D. 100
5. 现在的主流内存是(　　)。
   A. DDR　　　　　B. SDRAM　　　　C. DDR2　　　　　D. DDR3
6. 下列属计算机输出设备的是(　　)。
   A. 键盘　　　　　B. 鼠标　　　　　C. 打印机　　　　D. DVD 光驱
7. 下面不生产显示芯片的厂商是(　　)。
   A. Intel　　　　　B. AMD　　　　　C. Cisco　　　　　D. NVIDIA

二、多项选择题

1. 主要的 CPU 生产商有(　　)。
   A. Intel　　　　　B. Microsoft　　　C. AMD　　　　　D. VIA
2. PC 机上使用的硬盘接口有(　　)。
   A. IDE　　　　　B. ATA　　　　　C. SATA　　　　　D. PCI
3. 目前市场上的键盘从工作方式上分为(　　)。
   A. 脉冲式　　　　B. 薄膜式　　　　C. 电感式　　　　D. 机械式
4. 硬盘的转速一般为(　　)。
   A. 1 500 r/m　　　B. 5 400 r/m　　　C. 7 200 r/m　　　D. 10 000 r/m 以上
5. 电脑机箱结构标准有(　　)。
   A. AT　　　　　　B. ATX　　　　　C. DTX　　　　　D. BTX

三、判断题

1. Intel 的芯片组能很好地支持 AMD 生产的 CPU。(　　)
2. SATA 接口不如 IDE 接口速度快。(　　)
3. USB 2.0 和 USB 1.1 在接口外观上是相同的。(　　)
4. 点距是显示器的一项重要技术指标,点距越小,可以达到的分辨率就越高,画面就越清晰。(　　)
5. 显示器的分辨率与微处理器的型号有关。(　　)
6. 显示器的分辨率为 1 024×768,表示一屏幕水平方向每行有 1 024 个像素点,垂直方

向每列有 768 个像素点。（　　）

7. 输出设备的主要任务是将人们或其他机器所接受的数据输入到计算机进行运算和处理。（　　）

8. ATX 电源关机后就彻底断电了。（　　）

四、思考题

1. 简单叙述 CRT 显示器和 LCD 显示器的优缺点。
2. 简述光电鼠标的工作原理。

项目3 Chapter 3 台式机的硬件组装

| 知识目标 |

1. 了解计算机硬件组装的注意事项。
2. 熟悉计算机硬件组装前的准备工作及安装工具的使用。
3. 掌握计算机硬件组装的基本流程和操作步骤。

| 技能目标 |

1. 能够独立完成计算机硬件的组装操作。
2. 能够独立完成计算机硬件组装后的检查操作。

| 教学重点 |

1. 计算机硬件组装的注意事项。
2. 计算机硬件组装前的准备工作及安装工具的使用。
3. 计算机硬件组装的基本流程和操作步骤。
4. 计算机硬件组装后的检查操作。

| 教学难点 |

计算机硬件组装的基本流程和操作步骤。

项目知识

知识 3.1 电脑城装机注意事项

计算机的硬件组装工作并不困难,只要对计算机的硬件配件有足够的认识和了解,就能够自己动手轻松完成这项工作。

但是,提醒大家:一定要做好硬件组装前的准备工作,严格遵守装机操作规范,以免在操作过程中出现问题或者对硬件配件造成损坏。

在市场上购买到了台式机的所有配件,一般情况下,商家都会提供免费的装机服务,包括硬件的组装和软件的安装。在装机的过程中,提醒购机者注意以下事项:

1. 仔细核对配件

(1) 在装机前,主动要求检查、核对各配件的品牌、型号(对于主板、显卡等型号命名较长的配件尤其要注意),要保证与配置单上所列的信息完全一致。

(2) 检测 CPU 是否为盒装正品。Intel 处理器主要看包装盒侧面的序列号贴纸,如果发现该贴纸有两层则肯定不是盒装正品,可以要求商家及时更换,也可考虑更换散装 CPU,并搭配一款高品质的散热器。序列号贴纸务必要保存好,在产品保修时需要出示。

(3) 检查主板,主要查看主板包装盒内的附件、光盘是否齐全,主板上处理器和显卡插槽处贴纸是否有被动过的痕迹。

(4) 检查内存,主要检查金手指部分是否有多次插拔而造成的划痕,即时拨打厂商查询电话,查询该内存是否为盒装正品。

(5) 检查硬盘、光驱,查看螺丝孔是否有磨损过的痕迹。

(6) 检查显卡、声卡和网卡等配件。查看金手指部分是否有多次插拔而造成的划痕,仔细对照产品的型号标识。

(7) 检查显示器包装。查看显示器外箱是否有二次封装的痕迹,注意查看纸箱底部封条。

(8) 检查机箱电源。注意如果是机箱附带的电源,应检查电源的型号是否无误。

2. 装机过程观察

(1) 仔细检视整个装机过程,一方面防止商家在装机中偷换配件;另一方面还可以与装机工作人员多进行交流,以学习一些装机技巧。

(2) 检查硬盘、光驱等产品上易碎帖的位置。如果此类产品的标贴帖在侧面,那么装入机箱时易碎帖非常容易刮坏。应要求装机人员再贴一张于产品背板接口面。

(3) 检查装机工作人员是否将机箱内各种电源线和数据线捆扎整齐、规范,以免影响散热。

(4) 硬件组装完成后,再次仔细查看各配件包装盒附带的附件(驱动光盘、说明书和质保单)是否齐全,妥善保存主板包装盒内附赠的数据线、电源附赠的转接头等。

3. 通电检测过程

(1) 连接主机和外设,确认正确无误后,接通电源,开机检测机器的状态,如果开机进入正常的自检过程,即证明硬件组装过程基本正常。

(2) 检测机箱前面板开机键、重启键、电源指示灯、硬盘指示灯和光驱按钮是否正常。

4. 软件安装过程

(1) 通过设备管理器或其他专用测试软件检查各配件的驱动程序是否安装无误,如出现异常,表明驱动程序安装有问题,设备可能工作不正常,需要重新安装驱动。

(2) 检查 BIOS 中 CPU、内存、显卡的参数设置是否有误。

(3) 检测前后 USB 接口以及前置音频接口是否能正常工作。

(4) 听听主板内部风扇、光驱和硬盘的电机运转声音是否正常。主机工作一段时间后,使用鲁大师等软件检测一下 CPU 的温度,如果温度过高,可当场请商家解决问题。

(5) 运行一两款 3D 游戏和视频文件,简单测试整机稳定性。比较常用的有 3DMark 系列,推荐使用 3DMark06 版本的软件。

5. 其他情况处理

(1) 如果商家解释某款配件已经无货,并推荐其他非知名品牌,应坚持自己重新选择而不是轻易采用商家推荐的产品,或者解除装机协议,并索还订金。

(2) 仔细询问各配件质保服务,最好可以在装机单或其他可以证明的单据上进行注明。

(3) 根据购机前的资料搜集,如果某配件在促销期间有赠品相送,即时向商家索取。如今后有升级需要,可向商家索取少量螺丝。机箱中附赠的螺丝一定要全部带走。

(4) 注意在购机过程完成后,不要轻易扔掉配件包装盒。如果在使用中遇到一些需要更换非同一品牌或型号的产品时,商家往往会要求提供原包装才予以更换。

知识 3.2　自助装机注意事项

如果我们以学习为目的,希望自己亲自动手完成计算机的装机过程,那么就应该详细了解如下的注意事项:

1. 自助装机必备的基础知识

首先,组装电脑的人应具有一些电子学的基本知识和实际经验;其次,最好先观察学习一下别人如何正确组装成功一台计算机;再次,要了解微型计算机中的各种配件的性能和技术特点,以及它们的使用方法及技术要求;最后,熟悉计算机的基本使用方法。

2. 尽量消除静电带来的影响

计算机的各种硬件配件上都带有精密的电子元件,这些电子元件最怕的就是静电的影响。因为静电的产生是随机性的,不可预测,而且在释放的瞬间,其电压值可以达到上万伏特,在这样高的电压下,配件上的电子元件有可能会被击穿。

释放静电的最简单方法就是触摸大块的接地金属物品(如自来水管)、洗手,或者戴上防静电手套等防静电设备。

有人认为,在装机时,释放一次静电即可以放心工作,其实这种观点是错误的。因为在装机过程中,还会由于不断地摩擦而产生静电。所以建议大家在组装机器的过程中,不要直接用手触摸主板、显卡、内存等板卡的电子元器件部分。

在装机过程中,如何防止静电带来的影响呢?主要有以下几种解决方法:

(1) 不要在很干燥的环境下组装计算机。湿度最好在60%~70%左右,配带专用的防静电设备,如防静电工作服、防静电手套、防静电鞋、防静电手环等,如图3.1~图3.4所示。

图3.1　防静电工作服　　图3.2　防静电手套　　图3.3　防静电鞋　　图3.4　防静电手环

(2) 组装计算机前要先释放静电。人处于干燥环境中,产生摩擦就会使人体积累大量电荷,往往在接触计算机配件的瞬间发生静电释放导致计算机配件损坏。因此,在不确定身体是否有静电积累时,请先释放身体静电后再接触,如没有专业设备就采用洗手和接触大块金属物的办法。

在使用计算机的过程中也要注意静电的影响,如尽可能不用手直接碰触计算机上与内部电路连接的接口部分。

(3) 定期清洁计算机。通过使用防静电的清洁材料定期清洁计算机,可以有效减少静电带来的不利影响,市面上一些计算机专用清洁剂均含有防静电配方,可以有效地减少静电,达到保护计算机的作用。

(4) 日常使用计算机时应保证计算机的外接电源有良好的接地。这样不但可以有效地防止漏电,也可以防止静电的积聚。

3. 仔细阅读各种部件的说明书

在装机前要仔细阅读各种部件的说明书,特别是主板说明书,因为主板说明书上包含丰富的内容,可以指导我们快速装机。

4. 尽可能做到规范操作

在装机过程中,取放计算机的部件要做到轻拿轻放,特别是对于CPU、硬盘等重要部件,在安装过程中不要使用蛮力。开机测试状态下禁止移动计算机,以防造成不良后果。

5. 正确连接各种数据线和电源线

插接数据线时,要认清1号线标识(红边),对准接口插入,如果需要拔取时,要注意用力方向,切勿生拉硬扯,以免将接口插针拔弯,造成再次安装时的困难。

知识 3.3　计算机组装前的准备工作

计算机硬件组装前的准备工作主要有:检查、熟悉配件和准备好安装用的工具。

1. 检查、熟悉计算机的配件

组装一台计算机的配件一般包括主板、CPU、CPU 散热器、内存、硬盘、显卡、声卡(主板中都有板载声卡,除非用户特殊需要)、网卡(默认集成)、光驱(选配)、机箱、电源、键盘、鼠标、显示器、数据线和电源线等,如图 3.5 所示。

图 3.5　台式机组装所需要的配件

现在我们要做的工作就是把所有的配件都摆放在装机工作台上,根据前面所学的配件知识一一识别,并对照配置单清点、检查各种硬件配件的型号和数量。

仔细阅读主板说明书,了解它有没有特殊的安装需求。提前思考安装的先后顺序,各配件对应主板上各接口位置,准备工作做得越充分,接下来的工作就会越轻松。

2. 准备好安装工具

组装台式计算机所需要的工具有:螺丝刀、尖嘴钳、偏口钳、镊子、万用表、吹气球、毛刷和导热硅脂等。

1) 螺丝刀

在装机时会用到两种螺丝刀,一种是"一"字形的,通常称为"平口螺丝刀";另一种是"十"字形的,通常称为"十字螺丝刀"或"梅花螺丝刀"如图3.6所示。

购买时,应该尽量选择带有磁性的螺丝刀,这样可以降低安装的难度,因为机箱内空间狭小,用手扶螺丝很不方便。但螺丝刀上的磁性不能过大,以免对部分硬件造成损坏。磁性的强弱以螺丝刀能吸住螺丝并不脱离为宜。

2) 尖嘴钳

尖嘴钳主要用来固定一些螺丝,拆卸机箱后面的挡板或挡片,如图3.7所示。不过,现在的机箱多数都采用断裂式设计,用户只需用手来回对折几次,挡板或挡片就会从机箱上脱落。当然,使用尖嘴钳操作时会更加方便和安全。

3) 偏嘴钳

又称为"斜口钳",主要用于剪断导线以及元器件多余的引线,此外,还常用来代替一般剪刀剪切绝缘套管、尼龙扎线等,如图3.8所示。

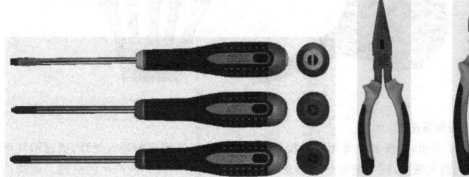

图3.6 螺丝刀　　　　　　　　图3.7 尖嘴钳　　图3.8 偏嘴钳

4) 万用表

万用表用来检测电脑中的一些配件是否工作正常,如检测电脑配件的电阻、电压和电流是否正常,从而判断配件是否出现故障。还可以在电路出现问题时,通过使用万用表判断问题之所在。

万用表分为数字式万用表和指针式万用表两种类型,其外形分别如图3.9和图3.10所示。数字式万用表使用方便、测试结果全面直观、读取速度迅速。指针式万用表测量的精度高于数字式万用表,但它使用起来不如数字式万用表方便。

5) 镊子

镊子用于设置主板上的跳线,比如用镊子夹出跳线帽并再次安装进去。还可用来夹取各种螺丝和比较小的零散物品,如图3.11所示。

6) 吹气球、毛刷

当电脑中灰尘过多时,使用吹气球和毛刷可方便地对计算机机箱内的灰尘进行除尘,以避免因灰尘过多影响散热而产生故障。它们的外观如图3.12所示。

图 3.9　数字式万用表　　图 3.10　指针式万用表　　图 3.11　镊子

图 3.12　吹气球和毛刷

7) 清洗剂和清洁盘

如图 3.13 所示,清洗剂主要用于对接触不良或灰尘过多情况的进行处理,通过清洗可提高元件接触的灵敏度,同样能够解决因灰尘积累过多而影响散热所产生的故障。而清洁盘主要用来清洗光驱,可清除因光驱头太脏所带来的读盘能力下降等故障。

8) 散热膏

也称导热硅脂,是安装 CPU 时必不可少的用品。将散热膏涂到 CPU 的表面,可以帮助消除 CPU 和散热片之间接触面的空气间隙,增大热流通,减小热阻,降低功率器件的工作温度,以增强硬件的散热效率,如图 3.14 所示。

 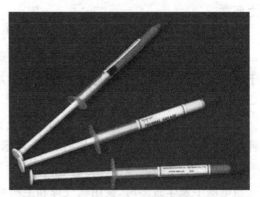

图 3.13　清洗剂和清洁盘　　　　　　　　图 3.14　导热硅脂

技术提示

（1）在组装计算机过程中，一定要适度用力，因为用力过猛会对计算机的硬件造成损坏。

（2）组装电脑时，在对各个配件进行连接时，应注意插头、插座的方向，如缺口、倒角等。插接的插头一定要完全插入插座，以保证接触可靠。

（3）在拔插时不要抓住连接线拔插头，以免损伤连接线。

（4）对于安装需螺丝固定的配件时，在拧螺栓或螺帽时，在拧紧螺丝前一定要检查安装是否对位，拧时要适度用力，并在开始遇到阻力时便立即停止，过度拧紧螺栓或螺帽容易造成板卡变形、接触不良等情况，螺丝拧锁得太紧，容易产生变形，并引起应力，可能会损坏主板或其他塑料组件。

（5）轻拿轻放，注意针脚别变形，在拿放 CPU 时，都需要注意轻拿轻放，因为稍不注意就有可能弄坏或弄弯 CPU 的针脚。仔细查阅说明书，严禁粗暴装卸配件、强行安装，特别是安装那些带有针脚的配件时，应注意安装是否到位，避免安装过程中用力不当致使引脚折断或板卡配件变形。

（6）对于安装后位置不到位的设备不要强行使用螺丝钉固定，因为这样容易使板卡变形，日后易发生断裂或接触不良的情况。放置配件的地方要宽敞，不要放在边缘地带，以免摔落造成损失。

（7）安装螺丝时，一定得全部安装，不能偷工减料。像主板、光驱、软驱、硬盘这类需要很多螺钉的硬件，应将它们在机箱中放置安稳，再对称将螺钉安上，最后对称拧紧。

项目实施

任务 3.1 做好组装前的准备工作

学习情境

张超同学根据自己所学专业知识确定了计算机的详细配置，并且亲自到电脑城购买到了机器的所有配件，想亲自完成计算机硬件的组装。那么，装机之前应该做好哪些准备工作呢？

任务分析

当张超同学提出由自己亲自完成计算机硬件的组装过程时，却意外遭遇到了商家泼冷水。商家提出：如果客户坚持要求自己装机，那么商家将不会承担因疏忽而造成的不良后果，并不提供售后服务支持。这让张超同学感到了很大的压力，他觉得非常为难。出现这种情况，我们建议张超同学先让商家把机器组装好，自己在商家装机时仔细观察整个过程，以增强自己日后自助装机的信心。另外，也要为自己准备一套常用的工具，有机会时（如自己或同学的电脑出现故障，需要维护或维修），再亲自完成自助装机过程。

| 操作步骤 |

(1) 参观一些品牌电脑装机流水线,熟悉装机环境、装机要求和操作规程。

(2) 陪同朋友或同学再次体验购机和装机全过程。

(3) 购买一套专业的计算机维护和维修工具(可以根据实际工作的需要选择购买,但至少包含螺丝刀、尖嘴钳、偏口钳、镊子、万用表、吹气球、毛刷和导热硅脂等)。

(4) 准备好工作环境(合适的工作室、工作台和合理的温、湿度范围),并且作好必要的防静电处理操作。

(5) 将计算机的所有配件规则地摆放在工作台上。根据前面所学的配件知识一一识别,并对照配置单清点、检查各种硬件配件的型号和数量。

(6) 学会阅读主板说明书,了解装机过程必须掌握的信息,例如主板的详细参数、主板的结构、各种接口和跳线的位置、跳线的设置方法、机箱前面板控制开关和工作指示灯的信号线连接方法、BIOS 设置和升级方法等。

| 任务小结 |

本任务主要向大家介绍计算机硬件组装前的注意事项、计算机组装前的准备工作等,为下一步完成计算机硬件的组装打好基础,并做好充分的准备。

任务 3.2　完成计算机的硬件组装

| 学习情境 |

在做了充分的准备工作以后,张超同学请求老师作技术指导,监督自己亲自完成一台计算机的硬件组装工作。

| 任务分析 |

对于张超同学提出的想法,老师表示充分肯定,并为其提供场地和设备的支持,帮助他实现自己的愿望。

| 操作步骤 |

拆开主机箱的完整包装,将其中所附带的螺丝包打开,并按照不同规格分开放置到螺丝器皿中。认真阅读主板说明书,了解主板的结构以及各种跳线的含义,以确定机箱前面板开关、指示灯、前置端口的信号线连接方法。

按照以下装机步骤和操作规范进行计算机硬件的组装。

1) 安装 CPU

我们以 Pentium E5700 处理器的安装过程为例进行说明,该处理器是 64 位的,采用

LGA 775 接口,如图 3.15 和图 3.16 所示。

图 3.15 Pentium E5700 正面

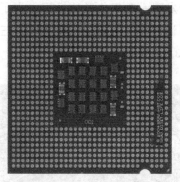

图 3.16 Pentium E5700 背面

LGA 775 接口的 Intel 处理器采用触点式设计,与之前的 Socket 478 插座相比,它最大的优势在于不用担心针脚的折断问题,但这种设计给主板上的 CPU 插座提出了更高的要求。主板上的 CPU 插座如图 3.17 所示。

在安装 CPU 之前,先要打开 CPU 插座。具体方法是:用适当的力向下微压固定 CPU 的压杆,同时用力往外推压杆,使其脱离固定卡扣,然后就可以顺利地将压杆拉起,如图 3.18 所示。

图 3.17 主板上的 CPU 插座

图 3.18 解除 CPU 固定压杆的锁定状态

接下来,我们将固定 CPU 的盖子向 CPU 固定压杆的反方向提起,如图 3.19 所示。这时,便可看到裸露的 CPU 插座,如图 3.20 所示。

图 3.19 打开用于固定 CPU 的盖子

图 3.20 裸露的 CPU 插座

在安装 CPU 时,要特别注意:在 CPU 的一角上有一个三角形的标识,在主板的 CPU 插座上同样会发现一个三角形的标识。为了使得 CPU 能够正确的安放到位,必须保证 CPU 印有三角标识的那个角要与主板上印有三角标识的那个角对齐,然后慢慢地将处理器轻压到位,如图 3.21 和图 3.22 所示。

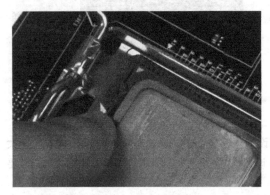 

图 3.21　安装 CPU 时要对准三角标识　　　　图 3.22　将 CPU 安装到位

这种安装方法不仅适用于 Intel 系列 CPU,而且适用于目前所有的 CPU,特别是对于采用针脚设计的 CPU 而言,如果方向不正确,则无法将 CPU 顺利安装到位,强行安装只会折断 CPU 的引脚,造成 CPU 无法使用。

将 CPU 安放到位以后,要盖好扣盖,并用力扣下 CPU 的固定压杆,如图 3.23 和图 3.24 所示。至此 CPU 便被稳稳地安装到主板上,如图 3.25 所示。

图 3.23　盖上 CPU 的扣盖　　　　图 3.24　锁定 CPU 的固定压杆

2) 安装 CPU 散热器

由于 CPU 在工作过程中的发热量较大,为了保证 CPU 的正常工作,选择一款散热性能出色的散热器成为关键。当然,如果散热器安装不当,也会使得散热效果大打折扣。

支持 LGA 775 接口处理器的散热器如图 3.26 所示,其扣具设计成四角固定方式,散热效果较以前的产品也得到了很大的提高。

图 3.25　CPU 安装完成后的状态

散热器在安装前,先要在 CPU 表面均匀地涂上一层导热硅脂(很多散热器,尤其是盒装 CPU 的原装散热器,在购买时已经在底部与 CPU 接触的部分涂上了导热硅脂,如图 3.27 所示,这时就没有必要再在处理器上涂一层了)。

图 3.26　CPU 的散热器

图 3.27　散热器底部表面涂有导热硅脂

安装散热器时,要将其四角对准主板相应的位置,然后用力压下四角扣具即可。如图 3.28 所示。有些散热器采用了螺丝设计,因此在安装时还要在主板背面相应的位置安放螺母,由于安装方法比较简单,这里不再过多介绍。

散热器固定好以后,还要将散热风扇接到主板的供电接口上。先找到主板上安装 CPU 散热风扇的接口(在主板上的标识字符为 CPU_FAN),然后将风扇插头插放即可,如图 3.29 和图 3.30 所示。由于主板的风扇电源插头都采用了防呆式的设计,反方向无法插入,因此安装起来非常方便。

图 3.28　散热器的安装

图 3.29　找到主板上 CPU 散热风扇的电源接口

图 3.30　连接 CPU 散热风扇的电源接口

3) 安装内存条

在内存成为影响系统整体性能的最大瓶颈时,双通道的内存设计有效地解决了这一问题,提供 Intel 64 位处理器支持的主板目前均提供双通道功能,因此建议大家在选购内存时尽量选择两根同规格的内存来搭建双通道。

主板上的内存插槽一般都采用两种不同的颜色来区分双通道与单通道,如图 3.31 所示,将两条规格相同的内存条插入到相同颜色的插槽中,即打开了双通道功能。

安装内存条时,先用手将内存插槽两端的扣具打开,然后将内存平行放入内存插槽中（内存插槽也使用了防呆式设计,反方向无法插入,大家在安装时可以对应一下内存与插槽上的缺口）,用两拇指按住内存两端轻微向下压,听到"啪"的一声响后,即说明内存安装到位,如图 3.32 所示。

在相同颜色的内存插槽中插入两条规格相同的内存条,打开双通道功能,以此来提高系统性能。

到此为止,CPU、内存的安装过程就完成了,如图 3.33 所示。

项目3 台式机的硬件组装

图 3.31 主板上的内存插槽

图 3.32 内存条的安装方法

4) 将主板安装固定到机箱中

目前,大部分主板为 ATX 或 MATX 结构,机箱的设计一般都符合这两种标准。在安装主板之前,要先安装机箱提供的主板垫脚螺母,将其安放到机箱主板托架的对应位置(有些机箱购买时就已经安装好),如图 3.34 所示。

接下来,用双手平行托住主板,将主板放入机箱中的对应位置,如图 3.35 所示。

图 3.33 完成 CPU 和内存条的安装

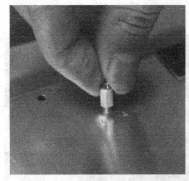

图 3.34 安装主板垫脚螺母

图 3.35 将主板放入机箱中

主板的安装一定要确保到位,不能出现错位或轻动,这一点可通过机箱背部的主板挡板来确定,如图 3.36 所示。

图 3.36　机箱背部的主板挡板

拧紧主板固定螺丝,固定好主板(在固定螺丝时,注意每颗螺丝不要一次就拧紧,等全部螺丝安装到位后,再将每粒螺丝拧紧,这样做的好处是随时可以对主板的位置进行调整),如图 3.37 所示。

主板固定好以后,机箱的内部如图 3.38 所示。

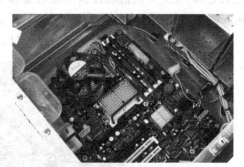

图 3.37　固定主板　　　　　　　　　图 3.38　主板固定后机箱的内部情况

5) 安装硬盘

现在我们需要将硬盘固定在机箱的 3.5 寸硬盘托架上。对于普通的机箱而言,我们只需要将硬盘放入机箱的硬盘托架上,拧紧螺丝使其固定即可。有很多用户使用了可拆卸的 3.5 寸硬盘托架,如图 3.39 所示。这样硬盘安装起来就会更加简单。

这样的机箱中,一般都设计有固定 3.5 寸硬盘托架的扳手,拉动此扳手即可固定或取下 3.5 寸硬盘托架,如图 3.40 所示。

图 3.39　可拆卸的硬盘托架　　　　　　图 3.40　3.5 寸硬盘托架的拆卸

取出后的 3.5 寸硬盘托架如图 3.41 所示。这样,我们就可以在机箱外完成硬盘的安装操作,如图 3.42 和图 3.43 所示。

图 3.41 拆卸后的 3.5 寸硬盘托架

图 3.42 在机箱外完成硬盘的安装

将托架重新装入机箱,并将固定扳手拉回原位固定好硬盘托架,如图 3.44 所示。还有几种固定硬盘的方式,视机箱的不同大家可以参考一下说明,方法也比较简单,在此不一一介绍。

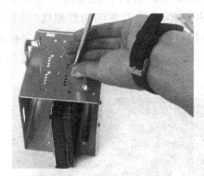

图 3.43 固定硬盘的螺丝

图 3.44 重新固定硬盘托架

6) 安装光驱、电源

安装光驱的方法与安装硬盘的方法大致相同,对于普通的机箱,我们只需要将机箱 5.25 寸的托架前的面板拆除,如图 3.45 所示。

然后将光驱按正确的方向推入空出的仓位,拧紧螺丝即可,如图 3.46 所示。

图 3.45 取下前面板

图 3.46 将光驱推入安装仓位

机箱电源的安装,方法比较简单,放入到位后,拧紧螺丝即可,如图 3.47 所示。

7) 安装显卡,并接好各种线缆

目前,PCI-E 显卡已经成为市场的主流产品,AGP 显卡已经见不到了,因此在选择显卡时 PCI-E 绝对是必选产品。安装显卡时,首先找到主板上的 PCI-E 16X 插槽,如图 3.48 所示。

图 3.47 安装主机电源

图 3.48 PCI-E 16X 扩展槽

如图 3.49 所示,安装显卡时,用手轻握显卡的两端,垂直对准主板上的显卡插槽,向下轻压到位后,再用螺丝固定即可。

安装完显卡,接下来的工作便是连接机箱内所有的线缆了。我们首先连接硬盘和光驱的电源线和数据线,如图 3.50 所示为一块 SATA 接口的硬盘,右边红色的为数据线,黑黄红交叉的则是电源线,安装时将这些线缆分别插入对应的接口即可。现在微型计算机主机内部的接口设计均采用防呆式设计,如果我们在连接电缆时,不慎将方向搞反了,该线缆是无法插入对应接口的。

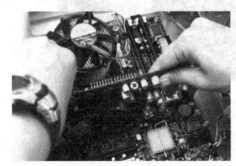

图 3.49 安装显卡

图 3.50 连接硬盘的数据线和电源线

IDE 接口的光驱与硬盘接口类似,也采用防呆式设计,IDE 数据线的一侧有一条蓝色或红色的线,这条线应位于电源接口一侧。光驱线缆的连接方法如图 3.51 和图 3.52 所示。

图 3.51 光驱数据线和电源线的连接

图 3.52 数据线另一头连接主板上的 IDE 接口

下面再连接主板的供电接口,这里需要说明一下,目前大部分主板采用了 24PIN 的供电电源设计,但仍有些主板为 20PIN,大家在购买主板时要重点看一下,以便购买适合的电源,如图 3.53 所示。

至于 CPU 的供电接口,现在部分主板采用 4PIN 的加强供电接口设计,而高端主板则使用了 8PIN 设计,以保证 CPU 稳定的电压供应,如图 3.54 所示。

图 3.53　连接主板的供电接口　　　　图 3.54　CPU 的供电接口

关于机箱前面板的控制开关和工作状态指示灯的引线如何与主板相连接,这一点建议大家看看主板说明书,其内有详细的图解说明。

上述线缆连接完成以后,出于主机散热方面的考虑,我们有必要对机箱内部的各种线缆进行简单的整理和适当的捆扎,保证有序并节省空间,利于机箱内部散热。

8)连接机箱外部设备

完成主机内部硬件设备的安装后,下面将完成主机与外部设备之间的连接。计算机的常用外设包括键盘、鼠标、显示器和音箱等。主机连接外部设备时应该尽可能做得细心。具体步骤如下:

(1)连接显示器。先将显示器摆放在主机一侧,然后将显示器电源线和数据线分别与显示器背后的对应接口相连接(如果显卡支持 DVI 接口,建议使用 DVI 数据线,如果不支持也可以使用 VGA 接口数据线,但一般两种接口只用选择其一连接主机即可),电源线的另外一端连接外部 220V 交流电电源插座,数据线的另外一端连接主机背后显卡的输出接口,如图 3.55 和图 3.56 所示。

 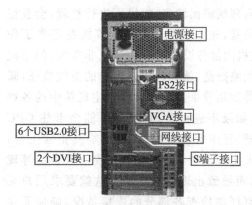

图 3.55　显示器背后的接口　　　　图 3.56　主机背后的接口

(2)连接键盘、鼠标。键盘和鼠标是现代计算机中最为重要的输入设备,分为 PS/2 接口和 USB 接口两种类型,在安装 PS/2 接口的键盘和鼠标时,一定要看清楚插头的方向,一般插头上标有箭头的一面应朝主板的正面上方;另外,PS/2 接口的键盘和鼠标插头外观都是一样的,很容易混淆,但可以通过颜色来区分,键盘的插头一般是紫色,鼠标的插头一般是绿色,主机的背后 PS/S 接口颜色也是如此,如图 3.57 所示。在连接时,我们将相同颜色的进行连接就可以了。至于 USB 接口的键盘和鼠标,分别插入主机背后的 USB 接口即可,并没有实际区分。

(3) 连接音箱。在多媒体计算机中音箱已经成为必不可少的音频输出设备。连接音箱时,先将音箱摆放在主机的一侧,然后将音箱的电源线连接 220V 交流电电源插座上。紧接着将音箱的信号线与主机背后的音频输出端相连接,连接的时候要注意接口颜色和标识,当将声卡设定为双声道模式时,绿色接口为音频输出,蓝色接口为线性输入,而红色接口为麦克风输入,如图 3.58 所示。

图 3.57 主机背后的 PS/2 接口

图 3.58 主机背后的音频接口

(4) 连接网线。将网线(这里指双绞线)的 RJ-45 接头插入主机背后网络接口,如图 3.59 所示。

(5) 其他外部设备的连接,如摄像头、打印机、扫描仪等,由于这些设备都是选配设备,这里就不再详细描述了。

9) 整理工作

计算机主机箱内部的空间并不宽敞,而且机箱内部线缆比较多,如果不进行整理,会显得非常杂乱,很不美观。加之计算机在正常工作时,主机内部各设备的发热量也非常大,如果机箱内线路杂乱,就会影响机箱内的空气流通,降低整体散热效果。还有计算机主机箱中的各种线缆,如果不进行整理,很有可能会卡住 CPU 散热器、显卡等设备的风扇,影响其正常工作,甚至发生连线松脱、接触不良或信号紊乱等现象,从而导致出现各种故障。这就要求用户必须认真仔细检查各部分的连接情况,确保无误后,才能将计算机主机的机箱盖封盖拧螺钉,但为了最后开机测试时,方便检查出问题所在,此

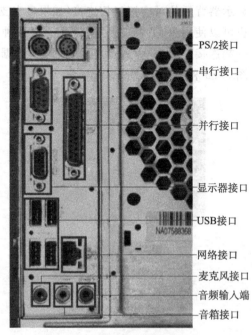

图 3.59 主机背后的网线接口

时不建议拧紧螺丝,直到测试完成,再拧紧螺丝。

整理机箱内部线缆的工作,具体主要从以下几点进行:

(1) 整理线缆,用绑线坚固在固定支架上。

(2) 仔细检查各部位的电缆和连线是否连接牢靠,接触是否良好,接口方向是否正确。

(3) 仔细检查是否有小螺丝等杂物掉在主板上和机箱内其他位置。

(4) 使用万用表检查一下外部电源插座的电压是否为交流 220 V。

(5) 看看各个部位的螺丝是否固定牢靠。

10) 组装完成后的测试

经历以上步骤,接下来就可以进行开机检测,以检验硬件连接是否存在问题,首先接通外部电源,按下主机开关,认真观察主机和显示器的反应。如果出现冒烟、发出焦臭味等异常情况应立即关机,防止硬件的进一步损坏;若一切正常,则可以整理机箱并合上机箱盖。会出现以下两种情况。

正常情况下,当我们按下主机电源开关,这时主机电源灯亮,CPU 开始工作。此时若听到"嘀"的一声,并且显示器上出现开机自检画面,如图 3.60 所示。则表示计算机硬件组装成功,可以进行下一阶段的工作了。

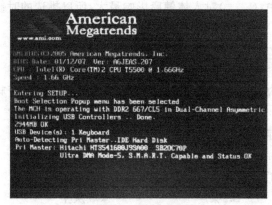

图 3.60　开机自检界面

如果按下电源开关,计算机没有任何反应,就要根据实际情况仔细检查各部位是否连接牢靠,接触是否良好,然后有针对性地进行排错,最后重新进行测试,直到正常启动。具体检查步骤如下:

(1) 检查主板上的各个跳线是否设置正确。

(2) 检查各个硬件设备是否安装牢固,如 CPU、显卡、内存、硬盘等。

(3) 检查机箱中的连线是否搭在散热器的风扇上,影响正常散热。

(4) 检查机箱内有无其他杂物落入其中。

(5) 检查外部设备是否连接正常,如显示器、音箱等。

(6) 检查数据线、电源线是否连接正确。

至此,计算机硬件组装完成。

｜任务小结｜

本任务引导大家完成了微型计算机硬件的组装过程,通过本任务的完成,同学们应掌握了计算机硬件的组装方法、操作步骤等。

项目总结

本项目主要介绍了计算机硬件组装前的准备工作,包括装机环境和工具方面的准备,同时,也强调了装机过程中的注意事项;最后还向大家介绍了计算机硬件组装的方法、操作步骤和组装完成后的测试工作。通过本项目的学习,使大家真正掌握计算机硬件组装的实用技能。

项目自测

一、单项选择题

1. 我们经常听说的40X光驱,指的是光驱的(   )。
   A. 传输速率　　　　B. 存取速度　　　　C. 缓存　　　　D. 转速
2. 显示器稳定工作(基本消除闪烁)的最低刷新频率是(   )。
   A. 60Hz　　　　B. 65Hz　　　　C. 70Hz　　　　D. 75Hz
3. 在计算机部件中,(   )对人体健康影响最大,所以挑选的时候要慎重。
   A. 显示器　　　　B. 机箱　　　　C. 音箱　　　　D. 主机
4. (   )决定了计算机可以支持的内存数量、种类、引脚数目。
   A. 南桥芯片组　　　　B. 北桥芯片组　　　　C. 内存芯片　　　　D. 内存颗粒
5. 音箱的频率响应范围要达到(   )才能保证覆盖人耳的可听频率范围。
   A. 20~20kHz　　　　B. 30~20kHz　　　　C. 45~20kHz　　　　D. 45~25kHz
6. 下列(   )内存必须成对使用。
   A. SDRAM　　　　B. DDRAM　　　　C. RDRAM　　　　D. EDORAM
7. 对微型计算机工作影响最小的是(   )。
   A. 温度　　　　B. 噪声　　　　C. 灰尘　　　　D. 磁铁
8. I/O设备的含义是(   )。
   A. 通信设备　　　　B. 网络设备　　　　C. 后备设备　　　　D. 输入/输出设备
9. 下列设备中既属于输入设备又属于输出设备的是(   )。
   A. 硬盘　　　　B. 显示器　　　　C. 打印机　　　　D. 键盘
10. 硬盘工作时应特别注意避免(   )。
    A. 噪声　　　　B. 磁铁　　　　C. 震动　　　　D. 环境污染

二、多项选择题

1. Intel公司生产的CPU有(   )。
   A. Pentium　　　　B. Athlon　　　　C. Celeron　　　　D. Xeon
2. 硬盘的接口有可能是(   )。
   A. PCI　　　　B. IDE　　　　C. SCSI　　　　D. IEEE1394
3. 目前PC常用硬盘主轴转速为(   )。
   A. 5400 r/m　　　　B. 7200 r/m　　　　C. 5400 r/s　　　　D. 7200 r/s
4. 硬盘的容量与(   )参数有关。

A. 磁头数　　　　　B. 磁道数　　　　　C. 扇区数　　　　　D. 盘片厚度

5. LCD 显示器与 CRT 显示器相比，LCO 显示器的优点（　　）。

A. 亮度　　　　　　B. 对比度　　　　　C. 无辐射　　　　　D. 可视面积

三、判断题

1. 显示器分辨率由 CPU 型号决定。（　　）
2. 显示器可以直接接到主机板上。（　　）
3. 显示器与主机之间必须有信号线。（　　）
4. 一般激光打印机不能使用复写式打印纸。（　　）
5. 激光打印机可以进行复写打印。（　　）

四、思考题

1. 按照客户的需求配置一台新的计算机，当从市场上购置齐全所有的配件以后，一般需要提醒用户有些附件是必须保留的，以便于实现产品的售后服务、计算机的安装以及维修，这里所说的附件包括哪些？

2. 在硬件组装过程中，如果事先没有做好防静电处理，可能会对计算机产生什么影响？

项目4 Chapter 4 系统安装前的准备工作

| 知识目标 |

1. 了解 BIOS 设置以及硬盘初始化的相关知识。
2. 理解 BIOS 设置项的含义,掌握 BIOS 设置的基本方法。
3. 掌握系统启动 U 盘的制作方法和硬盘初始化的操作方法。

| 技能目标 |

1. 能够针对具体的计算机系统合理地完成其 BIOS 的相关设置。
2. 能够制作系统启动 U 盘。
3. 能够根据实际的应用需求完成硬盘的分区及高级格式化操作。

| 教学重点 |

1. BIOS 设置的基本方法。
2. 硬盘初始化的操作方法。

| 教学难点 |

1. BIOS 与 CMOS 的区别、BIOS 的设置方法。
2. 硬盘的文件系统格式等。

项目知识

知识 4.1 BIOS 设置与升级

▶ 4.1.1 BIOS 相关知识

BIOS(basic input and output system,基本输入输出系统)经由主板上的 CMOS(complementary metal oxide semiconductor)芯片,记录着系统各项硬件设备的设置参数。BIOS 的主要功能为开机自我测试(power on self test,POST)、保存系统设置值及载入操作系统等。BIOS 包含了 BIOS 设置程序,供用户依照需求自行设置系统参数,使电脑正常工作或执行特定的功能。

CMOS 芯片是计算机主板上的一块可读写的 RAM 芯片,用来保存当前系统的硬件配置和用户对某些参数的设定。CMOS 可由主板的电池供电,即使系统断电,信息也不会丢失。CMOS 本身只是一块存储器,只有数据保存功能,对 CMOS 中各项参数的设定要通过专门的程序(即 BIOS 设置程序)。

计算机用户在使用计算机的过程中,都会从一开始就接触到 BIOS,因为它在计算机系统中起着非常重要的作用。计算机开机后 BIOS 最先被启动,然后它会对电脑的硬件设备进行完全彻底的检验和测试。如果未发现问题,则启动操作系统,把对电脑的控制权交给用户。

在微型计算机的日常维护过程中,我们常常会听到 BIOS 和 CMOS 设置的说法,其实它们都是利用计算机系统 ROM 中的一段程序进行系统设置,但有时很容易将两者弄混淆。

事实上,BIOS 设置程序存储在主板上的一块 Flash ROM 芯片中,CMOS 存储器是专门用来存储 BIOS 设定后要保存的数据,包括一些系统的硬件配置和用户对某些参数的设定。例如,系统密码设置和系统设备的启动顺序。

换句话说,CMOS 是系统参数存放的地方,而 BIOS 设置程序是完成参数设置的手段,即通过 BIOS 设置程序对 CMOS 参数进行设置。

▶ 4.1.2 BIOS 的种类

目前,主流主板所采用的 BIOS 主要有 Award BIOS、AMI BIOS 和 Phoenix BIOS 三种

类型。

Award BIOS 是由 Award Software 公司开发的 BIOS 产品,在目前的主板中使用最为广泛。Award BIOS 功能较为齐全,支持许多新硬件,目前市面上多数主板都采用这种 BIOS。

AMI BIOS 是 AMI 公司出品的 BIOS 产品,开发于 20 世纪 80 年代中期,早期的 286、386 大多采用 AMI BIOS,它对各种软、硬件的适应性好,能保证系统性能的稳定;到 20 世纪 90 年代后,绿色节能计算机开始普及,AMI 却没能及时推出新版本来适应市场,使得 Award BIOS 占领了大部分市场。

Phoenix BIOS 是 Phoenix 公司的产品,具有画面整洁、操作简单等优点,多用于高档的原装品牌机和笔记本电脑上。

▶ 4.1.3 BIOS 的作用

1. BIOS 的管理功能

BIOS 芯片不但可以在主板上看到,而且 BIOS 管理功能如何在很大程度上决定了主板性能是否优越。BIOS 的管理功能包括以下几方面。

1)BIOS 中断服务程序

BIOS 中断服务程序实质上是微机系统中软件与硬件之间的一个可编程接口,主要用于程序软件功能与微机硬件之间的连接。

2)BIOS 系统设置程序

微机部件配置记录是放在一块可写的 CMOS RAM 芯片中的,主要保存着系统的基本情况,CPU 特性,软、硬盘驱动器等部件的信息。

在 BIOS 芯片中装有系统设置程序,主要来设置 CMOS RAM 中的各项参数。这个程序在开机时按某个键就可进入设置状态,并提供良好的操作界面。

3)POST 上电自检

微机接通电源,首先由上电自检程序来对内部各个设备进行检查。完整的 POST 自检将包括对 CPU、640K 基本内存、1M 以上的扩展内存、ROM、主板、CMOS 存储器、串并口、显示卡、软硬盘子系统,及键盘进行测试,一旦在自检中发现问题,系统将给出提示信息或鸣笛警告。

4)系统启动自举程序

系统完成 POST 自检后,ROM BIOS 就首先按照系统 CMOS 设置中保存的启动顺序搜索软硬盘驱动器及 CD-ROM、网络服务器等有效地启动驱动器,读入操作系统引导记录,然后将系统控制权交给引导记录,并由引导记录来完成系统的顺序启动。

2. BIOS 的主要作用

1）自检及初始化

开机后 BIOS 最先被启动,然后它会对电脑的硬件设备进行完全彻底的检验和测试。如果发现问题,分两种情况处理:严重故障停机,不给出任何提示或信号;非严重故障则给出屏幕提示或声音报警信号,等待用户处理。如果未发现问题,则将硬件设置为备用状态,然后启动操作系统,把对电脑的控制权交给用户。

2）程序服务

BIOS 直接与计算机的 I/O 设备打交道,通过特定的数据端口发出命令,传送或接收各种外部设备的数据,实现软件程序对硬件的直接操作。

3）设定中断

开机时,BIOS 会告诉 CPU 各硬件设备的中断号,当用户发出使用某个设备的指令后,CPU 就根据中断号使用相应的硬件完成工作,再根据中断号跳回原来的工作。

3. BIOS 对整机性能的影响

从上面的描述可以看出:BIOS 可以算是计算机启动和操作的基石,一块主板或者说一台计算机性能优越与否,从很大程度上取决于主板上的 BIOS 管理功能是否先进。大家在使用 Windows 95/98 中常会碰到很多奇怪的问题,诸如安装一半死机或使用中经常死机;Windows 95/98 只能工作在安全模式;声卡解压卡显示卡发生冲突;CD-ROM 挂不上;不能正常运行一些在 DOS、Windows 3.x 下运行得很好的程序等。事实上这些问题在很大程度上与 BIOS 设置密切相关。换句话说,你的 BIOS 根本无法识别某些新硬件或对现行操作系统的支持不够完善。在这种情况下,就只有重新设置 BIOS 或者对 BIOS 进行升级才能解决问题。另外,如果想提高启动速度,也需要对 BIOS 进行一些调整才能达到目的,比如调整硬件启动顺序、减少启动时的检测项目等。

▶ 4.1.4 BIOS 的设置方法

1. 进入 BIOS 设置界面

不同厂家推出的 BIOS 芯片,进入 BIOS 设置的方法也略有不同。通常情况下,只有在计算机开机的最初几秒出现自检界面时按下键盘上某个特殊的键,才能进入 BIOS 设置主界面。

（1）对于使用 Phoenix-Award BIOS 的主板:开机自检时按 Del 键即进入 BIOS 设置界面,屏幕上会有相应提示。

（2）对使用 Award BIOS 的主板：开机自检时按 Ctrl＋Alt＋Esc、Del 或 Esc 键即可进入 BIOS 设置界面，屏幕会有相应提示。

（3）对于使用 AMI BIOS 的主板：开机自检时按 Del 或 Esc 键即进入 BIOS 设置界面，屏幕上会有相应的提示。

技术提示

对于特定的品牌机或笔记本电脑进入 BIOS 设置界面的方式不尽相同。例如，有的品牌机规定在开机自检过程中按下 F1、F2、F10 才能进入 BIOS 设置界面，需查看说明书或咨询客服。

下面以 GIGABYTE P67A-UD7 主板为例介绍进入 BIOS 设置界面的方法。

1）开机 Logo 界面

当我们打开主机电源开关后，会看到如图 4.1 所示的 Logo 界面。

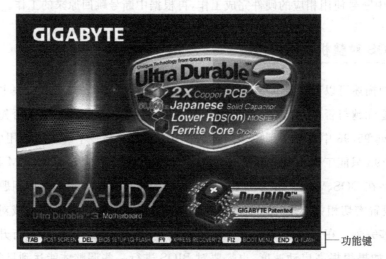

图 4.1　开机 Logo 界面

2）POST 界面

在出现 Logo 界面后很短暂的时间内又出现如图 4.2 所示的 POST 界面，上面显示了主板相关的信息以及一些功能键。

图 4.2　POST 界面

功能键说明：

Tab：按 Tab 键可以进入 POST 画面。

Del：按 Delete 键进入 BIOS 设置程序主画面，或通过 BIOS 设置程序进入 Q-Flash。

F9：若之前曾使用驱动程序光盘进入 Xpress Recovery2 程序执行备份数据，之后即可在 POST 画面按 F9 键进入 Xpress Recovery2 程序。

F12：Boot Menu 功能，让您不需进入 BIOS 设置程序就能设置第一优先开机设备。使用 h 或 i 键选择要作为第一优先开机的设备，然后按 Enter 键确认。按 Esc 可以离开此画面，系统将依此选单所设置的设备开机。注意：在此画面所做的设置只适用于该次开机。重新开机后系统仍会以在 BIOS 设置程序内的开机顺序设置为主，或可以依需求再次至 Boot Menu 设置。

End：按 End 键则不需进入 BIOS 设置程序就能直接进入 Q-Flash。

3）BIOS 设置主界面

按照以上 POST 界面提示，按 Delete 键进入 BIOS 设置程序主界面，如图 4.3 所示。从主界面中，我们可以通过上、下、左、右键选择各种不同的设置选项，按 Enter 键即可进入子选单。

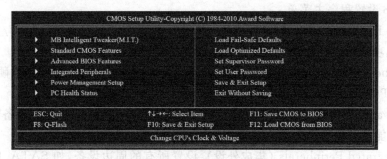

图 4.3　BIOS 设置主界面

BIOS 设置程序主界面操作按键说明如表 4.1 所示。

表 4.1　BIOS 设置主界面操作按键

按键	功　能
↑、↓、←、→	向上、向下、向左或向右移动光标以选择项目
Enter	确定选项设置值或进入子选单
Esc	离开目前画面，或从主画面离开 BIOS 设置程序
Page Up	改变设置状态，或增加选项中的数值
Page Down	改变设置状态，或减少选项中的数值
F1	显示所有功能键的相关说明
F2	移动光标至目前设置项目的右方辅助说明窗口（Item Help）

续表

按键	功　　能
F5	可载入该画面原先所有项目设置（仅适用于子选单）
F6	可载入该画面的最安全预设值（仅适用于子选单）
F7	可载入该画面的最佳化预设值（仅适用于子选单）
F8	进入 Q-Flash 功能
F9	显示系统信息
F10	是否储存设置并离开 BIOS 设置程序
F11	储存 CMOS 内容为一个设置文件
F12	载入 CMOS 预存的设置文件

2. 主要设置项及其含义

Award BIOS 是当前兼容机中应用最广泛的一种 BIOS，由于各大主板制造商都在 A-ward BIOS 的基础上对其进行了修改和添加，所以具体 BIOS 的设置应参考该主板所附的主板说明书。

1) BIOS 设置程序主菜单

（1）MB Intelligent Tweaker(M. I. T.)（频率/电压控制）：提供调整 CPU/内存时钟、倍频、电压的选项。

（2）Standard CMOS Features（标准 CMOS 设置）：设置系统日期、时间、硬盘规格及选择暂停系统 POST 的错误类型等。

（3）Advanced BIOS Features（高级 BIOS 功能设置）：设置开机磁盘/设备的优先顺序、CPU 高级功能及开机显示设备选择等。

（4）Integrated Peripherals（集成外设）：设置所有的周边设备，如 SATA、USB、内建音频及内建网络等。

（5）Power Management Setup（省电功能设置）：设置系统的省电功能运行方式。

（6）PC Health Status（电脑健康状态）：显示系统自动检测到的温度、电压及风扇转速等信息。

（7）Load Fail-Safe Defaults（载入最安全预设值）：执行此功能可载入 BIOS 的最安全预设值。此设置值较为保守，但可使系统开机时更加稳定。

（8）Load Optimized Defaults（载入最佳化预设值）：执行此功能可载入 BIOS 的最佳化预设值。此设置值较能发挥主板的运行性能。

（9）Set Supervisor Password（设置管理员密码）：设置一组密码，以管理开机时进入系统或进入 BIOS 设置程序修改 BIOS 的权限。管理员密码允许用户进入 BIOS 设置程序修改 BIOS 设置。

（10）Set User Password（设置用户密码）：设置一组密码，以管理开机时进入系统或进入 BIOS 设置程序的权限。用户密码允许用户进入 BIOS 设置程序但无法修改 BIOS 设置。

（11）Save & Exit Setup（储存设置值并退出设置程序）：储存已变更的设置值至 CMOS

并离开 BIOS 设置程序。当确认信息出现后,按 Y 键即可离开 BIOS 设置程序并重新开机,以便套用新的设置值,按 F10 键也可执行本功能。

(12) Exit Without Saving(退出设置程序但不储存设置值):不储存修改的设置值,保留旧有设置重新开机。按 Esc 也可直接执行本功能。

2) MB Intelligent Tweaker(M.I.T.)

该界面主要设置频率/电压控制,如图 4.4 所示。

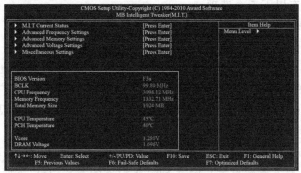

图 4.4 MB Intelligent Tweaker(M.I.T.)设置界面

特别警告

系统是否会依据所设置的超频或超电压值稳定运行,需视整体系统配备而定。不当的超频或超电压可能会造成 CPU、芯片组及内存的损毁或减少其使用寿命。不建议随意调整此页的选项,因为可能造成系统不稳或其他不可预期的结果。此设置一般仅供电脑玩家使用。若自行设置错误,可能会造成系统不开机,可以清除 CMOS 设置值数据,让 BIOS 设置恢复至预设值。

图 4.4 矩形区域内显示了 BIOS 的版本、CPU 基频、CPU 时钟、内存时钟、内存总容量、CPU 温度、芯片组温度、Vcore 和内存电压的相关信息。

还可在该界面进行高级频率设置、高级 CPU 内核功能设置、高级内存设置、通道 A/B 时间设置、高级电压设置,以及其他辅助设置等操作,详细操作方法请自行查阅相关资料。

3) Standard CMOS Features

该界面主要进行标准 CMOS 设置,如图 4.5 所示。

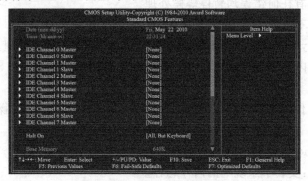

图 4.5 标准 CMOS 设置

(1) Date（mm：dd：yy）（日期设置）：设置电脑系统的日期，格式为"星期（仅供显示）/月/日/年"。若要手动调整日期，请移至要设置的选项并使用键盘上下键切换。

(2) Time（hh：mm：ss）（时间设置）：设置电脑系统的时间，格式为"时：分：秒"。例如下午一点显示为"13：0：0"。若要手动调整时间，请移至要设置的选项并使用键盘上下键切换。

(3) IDE Channel 0，1 Master/Slave（第一、二组主要/次要 SATA 设备参数设置）：设置 SATA 设备的参数，有以下三个选项。

① None：如果没有安装任何 SATA 设备，选择"None"，让系统在开机时不需检测，如此可以加快开机速度。

② Auto：让 BIOS 在 POST 过程中自动检测 SATA 设备。（预设值）

③ Manual：当 Access Mode（硬盘使用模式）被设成"CHS"时，用户可以自行输入硬盘的各项参数。Access Mode 硬盘的使用模式有四个选项：Auto（预设值）、CHS、LBA 及 Large。

(4) IDE Channel 2，3，5，7 Master，4，6 Master/Slave（第三、四、六、八组主要，第五、七组主要/次要 SATA 设备参数设置）：设置 SATA 设备的参数，有以下两个选项。

① Auto：让 BIOS 在 POST 过程中自动检测 SATA 设备。（预设值）

② None：如果没有安装任何 SATA 设备，则选择"None"，让系统在开机时不需检测，如此可以加快开机速度。

Access Mode 硬盘的使用模式，有两个选项：Auto（预设值）及 Large。

以下的选项显示所安装的硬盘的各项参数信息（若要自行填入，请参考标示于硬盘机外壳上的相关参数）。

Capacity：目前安装的硬盘的大约容量。

Cylinder：设置磁柱的数量。

Head：设置磁头的数量。

Precomp：写入预补偿磁区。

Landing Zone：磁头停住的位置。

Sector：磁区的数量。

(5) Halt On（系统暂停选项设置）：当开机时，若 POST 检测到异常，是否要暂停并等候处理，有三个选项。

① All Errors：有任何错误均暂停等候处理。

② No Errors：不管任何错误，均开机。

③ All，But Keyboard：除了键盘以外的任何错误均暂停并等候处理。（预设值）

(6) Memory（内存容量显示）：显示由 BIOS 的 POST（Power On Self Test）自动检测到的内存容量。

Base Memory：传统内存容量。一般会保留 640 KB 做为 MS-DOS 操作系统的内存使用空间。

Extended Memory：延伸内存容量。

Total Memory：安装于系统上的内存总容量。

4) Advanced BIOS Features

该界面主要进行高级 BIOS 功能设置，如图 4.6 所示。

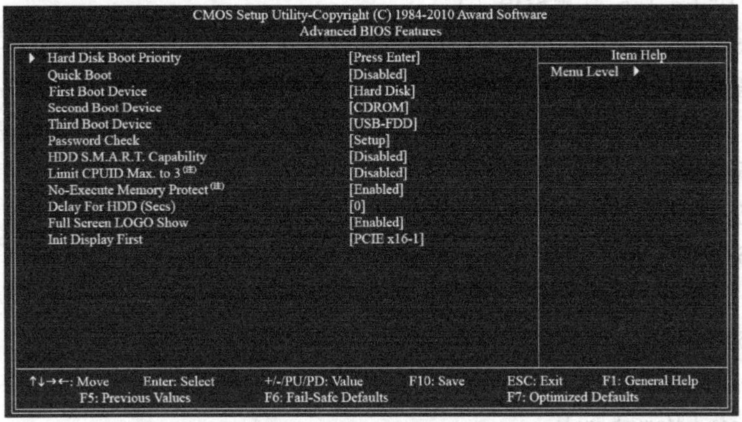

```
CMOS Setup Utility-Copyright (C) 1984-2010 Award Software
                    Advanced BIOS Features
► Hard Disk Boot Priority       [Press Enter]        Item Help
  Quick Boot                    [Disabled]           Menu Level  ►
  First Boot Device             [Hard Disk]
  Second Boot Device            [CDROM]
  Third Boot Device             [USB-FDD]
  Password Check                [Setup]
  HDD S.M.A.R.T. Capability     [Disabled]
  Limit CPUID Max. to 3 (ﾆ)     [Disabled]
  No-Execute Memory Protect (ﾆ) [Enabled]
  Delay For HDD (Secs)          [0]
  Full Screen LOGO Show         [Enabled]
  Init Display First            [PCIE x16-1]

↑↓→←: Move    Enter: Select    +/-/PU/PD: Value    F10: Save    ESC: Exit    F1: General Help
              F5: Previous Values    F6: Fail-Safe Defaults    F7: Optimized Defaults
```

图 4.6　高级 BIOS 功能设置

(1) Hard Disk Boot Priority：此选项选择要从哪一组硬盘设备载入操作系统。

按 Enter 键进入选单后，按 h 键或 i 键选择要作为开机的设备，然后按＋/PageUp 键将其向上移，或－/PageDown 键将其向下移，以调整顺序。按 Esc 可以离开此功能。

(2) Quick Boot（快速开机功能）：此选项选择是否在开机阶段跳过检测特定设备，可以加快系统开机处理速度，缩短等待进入操作系统的时间，让系统开机更有效率。此选项的设定与 Smart 6 的 SMART QuickBoot 工具程序是同步的。（预设值：Disabled）

(3) First/Second/Third Boot Device（第一/二/三开机设备）：系统会依此顺序搜寻开机设备以进行开机，按 h 键或 i 键选择要作为开机的设备再按 Enter 键确认。可设置的选项有 Hard Disk、CDROM、USB-FDD、USB-ZIP、USB-CDROM、USB-HDD、Legacy LAN、Disabled（关闭此功能）。

(4) Password Check（检查密码方式）：此选项选择是否在每次开机时皆输入密码，或仅在进入 BIOS 设置程序时才需输入密码。设置完此选项后请至 BIOS 设置程序主画面的"Set Supervisor/User Password"选项设置密码。

Setup：仅在进入 BIOS 设置程序时才需输入密码。（预设值）

System：无论是开机或进入 BIOS 设置程序均需输入密码。

(5) HDD S.M.A.R.T. Capability（硬盘自动监控及报告功能）：此选项选择是否开启硬盘 S.M.A.R.T. 功能。开启此选项可让系统在安装其他厂商的硬件监控软件时，报告任何硬盘读写错误并且发出警告。（预设值：Disabled）

(6) Limit CPUID Max. to 3（最大 CPUID 极限值）：此选项提供您选择是否限制处理器标准 CPUID 函数支持的最大值。

若要安装 Windows XP 操作系统，请将此选项设为"Disabled"；若要安装较旧的操作系统，例如 Windows NT 4.0 时，请将此选项设为"Enabled"。（预设值：Disabled）

(7) No-Execute Memory Protect（Intel 病毒防护功能）：此选项选择是否启动 Intel Execute Disable Bit 功能。

启动此选项并搭配支持此技术的系统及软件可以增强电脑的防护功能，使其免于恶意

的缓冲溢出黑客攻击。(预设值:Enabled)

(8) Delay For HDD (Secs)(延迟硬盘读取时间):此选项设置开机时延迟读取硬盘的时间。选项包括:0~15s。(预设值:0)

(9) Full Screen LOGO Show(显示开机画面功能):此选项选择是否在一开机时显示技嘉 Logo。若设为 Disabled,开机画面将显示一般的 POST 信息。(预设值:Enabled)

(10) Init Display First(开机显示选择):此选项选择系统开机时优先从 PCI 显卡或 PCI Express 显卡输出。

PCI:系统会从 PCI 显卡输出。

PCIE x16-1:系统会从安装于 PCIEX16_1 插槽上的显卡输出。(预设值)

PCIE x8-1:系统会从安装于 PCIEX8_1 插槽上的显卡输出。

PCIE x16-2:系统会从安装于 PCIEX16_2 插槽上的显卡输出。

PCIE x8-2:系统会从安装于 PCIEX8_2 插槽上的显卡输出。

5) Integrated Peripherals

该界面主要进行集成外设设置,如图 4.7 和图 4.8 所示。

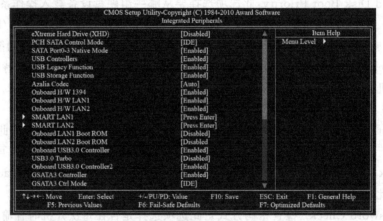

图 4.7 集成外设(一)

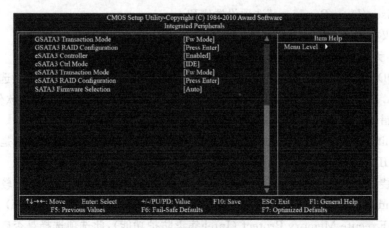

图 4.8 集成外设(二)

(1) eXtreme Hard Drive(启动 X. H. D. 功能,Intel P67 芯片):此选项选择是否开启技

嘉 X.H.D 功能。若开启此功能,以下 PCH SATA Control Mode 功能将自动被设为 RAID(XHD)。(预设值:Disabled)

(2) PCH SATA Control Mode(Intel P67 芯片):此选项选择是否开启 Intel P67 芯片内建 SATA 控制器的 RAID 功能。

IDE:设置 SATA 控制器为一般 IDE 模式。(预设值)

RAID(XHD):开启 SATA 控制器的 RAID 功能。

AHCI:设置 SATA 控制器为 AHCI 模式。AHCI(Advanced Host Controller Interface)为一种界面规格,可以让储存驱动程序启动高级 Serial ATA 功能,例如 Native Command Queuing 及热插拔(Hot Plug)等。

(3) SATA Port0-3 Native Mode(设置 P67 芯片内建 SATA 控制器的 Native IDE 模式):此选项选择 Intel P67 芯片内建 SATA 控制器要以何种模式运行。

Disabled:设置 SATA 控制器以 Legacy IDE 模式运行。设为 Legacy IDE 模式运行时,将会使用固定的系统 IRQ。若要安装不支持 Native IDE 模式的操作系统时,需将此选项设为 Disabled。

Enabled:设置 SATA 控制器以 Native IDE 模式运行。若要安装支持 Native IDE 模式的操作系统时,可将此选项设为 Enabled。(预设值)

(4) USB Controllers(内建 USB 控制器):此选项选择是否启动芯片组内建的 USB 控制器(预设值:Enabled)。若将此功能关闭,以下的 USB 选项将无法使用。

(5) USB Legacy Function(支持 USB 规格键盘):此选项选择是否在 MS-DOS 操作系统下使用 USB 键盘的功能。(预设值:Enabled)

(6) USB Storage Function(检测 USB 存储设备):此选项选择是否在系统 POST 阶段检测 USB 存储设备,例如 U 盘或 USB 硬盘。

(预设值:Enabled)

(7) Azalia Codec(内建音频功能):此选项选择是否开启主板内建的音频功能。(预设值:Auto)

若要安装其他厂商的声卡时,请先将此选项设为 Disabled。

(8) Onboard H/W 1394(内建 IEEE 1394 功能):此选项选择是否启动内建 IEEE 1394 功能。(预设值:Enabled)

(9) Onboard H/W LAN1/LAN2(内建网络功能):此选项选择是否开启主板内建的网络功能。(预设值:Enabled)

若要安装其他厂商的网络卡时,请先将此选项设为 Disabled。

(10) SMART LAN1/LAN2(网线检测功能):本主板具备网线检测功能,帮助用户可以在 BIOS 中确认目前网络连接情况是否正常,若线路故障时也可报告故障位置。请参考以下说明:

① 无连接网线:完全没有连接网线时,画面中的四对线路的 Status 会显示 Open,且 Length 显示 0m,如图 4.9 所示。

② 线路正常:当网线连接至 Gigabit 集线器或 10/100 Mb/s 集线器,而且线路正常的情况下,会出现如图 4.10 所示的界面:

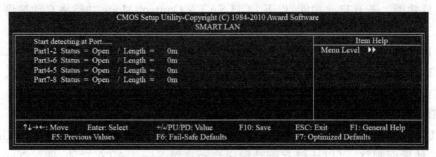

图 4.9 网线检测功能

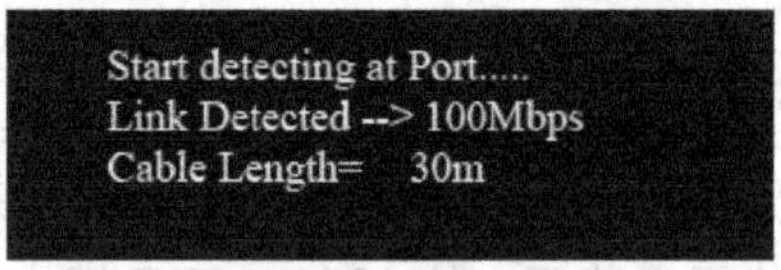

图 4.10 线路正常

Link Detected 显示集线器传输速度。

Cable Length 显示网线的大约线长。若线长少于 10m，则显示 Cable length less than 10m。

请注意：由于在 MS-DOS 模式下，只能以 10/100 Mb/s 的速度运行，除非是在 Windows 操作系统内或是在 LAN Boot ROM 启动的情况下，Gigabit 集线器才能以 10/100/1000 Mb/s 运行。

③ 线路异常：连接至集线器后，出现异常的线路的 Status 处会显示为 Short，Length 显示线路出现故障的大约位置。

例如，Part1-2 Status＝Short / Length＝2m，表示网线的 Part 1-2 线路在大约 2m 处可能发生故障。

请注意：因为在 10/100 Mb/s 网络环境不需使用到 Part 4-5、7-8，所以该线路的 Status 处会显示 Open，此为正常现象。Length 部分显示网线的大约线长。

(11) Onboard LAN1/LAN2 Boot ROM（内建网络开机功能）：此选项选择是否启动整合于内建网络芯片中的 Boot ROM。（预设值：Disabled）

(12) Onboard USB3.0 Controller（第一组 Renesas D720200 USB 3.0 控制器，控制后方面板的 5 个 USB 3.0 插座，不包含后方音频插座旁最上方的 USB 3.0 插座）：此选项选择是否启动第一组 Renesas D720200 USB 3.0 控制器。（预设值：Enabled）

(13) USB3.0 Turbo（第一组 Renesas D720200 USB 3.0 控制器，控制后方面板的 5 个 USB 3.0 插座，不包含后方音频插座旁最上方的 USB 3.0 插座）：此选项选择是否启动第一组 Renesas D720200 USB 3.0 控制器的 Turbo USB 功能，性能将依所连接的 USB 设备的数目而定。（预设值：Disabled）

(14) Onboard USB3.0 Controller2（第二组 Renesas D720200 USB 3.0 控制器，控制前方面板 USB 3.0 插座及后方音频插座旁最上方的 USB 3.0 插座）：此选项选择是否启动第二组 Renesas D720200 USB 3.0 控制器。（预设值：Enabled）

(15) GSATA3 Controller（Marvell 88SE9128 芯片，控制 GSATA3_6/GSATA3_7 插

座)：此选项选择是否启动 Marvell 88SE9128 芯片内建的 SATA 控制器。(预设值：Enabled)

(16) GSATA3 Ctrl Mode (Marvell 88SE9128 芯片，控制 GSATA3_6/GSATA3_7 插座)：此选项选择是否开启 Marvell 88SE9128 芯片内建 SATA 控制器的 AHCI 功能。

IDE：设置 SATA 控制器为一般 IDE 模式。(预设值)

AHCI：设置 SATA 控制器为 AHCI 模式。AHCI (Advanced Host Controller Interface)为一种界面规格，可以让储存驱动程序启动高级 Serial ATA 功能，如 Native Command Queuing 及热插拔 (Hot Plug)等。

(17) GSATA3 Transaction Mode (Marvell 88SE9128 芯片，控制 GSATA3_6/GSATA3_7 插座)：此选项选择是否开启 Marvell 88SE9128 芯片内建 SATA 控制器的 RAID 功能。

Bypass：不开启 RAID 功能。

Fw Mode：开启 RAID 功能。(预设值)

Auto BIOS：依所连接的硬盘自动设置。

若想从其他模式转换至 Fw Mode 并且可进入 GSATA3 RAID Configuration 画面时，必须将此选项更改为 Fw Mode，并储存设定退出 BIOS 再重新进入，才可以使设定生效。

(18) GSATA3 RAID Configuration (Marvell 88SE9128 芯片，控制 GSATA3_6/GSATA3_7 插座)：此选项设置 Marvell 88SE9128 芯片内建 SATA 控制器的 RAID 模式。

(19) eSATA3 Controller (Marvell 88SE9128 芯片，控制后方面板 eSATA 插座)：此选项选择是否启动 Marvell 88SE9128 芯片内建的 SATA 控制器。(预设值：Enabled)

(20) eSATA3 Ctrl Mode (Marvell 88SE9128 芯片，控制后方面板 eSATA 插座)：此选项选择是否开启 Marvell 88SE9128 芯片内建 SATA 控制器的 AHCI 功能。

IDE：设置 SATA 控制器为一般 IDE 模式。(预设值)

AHCI：设置 SATA 控制器为 AHCI 模式。AHCI (Advanced Host Controller Interface)为一种界面规格，可以让储存驱动程序启动高级 Serial ATA 功能，如 Native Command Queuing 及热插拔 (Hot Plug)等。

(21) eSATA3 Transaction Mode (Marvell 88SE9128 芯片，控制后方面板 eSATA 插座)：此选项选择是否开启 Marvell 88SE9128 芯片内建 SATA 控制器的 RAID 功能。

Bypass：不开启 RAID 功能。

Fw Mode：开启 RAID 功能。(预设值)

Auto BIOS：依所连接的硬盘自动设置。

若想从其他模式转换至 Fw Mode 并且可进入 eSATA3 RAID Configuration 画面时，必须将此选项更改为 Fw Mode，并储存设定退出 BIOS 再重新进入，才可以使设定生效。

(22) eSATA3 RAID Configuration (Marvell 88SE9128 芯片，控制后方面板 eSATA 插座)：此选项设置 Marvell 88SE9128 芯片内建 SATA 控制器的 RAID 模式。

(23) SATA3 Firmware Selection：此选项选择是否开启自动更新 Marvell 88SE9128 芯片固件的功能。

Onchip：保留芯片原有的固件。

Auto BIOS:会自动更新芯片固件到最新版本。(预设值)

Force:强制更新芯片固件。

6) Power Management Setup

该界面主要进行省电功能设置,如图 4.11 所示。

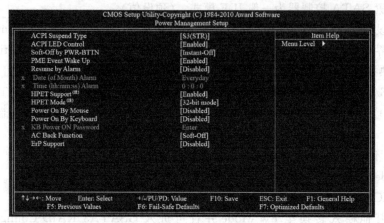

图 4.11　省电功能设置

(1) ACPI Suspend Type(系统进入休眠的模式):此选项选择系统进入休眠时的省电模式。

S1(POS):设置 ACPI 省电模式为 S1(POS,Power On Suspend)。在 S1 模式时,系统处于低耗电的状态。此状态下,系统随时可以很快恢复运行。

S3(STR):设置 ACPI 省电模式为 S3(STR,Suspend To RAM)。(预设值)在 S3 模式时,系统比 S1 模式耗电量更低。当接收到硬件唤醒信号或事件时,系统可以恢复至休眠前的工作状态。

(2) ACPI LED Control(主板内建 ACPI 指示灯控制功能):此选项选择是否开启主板内建的 ACPI 指示灯。启动此选项可以让主板上内建的 ACPI 系统状态指示灯依当时的系统状态亮灯。(预设值:Enabled)

(3) Soft-Off by PWR-BTTN(关机方式):此选项选择在 MS-DOS 系统下,使用电源键的关机方式。

Instant-Off:按一下电源键即可立即关闭系统电源。(预设值)

Delay 4 Sec:需按住电源键 4 秒后才关闭电源。若按住时间少于 4 秒,系统会进入暂停模式。

(4) PME Event Wake Up(电源管理事件唤醒功能):此选项选择是否允许系统在 ACPI 休眠状态时,可经由 PCI 或 PCIe 设备所发出的唤醒/开机信号恢复运行。请注意:使用此功能时,需使用+5VSB 电流至少提供 1 安培以上的 ATX 电源供应器(预设值:Enabled)。

(5) Resume by Alarm(定时开机):此选项选择是否允许系统在特定的时间自动开机。(预设值:Disabled)

若启动定时开机,则可设置以下时间:

Date(of Month)Alarm:Everyday(每天定时开机),1~31(每个月的第几天定时开

机)。

Time (hh：mm：ss) Alarm：(0～23)：(0～59)：(0～59)(定时开机时间)。

请注意：使用定时开机功能时,请避免在操作系统中不正常的关机或中断总电源。

(6) HPET Support：此选项选择是否在 Windows 7/Vista 操作系统下开启 High Precision Event Timer (HPET,高精准事件计时器)的功能。(预设值：Enabled)

(7) HPET Mode：此选项依所安装的 Windows 7/Vista 操作系统选择 HPET 模式。使用 32bit Windows 7/ Vista 操作系统时,请将此选项设为 32-bit mode；使用 64bit Windows 7/Vista 操作系统时,请将此选项设为 64-bit mode。此选项只有在 HPET Support 被启动时才能使用。(预设值：32-bit mode)

(8) Power On By Mouse (鼠标开机功能)：此选项选择是否使用 PS/2 规格的鼠标来启动/唤醒系统。

请注意：使用此功能时,需使用＋5VSB 电流至少提供 1 安培以上的 ATX 电源供应器。

Disabled：关闭此功能。(预设值)
Double Click：按两次 PS/2 鼠标左键开机。

(9) Power On By Keyboard (键盘开机功能)：此选项选择是否使用 PS/2 规格的键盘来启动/唤醒系统。

请注意：使用此功能时,需使用＋5VSB 电流至少提供 1 安培以上的 ATX 电源供应器。
Disabled：关闭此功能。(预设值)
Password：设置使用 1～5 个字符作为键盘密码来开机。
Keyboard 98：设置使用 Windows 98 键盘上的电源键来开机。

(10) KB Power ON Password (键盘开机功能)：当 Power On by Keyboard 设置为 Password 时,需在此选项设置密码。

在此选项按 Enter 键后,自设 1～5 个字符为键盘开机密码,再按 Enter 键确认完成设置。当需要使用密码开机时,输入密码再按 Enter 键即可启动系统。

若要取消密码,请在此选项按 Enter 键,当请求输入密码的信息出现后,请不要输入任何密码并且再按 Enter 键即可取消。

(11) AC Back Function (电源中断后,电源恢复时的系统状态选择)：此选项选择断电后电源恢复时的系统状态。

Soft-Off：断电后电源恢复时,系统维持关机状态,需按电源键才能重新启动系统。(预设值)

Full-On：断电后电源恢复时,系统将立即被启动。
Memory：断电后电源恢复时,系统将恢复至断电前的状态。

(12) ErP Support：此选项选择是否在系统关机(S5 待机模式)时耗电量低于 1 瓦。(预设值：Disabled)

请注意：当启动此功能后,以下四个功能将无作用：电源管理事件唤醒功能、鼠标开机功能、键盘开机功能及网络唤醒功能。

7) PC Health Status

该界面主要显示电脑的健康状态,如图 4.12 和图 4.13 所示。

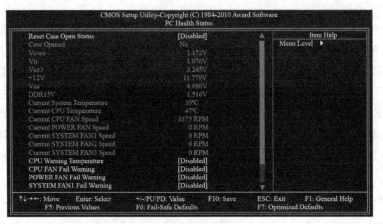

图 4.12　电脑健康状态(一)

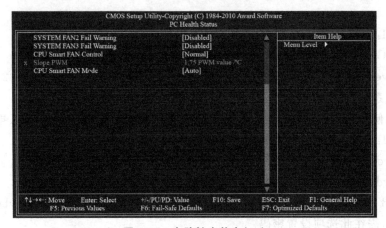

图 4.13　电脑健康状态(二)

(1) Reset Case Open Status（重置机箱状况）。

Disabled：保留之前机箱被开启状况的记录。（预设值）

Enabled：清除之前机箱被开启状况的记录。

(2) Case Opened（机箱被开启状况）：此选项显示主板上的 CI 针脚，通过机箱上的检测设备所检测到的机箱被开启状况。如果电脑机箱未被开启，此选项会显示 No；如果电脑机箱被开启过，此选项则显示 Yes。如果希望清除先前机箱被开启状况的记录，请将 Reset Case Open Status 设为 Enabled 并重新开机即可。

(3) Current Voltage(V) Vcore/Vtt/Vcc3/+12V/Vcc/DDR15V（检测系统电压）：显示系统目前的电压。

(4) Current System/CPU Temperature（检测系统/CPU 温度）：显示系统/CPU 目前的温度。

(5) Current CPU/POWER/SYSTEM FAN Speed（RPM）（检测风扇转速）：显示 CPU/电源/系统风扇目前的转速。

(6) CPU Warning Temperature（CPU 温度警告）：此选项选择设置 CPU 过温警告的温度。当温度超过此选项所设置的数值时，系统将会发出警告声。选项包括：Disabled（预设值,关闭 CPU 温度警告)、60℃/ 140°F、70℃/158°F、80℃/176°F、90℃/194°F。

(7) CPU/POWER/SYSTEM FAN Fail Warning(CPU/电源/系统风扇故障警告功能):此选项选择是否启动风扇故障警告功能。启动此选项后,当风扇没有接上或故障的时候,系统将会发出警告声。此时请检查风扇的连接或运行状况。(预设值:Disabled)

(8) CPU Smart FAN Control(CPU 智能风扇转速控制):此选项选择是否启动 CPU 智能风扇转速控制功能,并且可以调整 CPU 风扇运转速度。

Normal CPU:风扇转速会依 CPU 温度而有所不同,并可视个人的需求,在 EasyTune 中调整适当的风扇转速。(预设值)

Silent CPU:风扇将以低速运行。

Manual:可以在 Slope PWM 选项选择 CPU 风扇的转速。

Disabled CPU:风扇将以全速运行。

(9) Slope PWM(CPU 智能风扇转速选择):此选项选择 CPU 智能风扇转速。此选项只有在 CPU Smart FAN Control 设为 Manual 时,才能开放设定。选择有 0.75 PWM value /℃ ~ 2.50 PWM value /℃。

(10) CPU Smart FAN Control(CPU 智能风扇控制模式):此功能只有在 CPU Smart FAN Control 被启动的状态下才能使用。

Auto:自动检测所使用的 CPU 风扇并设置成最佳控制方式。(预设值)

Voltage:当使用 3-pin 的 CPU 风扇时请选择 Voltage 模式。

PWM:当使用 4-pin 的 CPU 风扇时请选择 PWM 模式。

不论是 3-pin 或 4-pin 的 CPU 风扇都可以选择 Voltage 模式来达到智能风扇控制功能。不过有些 4-pin CPU 风扇并没有遵循 Intel PWM 风扇设计规范,选择 PWM 模式反而无法有效降低风扇的转速。

8) Load Fail-Safe Defaults

该界面可进行载入最安全预设值的设置,如图 4.14 所示。

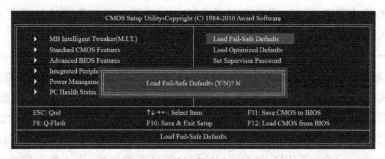

图 4.14 载入最安全预设值

在此选项按 Enter 键然后再按 Y 键,即可载入 BIOS 最安全预设值。如果系统出现不稳定的情况,可尝试载入最安全预设值。此设置值为最安全、最稳定的 BIOS 设置值。

9) Load Optimized Defaults

该界面可进行载入最优化预设值设置,如图 4.15 所示。

在此选项按 Enter 键然后再按 Y 键,即可载入 BIOS 出厂预设值。执行此功能可载入 BIOS 的最佳化预设值。此设置值较能发挥主板的运行性能。在更新 BIOS 或清除 CMOS

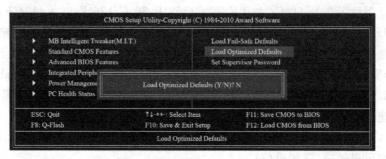

图 4.15 载入最优化预设值

数据后,请务必执行此功能。

10) Set Supervisor/User Password

在该界面可设置管理员/用户密码,如图 4.16 所示。

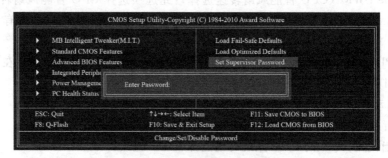

图 4.16 设置管理员/用户密码

在此选项按 Enter 键可开始输入密码。最多可以输入 8 个字符,输入完毕后按 Enter 键,BIOS 会要求再输入一次以确认密码。

(1) Supervisor（管理员）密码的用途：当设置了管理员密码,而 Advanced BIOS Features→Password Check 选项设为 Setup,则开机后要进入 BIOS 设置程序修改设置时,就需输入管理员密码才能进入。如果该项目设为 System,那么不论是开机时或进入 BIOS 设置程序皆需输入管理员密码。

(2) User（用户）密码的用途：当设置了用户密码,而 Advanced BIOS Features→Password Check 选项设为 System,则一开机时就必须输入用户或管理员密码才能进入开机程序。当要进入 BIOS 设置程序时,如果输入的是用户密码,则只能进入 BIOS 设置程序浏览但无法更改设置,必须输入管理员密码才允许进入 BIOS 设置程序中修改设置值。

如果想取消密码,只需在原来的选项按 Enter 键后,BIOS 要求输入新密码时,再按一次 Enter 键,此时会显示 PASSWORD DISABLED,即可取消密码,当下次开机或进入 BIOS 设置程序时,就不需要再输入密码了。

11) Save & Exit Setup

该界面可储存设置值并退出设置程序,如图 4.17 所示。

在此选项按 Enter 键然后再按 Y 键,即可储存所有设置结果并离开 BIOS 设置程序。若不想储存,按 N 键或 Esc 键即可回到主画面中。

12) Exit Without Saving

该界面可退出设置程序但不储存设置值,如图 4.18 所示。

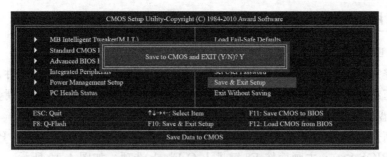

图 4.17　储存设置值并退出设置程序

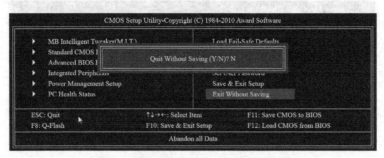

图 4.18　退出设置程序但不储存设置值

在此选项按 Enter 键然后再按 Y 键,BIOS 将不会储存此次修改的设置,并离开 BIOS 设置程序。按 N 键或 Esc 键即可回到主画面中。

4.1.5　BIOS 的更新方法

下面以技嘉品牌主板为例介绍 BIOS 的更新方法。技嘉主板提供了两种独特的 BIOS 更新方法:Q-Flash 及@BIOS。我们可以选择其中一种方法,而且不用进入 DOS 模式,即可轻松地进行 BIOS 更新。

此外,技嘉的某些主板提供了 DualBIOS 设计,即通过增加一颗实体备份 BIOS,使电脑的安全及稳定性得到增强。

DualBIOS 即在主板上设置两颗实体 BIOS,分别为主 BIOS 和备份 BIOS。在一般正常的状态下,系统是由主 BIOS 完成开机,当系统的主 BIOS 损毁时,则会由备份 BIOS 接管,且备份 BIOS 会将文件复制至主 BIOS,使系统维持正常运行。备份 BIOS 并不提供更新功能,以维护系统的安全性。

(1) Q-Flash(BIOS 快速刷新)是一个简单的 BIOS 管理工具,可以让用户轻松、省时地更新或储存备份 BIOS。当客户需要更新 BIOS 时,并不需要进入任何操作系统环境(例如 DOS 或是 Windows)就能使用 Q-Flash,而且更新过程并不复杂,因为它就在 BIOS 设置选项中。

(2) @BIOS(BIOS 在线更新)提供在 Windows 模式下就能进行更新 BIOS 的功能。通过@BIOS 与距离最近的 BIOS 服务器连接,下载最新版本的 BIOS 文件,以更新主板上的 BIOS。

1. 使用 Q-Flash 更新 BIOS

1）更新 BIOS 前的准备工作

（1）先登录技嘉官网下载符合客户机主板型号的最新 BIOS 版本压缩文件。

（2）解压缩所下载的 BIOS 压缩文件，并且将 BIOS 文件储存在 U 盘或硬盘中（所使用的 U 盘或硬盘必须是 FAT32/16/12 文件系统格式）。

（3）重新开机后，BIOS 在进行 POST 时，按 End 键即可进入 Q-Flash（在 POST 阶段按 End 键或在 BIOS Setup 主画面按 F8 键进入 Q-Flash 选项），如图 4.19 所示。

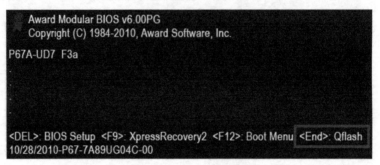

图 4.19　进入 Q-Flash 的方法

特别提醒：更新 BIOS 有潜在的风险，因此更新 BIOS 时请小心执行，以避免不当的操作而造成系统毁损。

2）更新 BIOS 的步骤

（1）假设从官网下载下来的最新 BIOS 文件储存于 U 盘中，将 U 盘插入系统。进入 Q-Flash 后，在 Q-Flash 主画面利用上下键移动光标至 Update BIOS from Drive 选项并且按 Enter 键。要备份目前的 BIOS 文件，请选择 Save BIOS to Drive。本功能仅支持使用 FAT32/16/12 文件系统的硬盘或 U 盘。若 BIOS 文件存放在 RAID/AHCI 模式的硬盘或连接至独立 SATA 控制器的硬盘，请务必在进行 POST 时，按下 End 键进入 Q-Flash。

选择 HDD 0-0，再按 Enter 键，如图 4.20 所示。

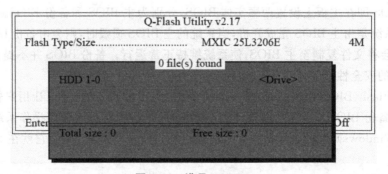

图 4.20　满足 HDD0-0

选择要更新的 BIOS 文件并按下 Enter 键，并再次确认此 BIOS 文件与您的主板型号符合。

（2）显示器会显示正在从磁盘中读取 BIOS 文件。当确认对话框 Are you sure to update BIOS？出现时，请按 Enter 键开始更新 BIOS，同时显示器会显示目前更新的进度。

特别提醒：

① 当系统正在读取 BIOS 文件或更新 BIOS 时，请勿关掉电源或重新启动系统。

② 当开始更新 BIOS 时，请勿移除硬盘或 U 盘。

（3）完成 BIOS 更新后，请按任意键回到 Q-Flash 选单，如图 4.21 所示。

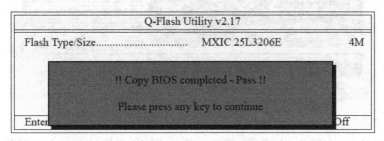

图 4.21 BIOS 更新完毕

（4）按下 Esc 键后再按 Enter 键离开 Q-Flash，此时系统将自动重新开机。重新开机后，POST 画面的 BIOS 版本即已更新。

（5）在系统进行 POST 时，按 Delete 键进入 BIOS 设置程序，并移动光标到 Load Optimized Defaults 选项，按下 Enter 键载入 BIOS 出厂预设值。更新 BIOS 之后，系统会重新检测所有的周边设备，因此建议在更新 BIOS 后，重新载入 BIOS 预设值，如图 4.22 所示。

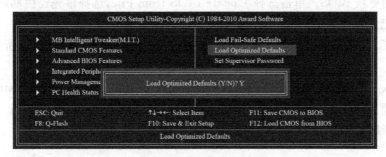

图 4.22 载入最优化设置

（6）选择 Save & Exit Setup，按 Y 键储存设置值至 CMOS 并离开 BIOS 设置程序，离开 BIOS 设置程序后，系统即重新开机，整个更新 BIOS 程序即完成。

2. 使用@BIOS 更新 BIOS

1）使用@BIOS 更新 BIOS 前的注意事项

（1）在 Windows 下，请先关闭所有的应用程序与常驻程序，以避免更新 BIOS 时发生不可预期的错误。

（2）在更新 BIOS 的过程中，网络连线绝对不能中断（如断电、关闭网络连线）或是网络处于不稳定的状态。如果发生以上情形，易导致 BIOS 损坏而使系统无法开机。

（3）请勿同时使用 G.O.M.（GIGABYTE online management）功能。

（4）如果因更新 BIOS 操作不当，导致 BIOS 损毁或系统无法使用时，技嘉将无法提供保修服务。

2) 使用@BIOS 更新 BIOS 的操作方法

图 4.23　使用@BIOS 更新 BIOS

如图 4.23 所示,在更新 BIOS 前,请务必确认 BIOS 文件是否与主板型号相符,因为选错型号而进行 BIOS 更新,会导致系统无法开机。

(1) 通过网络更新 BIOS。单击选择 Update BIOS from GIGABYTE Server,选择距离您所在国家最近的@BIOS 服务器,下载符合此主板型号的 BIOS 文件。接着请依照画面提示完成操作。

如果@BIOS 服务器找不到主板的 BIOS 文件时,请至技嘉网站下载该主板型号最新版的 BIOS 压缩文件,解压缩文件后,利用手动更新的方法来更新 BIOS。

(2) 手动更新 BIOS。单击选择 Update BIOS from File,选择事先经由网站下载或其他渠道得到的已解压缩的 BIOS 文件。再依照画面提示完成操作。

(3) 储存 BIOS 文件。单击选择 Save Current BIOS to File 可储存目前所使用的 BIOS 版本。

(4) 载入 BIOS 预设值。单击选择 Load CMOS default after BIOS update,可于 BIOS 更新完成后重新开机时,载入 BIOS 预设值。

(5) 重新启动计算机,检验 BIOS 更新是否成功。

知识 4.2　系统启动 U 盘

目前制作系统启动 U 盘的工具软件有很多,如老毛桃、大白菜、深度等,使用这些工具制作的系统启动 U 盘功能都很相似,都携带很多实用的 DOS 小工具,如分区工具、磁盘检查工具等。此外,还可以利用制作好的启动 U 盘进入 Windows PE 系统。

Windows PE(Windows 预安装环境)是在 Windows 内核上构建的最小 Win32 子系统,它直接运行在内存中,可用于安装、修复 Windows 操作系统,以及备份数据等。此外,Windows PE 中还集成了其他软件公司开发的各种实用的小工具,如光盘工具、硬盘修复和分区工具、Ghost 工具等,因此可以在该系统中进行创建和管理磁盘分区,备份和还原操作系统等操作。

知识 4.3 硬盘的初始化操作

硬盘在使用之前必须先进行初始化,这里指的初始化即分区和高级格式化操作。

所谓分区是指对硬盘的物理存储空间进行逻辑划分,将一个较大容量的硬盘分成多个大小不等的逻辑区间,数量和每一个分区的容量大小是由用户根据自己的需要来设定的。

所谓高级格式化,简单说就是把一张空白的分区划分成一个个小区域并编号,以供计算机储存和读取数据。

▶ 4.3.1 硬盘的逻辑结构

1. 盘片的逻辑结构

硬盘最基本的组成部分是涂以磁性介质的磁盘片,不同容量的硬盘包含的盘片数不等。每个盘片有两面,每面都可以记录信息,并配有一个独立的磁头,用于读取和储存数据。

(1) 磁道,指硬盘盘片上以主轴为中心的存储数据的同心圆,由外向内依次编号为 0,1,2…

(2) 柱面,指硬盘不同盘片上具有相同半径的同心圆(也就是编号相同的磁道)构成的圆柱面。

(3) 扇区,磁盘上的每个磁道被等分为若干个弧段,这些弧段便是磁盘的扇区,每个扇区可以存放 512 个字节的信息,磁盘驱动器在向磁盘读取和写入数据时,要以扇区为单位。

(4) 主引导扇区,指硬盘的 0 面 0 道 1 扇区,存储 MBR(主引导记录),含硬盘分区信息。

扇区、磁道(或柱面)和磁头数构成了硬盘结构的基本参数,由这些参数可以得到硬盘的容量,其计算公式为:

$$存储容量 = 磁头数 \times 磁道(柱面)数 \times 每道扇区数 \times 每扇区字节数$$

2. 硬盘的存储结构

分区是由成百上千的连续扇区组成的硬盘区域,一个硬盘可由分区软件分为以下各种分区域:

(1) 主分区,是硬盘的主要分区,操作系统主要安装在这种分区。

(2) 扩展分区,是硬盘的其他分区,主要存储数据及应用程序。

(3) 逻辑分区,是扩展分区的进一步划分,一个扩展分区可划分成很多逻辑分区。一个硬盘中,可存在最多 4 个主分区。可含有一个扩展分区,此时,可设置 3 个主分区。

(4) 活动分区。是设置为活动属性的某个主分区。一个硬盘可设置一个主分区为活动属性,以便操作系统启动计算机。

3. 文件系统格式

不同的操作系统使用的文件系统格式也不同,有的操作系统只支持一种文件系统格式,而有的操作系统同时支持几种文件系统格式。不同的文件系统格式在记录文件的方法和对磁盘的占用率方面是有差别的。Windows 操作系统常用的文件格式有 FAT16、FAT32 和 NTFS。

1）FAT16

支持每个分区最大容量为 2GB，每簇的大小为 32KB，也就是说某个文件只有一个字节，它也要占用 32KB 的磁盘空间，比较浪费磁盘空间。

2）FAT32

支持每个分区最大容量为 32GB，每簇大小在 4～32 KB 范围内，随着分区的大小而变动。如果分区小于 8 GB，每簇大小在 4～32KB 范围内，随着分区大小而变动。如果分区小于 8 GB，每簇大小为 4 KB，比 FAT16 节约磁盘空间，从而提高磁盘空间的利用率。FAT32 完全兼容 FAT16 应用程序，因此，大容量硬盘一般都使用 FAT32 格式，不但可以增大单个分区的容量，还可以提高空间利用率，节约磁盘空间。

3）NTFS

NTFS 是一个安全性的文件系统，采用独特的文件系统结构保护文件，并且可以节约存储资源，减少磁盘占用，适用于 Windows NT 以后版本的操作系统，如 Windows NT/2000/2003/XP/Vista/7 等，是现在主要使用的分区格式。NTFS 可以支持高达 2 TB 的分区，支持的单个文件大小达到 64 GB，远远大于 FAT32 的 4 GB，还支持长文件名。NTFS 对磁盘的利用率更高，当分区在 2 GB 以下时，簇的大小比相应的 FAT32 小；当分区的大小在 2 GB 以上时，簇的大小为 4 KB，因此 NTFS 比 FAT32 能更有效地管理磁盘空间。

4.3.2 硬盘的分区

1. 硬盘的分区原则

硬盘分区主要有以下五大原则：

1）FAT32 最适合 C 盘

C 盘一般都用来安装操作系统，通常有 FAT32 和 NTFS 两种磁盘文件系统格式选择。使用 FAT32 要更加方便一些，因为操作系统用久了常会出现异常或被病毒木马感染，往往需要用启动工具盘来修复。而很多启动工具盘是由 Windows 98 启动盘演变而来，大多数情况下不能辨识 NTFS 分区，从而无法操作 C 盘，在 DOS 下经常会将 D 盘误认为 C 盘，贸然将其格式化会丢失重要数据。

2）C 盘的空间不宜太大

C 盘是系统盘，硬盘的读写比较多，产生错误和磁盘碎片的概率也较大，C 盘的容量过大，往往会使扫描磁盘和整理碎片这两项工作进行得非常慢，从而影响工作效率。

C 盘也不要太小，对于 XP 系统来说 20G 比较合适，对于 Vista 和 Windows 7 系统来说，30～50 GB 空间比较合适。

3）除了 C 盘外尽量使用 NTFS 分区

NTFS 文件系统是一个基于安全性及可靠性的文件系统，除兼容性之外，它远远优于 FAT32。它不但可以支持达 2 TB 大小的分区，而且支持对分区、文件夹和文件的压缩，可以更有效地管理磁盘空间。对局域网用户来说，在 NTFS 分区上可以为共享资源、文件夹以及文件设置访问许可权限,安全性要比 FAT32 高得多。所以,除了在主系统分区为了兼容性而采用 FAT32 以外,其他分区采用 NTFS 比较适宜。

4) 系统、程序、资料分离

Windows 系统有个默认设置,就是把"我的文档"等一些个人数据资料都默认放到系统分区中。这样一来,一旦要格式化系统盘来彻底杀灭病毒和木马,而又没有备份资料的话,数据安全就很成问题。

最好的做法是将需要在系统文件夹和注册表中拷贝文件和写入数据的程序都安装到系统分区里面;对那些可以绿色安装,仅仅靠安装文件夹的文件就可以运行的程序放置到程序分区之中;各种文本、表格、文档等本身不含有可执行文件,需要其他程序才能打开资料,都放置到资料分区之中。这样一来,即使系统瘫痪,不得不重装的时候,可用的程序和资料一点不缺,很快就可以恢复工作,而不必为了重新找程序恢复数据而头疼。

5) 保留至少一个巨型分区

随着硬盘容量的增长,文件和程序的体积也是越来越大。以前一部压缩电影不过几百 MB,而如今的一部 HDTV 就要接近 20 GB;以前一个游戏仅仅几十 MB,大一点的也不过几百 MB,而现在一个游戏动辄数 GB。假如按照平均原则进行分区的话,当你想保存两部 HDTV 电影时,这些巨型文件的存储就将会遇到麻烦。因此,对于海量硬盘而言,非常有必要分出一个容量在 100 GB 以上的分区用于巨型文件的存储。

2. 利用软件对硬盘进行分区

计算机的硬件组装完成以后,我们通常想到的是安装操作系统和应用软件,以方便用户的使用。其实我们不用这么着急,因为在安装系统前,尚有一些重要的但又容易被用户忽视的操作要完成,也就是为了方便以后对文件资料进行归类存放,我们要为硬盘进行必要的分区。推荐使用系统启动 U 盘中自带的 DiskGenius 软件完成硬盘的分区操作。

项目实施

任务 4.1　BIOS 的基本设置

| 学习情境 |

在完成计算机的硬件组装后,张超同学打算自己动手完成系统和应用软件的安装。

| 任务分析 |

其实,像张超这样的同学,第一次进行 BIOS 的设置,一般不会对 BIOS 的所有项目进行

设置,仅设置一些基本项目,便可满足我们的装机需要。如果设置 BIOS 时,因为对部分参数的含义不太了解,导致其值设置不合理,影响了机器的性能发挥,我们也可以通过重新恢复出厂设置,排除不合理设置带来的故障。

| 操作步骤 |

（1）了解和掌握进入 BIOS 设置程序的方法,进入 BIOS 设置程序,并设置系统当前的日期和时间。

（2）载入 BIOS 的最安全预设值。

（3）载入 BIOS 最佳化的预设值。

（4）出于对计算机安全使用和管理的需要,设置机器的管理员密码和一般用户的密码,并设置一开机就要求输入密码,用于对用户身份的合法性验证,达到保护计算机数据安全的目的。

（5）打开机箱,使用 CMOS 跳线清除机器的开机密码。

（6）设置计算机的管理员和一般用户的密码,并设置当用户进入 BIOS 设置程序时要求输入密码,用于对用户身份的合法性验证,达到保护 BIOS 设置的目的。

（7）设置计算机的启动顺序为光驱优先启动（即首启动设备为光盘）。

（8）设置计算机的启动顺序为 U 盘优先启动（即首启动设备为 U 盘）。

（9）分别使用系统启动 U 盘中的 DOS 工具,清除密码。

（10）按 F10 功能键,退出 BIOS 设置并重新启动计算机。

| 任务小结 |

本任务让大家亲自动手完成了 BIOS 设置中的十项基本设置,这也是我们装机之前必须做到的,相信本任务的完成,对大家掌握 BIOS 的基本设置有很大帮助,更多的扩展设置,请大家在使用计算机的过程中边学边用。

任务 4.2　制作系统启动 U 盘

| 学习情境 |

张超同学在电脑城购机过程中,注意到了商家装机技术员自备的用于装系统的启动 U 盘,目睹了快速装机的全过程,感觉系统启动 U 盘非常实用,于是他也想为自己制作一个系统启动 U 盘,以方便自己装机过程中使用。

| 任务分析 |

系统启动 U 盘是一种用来取代传统光盘安装方式的新的安装介质,它带有引导功能,

而且自带的 Windows PE 操作系统为用户提供了桌面操作环境，Windows PE 附带的各种实用工具，为硬盘初始化带来了极大的方便，同时系统启动 U 盘也提供了几种不同的系统安装方式。

系统启动 U 盘是由一般的 U 盘通过专门的工具软件制作而成，它具有灵活定制、方便升级等特点，深受广大电脑爱好者的喜欢，也正因为如此，现在光驱已不再是台式机的标准配件之一。

在制作系统启动 U 盘时，要根据用户的实际需要进行定制，比如有的用户喜欢安装 Windows XP 操作系统，而有的用户则使用 Windows 7、Windows 8 操作系统。在应用软件方面，Office 2003 与 Windows XP 是一种良好的搭配，Office 2010 则与 Windows 7、Windows 8 是一种良好组合。制作什么样的系统启动 U 盘完全由用户的实际需求决定。

| 操作步骤 |

购买三个 U 盘(最好带有写保护开关)，建议 U 盘的容量不低于 8GB，用于定制三种不同系统的启动 U 盘。

下面是利用"老毛桃"软件制作系统启动 U 盘并使用它进入 Windows PE 系统的具体操作步骤，其他启动 U 盘的制作和使用方法与此相似。

(1) 从网上下载"老毛桃"系统启动 U 盘制作工具 v(装机版)，以及 Windows XP、Windows 7、Windows 8 安装光盘镜像文件(*.iso)。

(2) 安装老毛桃系统启动 U 盘制作工具(装机版)到计算机上，具体操作如下：

① 双击安装包，接着在"安装位置"处选择程序存放路径(建议默认设置安装到系统盘中)，然后点击"开始安装"即可，如图 4.24 所示。

图 4.24　启动"老毛桃"安装程序

② 随后进行程序安装，等待自动安装操作完成即可，如图 4.25 所示。

图 4.25 安装过程

③ 安装完成后,弹出如图 4.26 所示的界面。

图 4.26 安装完成后的界面

(3)将准备好的 U 盘插入计算机的 USB 接口,用鼠标单击图 4.26 中的立即体验按钮,出现如图 4.27 所示的界面。

图 4.27 准备制作启动 U 盘

(4) 在"请选择"下拉列表框中选择 U 盘盘符，然后单击"一键制作"按钮。此时会弹出如图 4.28 所示的警告提示，提示将删除 U 盘中的所有数据。

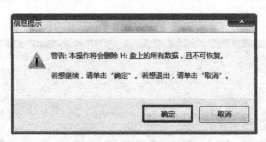

图 4.28 弹出警告提示

(5) 在确认已经将重要数据做好备份的情况下，单击"确定"按钮，弹出如图 4.29 所示的界面。接下来程序开始制作系统启动 U 盘，整个过程可能需要几分钟，在此期间勿进行其他操作。

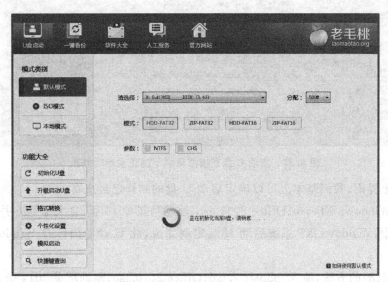

图 4.29 系统启动 U 盘制作过程中

(6) 系统启动 U 盘制作完成后，会弹出如图 4.30 所示的对话框，询问是否要启动电脑模拟器测试 U 盘启动情况。

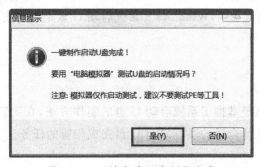

图 4.30 系统启动 U 盘制作完成

（7）在如图 4.30 所示对话框中，单击"是(Y)"。将出现如图 4.31 所示的界面，这就是系统启动 U 盘在模拟环境下的正常启动界面了，按 Ctrl＋Alt 组合键释放鼠标，最后可以单击右上角的关闭图标退出模拟启动界面。

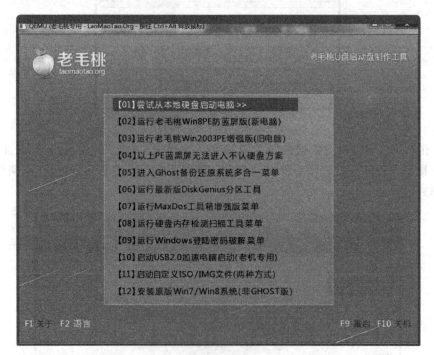

图 4.31　启动 U 盘在模拟环境下的正常启动界面

看到以上界面，我们基本上可以确定启动 U 盘的制作已经成功。

（8）将 Windows XP.iso、Office 2003.iso、驱动精灵 2014 版、鲁大师等一并拷入启动 U 盘的根目录中，Windows XP 系统启动 U 盘定制完成，此 U 盘专门针对 Windows XP 用户而定制。

（9）按照(8)的方法，将 Windows 7.iso、Office 2010.iso、驱动精灵 2014 版、鲁大师等一并拷入启动 U 盘的根目录中，Windows 7 系统启动 U 盘定制完成，此 U 盘专门针对 Windows 7 用户而定制。

（10）按照(8)的方法，将 Windows 8.iso、Office 2010.iso、驱动精灵 2014 版、鲁大师等一并拷入启动 U 盘的根目录中，Windows 8 系统启动 U 盘定制完成，此 U 盘专门针对 Windows 8 用户而定制。

| 任务小结 |

通过本任务，大家已经掌握了系统启动 U 盘的制作方法，在我们实际装机过程中，我们可以根据用户的要求，选择合适的系统启动 U 盘完成相应的任务。

任务 4.3　对硬盘进行分区

| 学习情境 |

系统启动 U 盘制作完成以后，接下来张超同学要对硬盘进行分区了。张超同学的机器配置的是一块希捷 500GB 的硬盘，根据前面介绍的硬盘分区的原则，我们该如何制订硬盘的分区方案呢？

| 任务分析 |

硬盘的初始化包括硬盘的分区和高级格式化操作，在对硬盘分区时，一方面要了解硬盘的基本参数，尤其是硬盘的容量大小；另一方面，还要了解用户的需求，比如用户属于哪一种类型，利用硬盘主要存储哪些文件资料等。

需要分区的硬盘容量为 500GB，希望在硬盘上安装 Windows 7 操作系统，除了上网下载一些学习资料外，还可能会在硬盘上存放一些个人设计的作品。

根据这种情况，我们拟定一种硬盘的分区方案：硬盘主分区 50GB，扩展分区 420GB，扩展分区又分为 4 个逻辑驱动器，用于存放不同类型的资料，容量大小分别为 80GB、100GB、100GB 和 140GB，主分区采用 FAT32 文件系统格式，而其他四个逻辑驱动器采用 NTFS 文件系统格式。

| 操作步骤 |

（1）按前面所述的方式，进入 BIOS 设置程序，在主菜单下选择 Advanced BIOS Features→First Boot Device，调整系统启动顺序为 U 盘优先启动，如图 4.32 和图 4.33 所示。

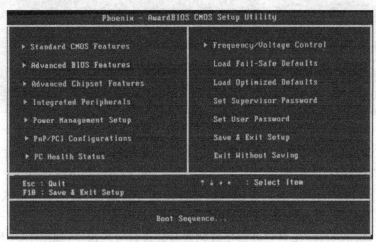

图 4.32　BIOS 设置主菜单

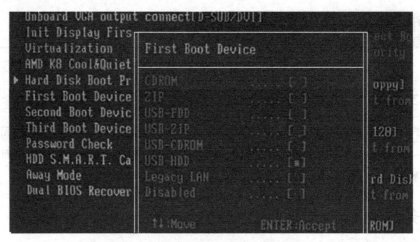

图 4.33 选择首启动设备为 USB-HDD

（2）将制作好的老毛桃装机版启动 U 盘插入计算机的 USB 接口，然后在 BIOS 设置界面中按 F10 键，重新启动计算机，进入老毛桃主菜单页面。选择"【02】运行老毛桃 Win8PE 防蓝屏版（新电脑）"，按回车键确认，如图 4.34 所示。

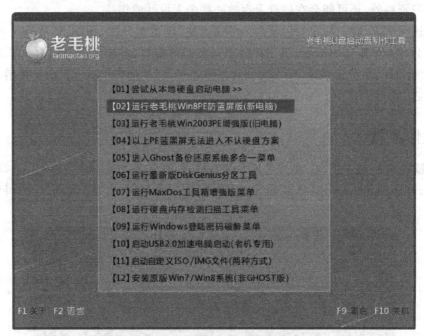

图 4.34 老毛桃启动 U 盘主菜单

（3）登录 Windows PE 系统桌面后，双击打开分区工具 DiskGenius。在工具主窗口中，单击"快速分区"，如图 4.35 所示。

（4）在快速分区窗口中，我们可以根据需要设置分区数目、文件系统格式、系统大小以及卷标。设置完成后，单击"确定"按钮即可，如图 4.36 所示。

（5）接着 DiskGenius 工具便开始格式化硬盘并进行分区操作，如图 4.37 所示。

项目4 系统安装前的准备工作

图 4.35 选择 DiskGenius 分区工具

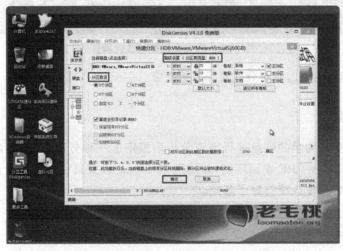

图 4.36 DiskGenius 快速分区界面

图 4.37 开始分区和格式化操作

(6) 完成上述操作后,我们可以在磁盘列表中看到工具已经根据设置对硬盘进行了分区,如图 4.38 所示。

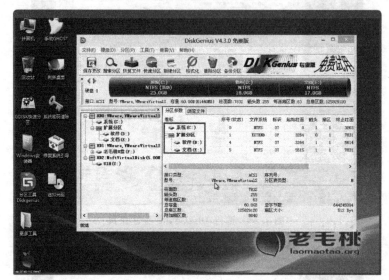

图 4.38　完成分区和格式化操作

(7) 重新启动计算机,检查分区操作是否正常。

| 任务小结 |

本任务针对张超同学的硬盘进行客观分析后拟定了一种分区方案,然后使用系统启动 U 盘引导进入 Windows PE 桌面环境,并使用 DiskGenius 工具完成了硬盘的分区过程。这为我们下一步安装操作系统打好了基础。

| 项目总结 |

项目介绍了 BIOS 设置以及硬盘初始化的相关知识,同时也介绍了系统启动 U 盘的制作方法和硬盘初始化的操作方法等。

| 项目自测 |

一、单项选择题

1. Phoenix-Award BIOS 按(　　)键进入 BIOS。
   A. DEL　　　　　B. F2　　　　　C. ESC　　　　　D. Ctrl+Alt+Esc

2. 不属于 BIOS 功能设定的是(　　)。
   A. 病毒警告　　　B. 启动顺序　　　C. 磁盘盘符交换　　　D. 软硬盘规格

3. 设置系统的启动顺序,需要执行菜单(　　)。
   A. STANDARD CMOS SETUP　　　　B. BIOS FEATURES SETUP
   C. CHIPSET FEATURES SETUP　　　D. POWER MANAGEMENT SETUP

4. 一个硬盘中,可存在最多(　　)个主分区。

A. 1　　　　　　B. 2　　　　　　C. 3　　　　　　D. 4

5. FAT16 格式支持每个分区最大容量为(　　)。
   A. 2GB　　　　B. 4GB　　　　C. 6GB　　　　D. 8GB

6. NTFS 可以支持高达(　　)的分区。
   A. 250GB　　　B. 500GB　　　C. 1TB　　　　D. 2TB

7. 下列属于分区软件的是(　　)。
   A. Partition Magic　B. Everest　　C. CPU-Z　　　D. Snagit

二、多项选择题

1. 市面上比较流行的主板 BIOS 主要有(　　)。
   A. Award BIOS　　B. AMI BIOS　　C. Phoenix BIOS　　D. ASUS BIOS

2. 完整的 POST 自检包括(　　)。
   A. 对并口和串口进行检查
   B. CMOS 中系统配置的校验
   C. CMOS 中系统配置的校验
   D. 对 CPU、主板、内存、系统 BIOS 的测试

3. 标准 CMOS 设定,可以设置(　　)。
   A. 日期　　　　B. 时间　　　　C. 显示器类型　　D. 病毒警告

4. 常见的 BIOS 刷新软件是(　　)。
   A. AWDFLASH　　B. AMIFlash　　C. AFLASH　　　D. PHLASH

5. 计算机可以从(　　)启动。
   A. 软盘　　　　B. 硬盘　　　　C. 光盘　　　　D. U 盘

6. Windows 操作系统常用的文件格式有(　　)。
   A. FAT16　　　　B. FAT32　　　　C. FAT64　　　　D. NTFS

7. 高级格式化的作用主要有(　　)两点。
   A. 装入操作系统　　　　　　　　B. 将空白的磁片划分为半径不同的磁道
   C. 硬盘进行分区初始化　　　　　D. 磁道划分为若干个扇区

三、判断题

1. BIOS 是一组固化到主板上一个 RAM 芯片上的程序。(　　)
2. CMOS 可由主板的电池供电,即使系统断电,信息也不会丢失。(　　)
3. SUPERVISOR PASSWORD 用来设置用户密码。(　　)
4. 常规的 BIOS 刷新程序必须在纯 DOS 模式下运行。(　　)
5. BIOS 在升级完成后需要重新启动计算机。(　　)
6. 硬盘可设置一个逻辑分区为活动属性以便操作系统启动计算机。(　　)
7. 主分区和扩展分区的容量之和为硬盘的容量。(　　)
8. FAT32 格式支持每个分区最大容量为 32 GB。(　　)
9. NTFS 分区上可以为共享资源、文件夹以及文件设置访问许可权限,安全性要比 FAT32 高得多。(　　)
10. 一个扩展分区最多可以划分四个逻辑分区。(　　)

四、思考题

1. BIOS 和 CMOS 的区别和联系是什么？
2. 开机如何进入 BIOS？
3. 如何设置系统的启动顺序？
4. 如何进行 BIOS 的升级？
5. 硬盘常用的分区格式有哪些，有什么区别？
6. 硬盘的分区原则是什么？

项目 5 计算机系统的软件安装
Chapter 5

知识目标

1. 掌握操作系统的安装方法，掌握设备驱动程序的安装与备份的方法。
2. 掌握常用应用软件安装和卸载的方法。

技能目标

1. 能够独立地完成计算机操作系统（Windows 7）及设备驱动程序的安装。
2. 能够独立地完成常见应用软件的安装。

教学重点

1. 操作系统的安装与基本设置。
2. 设备驱动程序的安装与备份。
3. 常见应用软件的安装与卸载。

教学难点

1. 不同版本操作系统对硬件的需求。
2. 设备驱动程序的安装与备份方法。

项目知识

知识 5.1 安装 Windows 7 操作系统

Windows 7 操作系统按功能由低到高分为 6 个版本：简易版（Starter）、家庭普通版

（Home Basic）、家庭高级版（Home Premium）、专业版（Professional）、旗舰版（Ultimate）和企业版（EnterPrise），其中，使用旗舰版（Ultimate）的用户最多。

▶ 5.1.1　Windows 7 的硬件要求

Windows 7 的功能很强大，同时它对硬件的配置要求也要大于版本低于它的操作系统。如果用户准备在电脑中安装并正常使用 Windows 7，那么应该先检查电脑的硬件配置是否满足安装 Windows 7 的最低配置。下面分别从 CPU、内存、显卡和硬盘 4 个方面介绍安装 Windows 7 的硬件要求。

1. CPU 的配置要求

目前市场上所有中端以上的 CPU 都能满足 Windows 7 的基本要求。另外，Windows 7 操作系统包括 32 位和 64 位两种版本，如果安装 64 位的版本，需要使用支持 64 位运算的 CPU。

2. 显卡的配置要求

Windows 7 拥有全新的华丽图形界面和外观，因此对显卡的配置要求要稍微高些，要保证显卡支持 DirectX 9，最好是支持 DirectX 11，显存要大于 128MB，最好是大于 512MB。

3. 内存的配置要求

Windows 7 操作系统要求电脑至少配置 512MB 内存，来支持系统运行以及普通的软件运行需求，为有效地使用 Windows 7 的先进功能，系统内存最好是 2GB DDR2 以上，如果平时应用软件安装很多并对硬件要求较高，则应配置更大的内存。

4. 硬盘的配置要求

安装 Windows 7 操作系统的硬盘最低要求有 16GB 以上的空间，如果准备安装 64 位版本的 Windows 7 操作系统，最低需要 20GB 以上的可用空间。

▶ 5.1.2　操作系统的安装方式

安装操作系统主要有以下三种方式。

1. 光盘引导全新安装

如果要用光盘引导全新安装 Windows 7 操作系统，需要将电脑设置光驱启动，然后将安装光盘放入光驱，重新开机引导系统，安装程序会自动启动。如果出现任何无法满足 Windows 7 要求的情况，安装程序都会提示用户并自动采取相应的措施。例如，当安装 Windows 7 的硬盘分区可用空间不足时会自动终止安装。

2. 升级安装

升级安装只适用于从低版本的操作系统升级到高版本的操作系统。例如,要将现有的 Windows XP 进行升级,则可以在进入 Windows XP 系统之后,将 Windows 7 的安装光盘插入光驱,安装程序会自动加载并运行,注意在进入到这一步时,请选择"升级"选项,这样可以保留现有的应用程序和设置,但安装时间相对较长,具体操作与光盘引导的安装方式相同。

3. 利用 Ghost 映像文件安装

用户也可从网上下载 Ghost 版的操作系统安装文件,将其刻录到光盘中,或直接购买 Ghost 版的操作系统安装光盘。使用这类安装光盘安装操作系统时,安装速度会很快,且用户无须在安装过程中进行任何设置。

▶ 5.1.3 操作系统的安装流程

在正式安装操作系统之前,先简单介绍一下从光盘引导全新安装操作系统的整体流程。
(1) 准备好操作系统的安装盘。
(2) 在 BIOS 程序中将电脑设置从光驱启动。
(3) 放入安装光盘并重启电脑。
(4) 开始安装操作系统。
(5) 操作系统安装完成后,开始安装各个硬件的驱动程序。
(6) 安装应用软件和游戏等。

▶ 5.1.4 Windows 7 安装过程

安装前,请首先准备好 Windows 7 安装光盘,然后执行以下操作步骤安装 Windows 7 并在安装过程中创建一个分区。
(1) 参考项目 4 中的操作,在 BIOS 中将电脑设置为从光驱启动。
(2) 将 Windows 7 安装光盘放入光驱,重启电脑,当显示器屏幕上出现 Press any key to boot from CD or DVD. 字样时按任意键,如图 5.1 所示,接着会显示如图 5.2 所示的进度条。

图 5.1 从光驱引导系统

图 5.2 开始安装 Windows 7

(3) 稍微等待一会,在出现如图 5.3 所示的语言设置界面,单击"下一步"按钮。出现如图 5.4 所示的界面,单击"现在安装"按钮,打开 Windows 7 安装向导。

图 5.3 语言设置界面

图 5.4 单击"现在安装"按钮

(4) 出现如图 5.5 所示的界面,这里我们勾选"我接受许可条款"复选框,然后单击"下一步"按钮。

(5) 在出现的如图 5.6 所示的界面中选择 Windows 7 的安装类型,本节中单击"自定义(高级)"选项进行一次全新的安装。

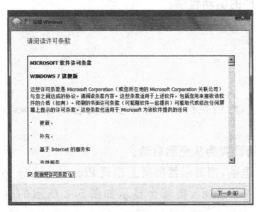
图 5.5 选择"我接受许可条款"复选框

图 5.6 选择 Windows 7 的安装类型

(6) 在接下来的如图 5.7 所示的界面中,单击"驱动器选项(高级)"选项,打开如图 5.8 所示的硬盘分区界面。

(7) 对于新组装的电脑,如果还没有为硬盘创建磁盘分区,在界面中单击"新建"选项,新建磁盘分区。

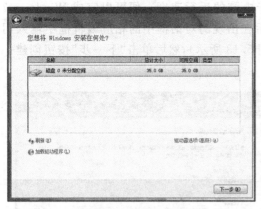
图 5.7　选择 Windows 7 的安装位置

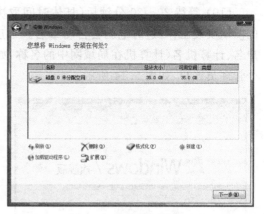
图 5.8　单击"新建"选项

（8）在如图 5.9 所示的界面中，确定所需的磁盘分区大小（安装 Windows 7 的磁盘分区最好大于 20000MB），设置好后单击"应用"按钮，弹出如图 5.10 所示对话框，单击"确定"按钮，创建磁盘分区。

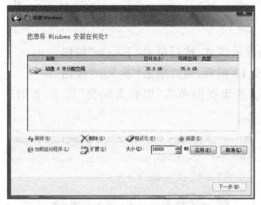
图 5.9　定义分区的大小

图 5.10　完成磁盘分区的创建

（9）创建磁盘分区后，在出现的界面中选择用来安装 Windows 7 的磁盘分区，如图 5.11 所示，单击"下一步"按钮开始安装 Windows 7，并出现复制文件界面，如图 5.12 所示。

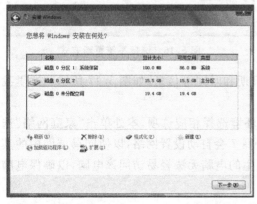
图 5.11　选择安装 Windows 7 的目标分区

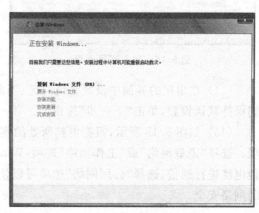
图 5.12　开始安装 Windows 7

(10) 等待 20~30 分钟后(具体时间取决于电脑的运行速度),便可以完成 Windows 7 的前期安装工作,这时电脑会自动重启。重启后在出现的对话框中的相应编辑框中输入用户名、计算机名(计算机在局域网中的名称,如图 5.13 所示),然后单击"下一步"按钮创建一个管理员账户,如图 5.14 所示。

图 5.13 输入用户名和计算机名

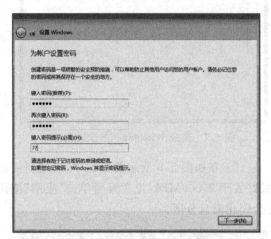

图 5.14 输入用户密码和密码提示

(11) 在出现的界面中输入用户密码和密码提示信息,然后单击"下一步"按钮。

(12) 在出现的界面中输入产品密钥,如图 5.15 所示,然后单击"下一步"按钮。

(13) 在出现的界面中选择系统更新的方式,这里我们单击"以后询问我"选项,暂时不设置更新,如图 5.16 所示。

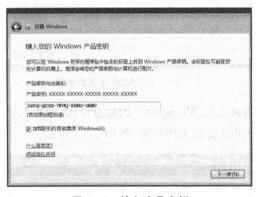

图 5.15 输入产品密钥

图 5.16 选择系统更新方式

(14) 在出现的界面中设置系统时区、当前日期和时间等信息,如图 5.17 所示。这里我们保持默认设置,单击"下一步"按钮。

(15) 如图 5.18 所示,根据电脑所处的实际环境选择相应选项,本处单击"家庭网络"选项。选择"家庭网络"或"工作网络"选项,Windows 7 会自动设置网络,以便同局域网中的其他电脑进行通信;选择"公用网络"选项可以使陌生的电脑无法轻易访问该电脑,以确保电脑的网络安全。

项目5　计算机系统的软件安装

图 5.17　设置系统时区和当前日期等信息　　　图 5.18　设置电脑网络环境

（16）进入"Windows 7 旗舰版"界面，显示"Windows 正在完成您的设置"，如图 5.19 所示，稍微等待一会，出现 Windows 7 欢迎界面，之后便可进入 Windows 7 系统，如图 5.20 所示。

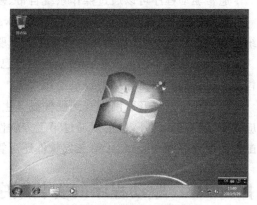

图 5.19　正在完成设置界面　　　　　　图 5.20　Windows 7 桌面

知识 5.2　安装设备驱动程序

5.2.1　驱动程序的作用和分类

1. 驱动程序的作用

驱动程序是一种实现操作系统与硬件设备通信的特殊程序，相当于硬件的接口，操作系统只有通过这个接口，才能控制硬件设备的工作。也就是说，正是通过驱动程序，各种硬件设备才能正常运行，达到既定的工作效果，否则就无法正常工作。例如，没有网卡驱动，便不能使用网络；没有声卡驱动，便不能播放声音。

通常，操作系统会自动为大多数硬件安装驱动，但对于主板、显卡等设备，需要为其安装

163

厂商提供的驱动,这样才能最大限度地发挥硬件性能;此外,当操作系统没有自带某硬件的驱动时,便无法自动为其安装正确的驱动,这就需要我们手动安装,例如某些声卡,以及打印机和扫描仪等。

2. 驱动程序的分类

驱动程序按照程序的版本可以分为官方正式版、微软 WHQL 认证版、第三方驱动和测试版;按其服务的硬件对象可以分为主板驱动、显卡驱动、声卡驱动等;按照适用的操作系统可以分为 Windows XP 适用、Windows Vista 适用、Windows 7 适用和 Linux 适用等。

一般情况下,官方正式版驱动稳定性和兼容性较好;通过微软 WHQL 认证版驱动程序与 Windows 系统基本上不存在兼容性问题;第三方驱动比官方正式版拥有更加完善的功能和更加强大的整体性能;测试版驱动处于测试阶段,稳定性和兼容性方面存在一些问题。

▶ 5.2.2 驱动程序的获得方法

通常驱动程序可以通过操作系统自带、硬件设备附带的光盘和网上下载 3 种途径获得。

如前所述,现在的操作系统,如 Windows 7 系统中已经附带大量的驱动程序,这样在系统安装完成后,便会自动为相关硬件安装上驱动程序。

各种硬件设备的生产厂商都会针对自己的硬件设备特点开发专门的驱动程序,并在销售硬件设备的同时一并免费提供给用户。

用户还可以在互联网中找到硬件设备生产厂家的官方网站或在各大下载网站中下载相应的驱动程序。此外,也可以通过第三方软件,如驱动精灵自动从网上搜索与电脑硬件相匹配的驱动程序并安装,利用第三方软件还可管理和更新驱动程序等。

▶ 5.2.3 驱动程序的安装顺序

一般来说,驱动程序的安装顺序如下:

(1) 首先安装主板的驱动,因为所有的部件都插在主板上,只有主板正常工作,其他部件才能正常工作,特别是对于使用 VIA 芯片组的主板来说更是如此。

(2) 其次就可以安装显卡、声卡等设备的驱动。

(3) 最后安装打印机、扫描仪等外设驱动。虽然显示器、光存储设备、键盘和鼠标等设备也是有驱动的,但是操作系统一般都会自动为它们安装驱动。

▶ 5.2.4 驱动程序的安装过程

1. 查看与管理已安装的驱动程序

安装操作系统后,用户可通过"设备管理器"查看各硬件驱动是否安装好,或卸载某硬件的驱动程序,具体操作如下:

(1) 在桌面上右击"计算机"图标,在弹出的快捷菜单中选择"属性"菜单项,打开"系统"窗口,单击"设备管理器"选项,打开"设备管理器",如图 5.21 所示。

(2) 如果某硬件的驱动程序没有安装正确,或没有安装驱动程序,如图 5.22 所示便是声卡驱动程序没有安装好,此时可参考后面将要介绍的方法安装该硬件的驱动,或选择该硬件名称,单击工具栏中的"更新驱动程序"按钮,重新为该硬件安装驱动程序;还可利用"驱动精灵"检测和安装硬件驱动,具体操作请参考后面内容。

图 5.21 查看硬件驱动是否安装正常　　　图 5.22 查看硬件驱动是否安装正常

(3) 如果某硬件设备的驱动程序安装不正常,需要将卸载并重新安装。要卸载某硬件的驱动程序,只需在"设备管理器"窗口中右击该驱动程序,然后从弹出的快捷菜单中选择"卸载",再根据提示进行操作即可。

2. 用主板驱动光盘安装主板驱动

主板作为其他电脑硬件的载体,其重要性可想而知。因此,安装好操作系统后,首先需要安装主板的驱动程序。主板驱动程序的安装包括主板芯片组,以及主板集成的声卡、网卡等驱动的安装。购买电脑时通常都会附带主板的驱动程序光盘,其安装方法如下:

(1) 将主板的驱动光盘放入光驱,在自动打开的"自动播放"对话框中单击"运行 setup.exe"选项,如图 5.23 所示,启动主板驱动的安装程序。

(2) 在主板驱动程序的操作界面中,单击要安装的芯片组驱动程序,开始安装,如图 5.24 所示。

图 5.23 单击"运行 setup.exe"选项

图 5.24 选择要运行的芯片组驱动程序

安装主板驱动就是安装主板芯片组驱动,如果有多个选项需根据说明书选择合适的芯片组驱动。

(3) 出现如图 5.25 所示的界面,此时单击"下一步"按钮。

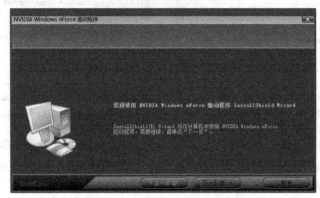

图 5.25 单击"下一步"按钮

(4) 在弹出的如图 5.26 所示的界面中,选择要安装的组件,如果对硬件驱动不太熟悉,则无须更改驱动程序所带的组件,直接单击"下一步"按钮,按默认设置安装即可。

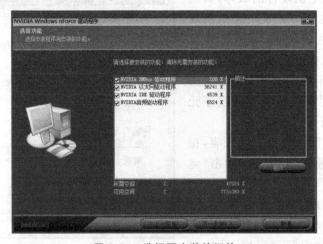

图 5.26 选择要安装的组件

可以看出,主板是一款集成网卡和声卡的主板,在此选择音频驱动程序后,便无须再单独为声卡安装驱动了。

(5) 主板驱动安装完毕。如果还要继续安装显卡等其他硬件驱动(其安装方法同主板相似),可在弹出的界面中选择"否"单选按钮,如图 5.27 所示,等安装完其他硬件驱动后再重启电脑,否则选择"是,立即重新启动计算机"单选钮,单击"完成"按钮。

图 5.27 完成主板驱动的安装

3. 使用"驱动精灵"检查、安装和管理硬件驱动

一般来说,驱动程序都可以在产品光盘中找到,如果光盘已经丢失,可以根据产品型号到官方网站下载;还可以运用一些软件检测硬件驱动安装情况并自动下载和安装适合的驱动程序,如驱动精灵、驱动天使和驱动人生等。其中,驱动精灵是一款集驱动管理和硬件检测于一体的管理工具,为用户提供驱动程序的下载、安装、备份、恢复和删除等功能。

1) 安装或更新驱动程序

下面以使用驱动精灵更新音频(声卡)驱动为例,具体介绍安装和更新驱动程序的方法。

(1) 安装并启动驱动精灵软件,它会自动检查用户设备的驱动情况,检测完毕后,单击"立即解决"按钮,如图 5.28 所示。

图 5.28 单击"立即解决"按钮

（2）此时将进入如图5.29所示的"驱动程序"界面的"标准模式"选项卡并显示需要安装或更新的驱动程序，单击准备进行安装或更新的驱动程序右侧的"下载"按钮，开始下载该驱动程序并显示下载进度。

（3）下载完成后，单击"安装"按钮，如图5.30所示，开始安装该驱动程序。

图5.29 下载需要安装的驱动程序

图5.30 单击"安装"按钮

（4）弹出声卡驱动的安装向导对话框，如图5.31所示，单击"下一步"按钮。

（5）根据提示进行操作，安装完毕后，在弹出的对话框中选择"否，稍后重新启动计算机"复选框，单击"完成"按钮，完成声卡驱动的安装，如图5.32所示。

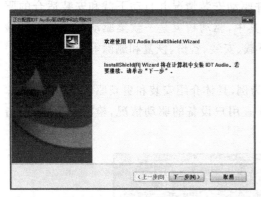

图5.31 单击"下一步"按钮

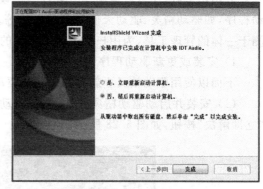

图5.32 单击"完成"按钮

用户可继续参考以上方法安装或更新其他硬件的驱动程序，安装完成后，重新启动计算机。此外，也可在如图5.33所示的界面中同时选中要安装或更新的驱动程序，单击"一键下载"按钮，同时下载选中的驱动并安装。

2）卸载驱动程序

要使用驱动精灵卸载驱动程序，可执行以下操作步骤：

（1）切换到"驱动微调"选项卡，勾选要卸载的驱动程序，单击"卸载驱动"选项，如图5.34所示。此时有可能弹出确认卸载对话框，单击"是"按钮即可。

（2）稍微等待一会，弹出如图5.35所示的提示对话框，单击"重启系统"按钮，重新启动系统，完成所选驱动程序的卸载。

图 5.33　选中要安装的驱动并下载

图 5.34　卸载驱动程序

3）备份驱动程序

如果准备重新安装操作系统，还可以将驱动程序备份，以便在安装上新操作系统后快速恢复驱动程序。下面是使用驱动精灵备份驱动程序的操作方法：

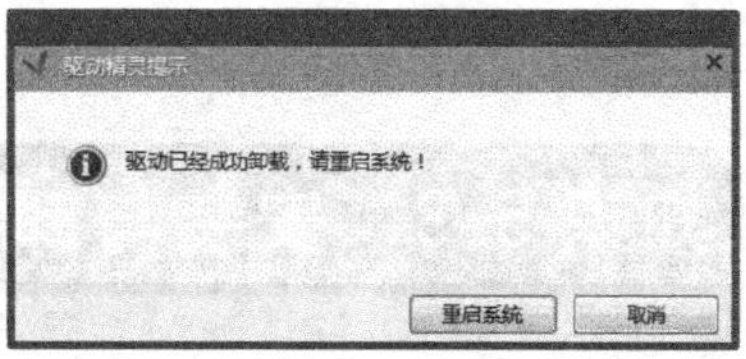

（1）切换到"备份还原"选项卡，如图 5.36 所示，单击界面下方的"路径设置"选项。

图 5.35　卸载完成提示对话框

（2）在弹出的对话框中设置驱动程序备份路径，如图 5.37 所示，为了在重装操作系统后能使用备份的驱动程序，最好将备份路径设置为系统盘之外的磁盘，完成后单击"确定"按钮。

图 5.36　单击界面下方的"路径设置"选项

图 5.37　设置驱动程序备份路径

（3）回到"备份还原"界面后，单击"全选"选项，全选各硬件的驱动程序，然后单击"一键备份"按钮，开始备份各硬件的驱动程序，如图 5.38 所示。也可单击需要备份的驱动程序右侧的"备份"按钮，有选择地备份驱动程序。

（4）备份完成后，弹出提示对话框，单击"确定"按钮即可。

（5）备份驱动程序后，若要还原备份的驱动程序，可在"备份还原"界面中单击要还原的驱动程序右侧的"还原"按钮。

图 5.38　正在备份驱动程序

知识 5.3　安装与卸载常用软件

5.3.1　装机常用的应用软件

表 5.1 列出了工作或娱乐常用到的软件及其说明。我们可以通过购买相应的软件光盘或从网上下载来获取所需软件。

表 5.1　常用的应用软件

软件用途	软件推荐	说　　明
文字处理	Office	使用最为广泛的办公软件,包含多个组件,如编辑文档的 Word、制作电子表格的 Excel 等
压缩/解压缩工具	WinRAR	WinRAR 是目前最好用的压缩/解压缩软件
图像处理	Photoshop	功能最强大的图像处理软件
图像浏览	ACDSee	使用它可以方便地查看、管理电脑中的图像文件
虚拟光驱	Daemon Tools	在系统中模拟出 1 个或多个光驱,用于读取光盘镜像文件
多媒体播放	迅雷看看,暴风影音等	利用迅雷看看、暴风影音等播放本地视频,还可通过它们在线看电影或电视等
杀毒软件	360、诺顿或卡巴斯基	只要电脑上网,便会遇到许多病毒,为避免遭到病毒侵害,安装一个杀毒软件是必需的
下载工具	迅雷(Thunder)或网际快车(FlashGet)等	下载工具可以提高下载文件的速度,而且支持断点续传(即如果发生意外使下载中断,第二次可从中断的地方继续下载)
网络防火墙	瑞星个人防火墙、天网防火墙、360 安全卫士	安装一个网络防火墙能阻挡一些低级黑客的攻击
通信工具	QQ	利用它可方便地与远方的朋友或商业伙伴交流

5.3.2 安装应用软件的通用方法

所有的应用软件必须基于操作系统环境才能正常使用,有些软件必须安装在Windows系统中才能运行。通常将软件安装光盘放入光驱,安装程序会自动运行,之后根据提示操作即可。如果软件安装光盘没有自动运行或软件位于硬盘中,则需要在存放软件的文件夹中找到Setup.exe或Install.exe(也可能是软件名称)等安装图标,双击它进行安装操作。

有过上网经历的用户应该有此体会:从网上下载的许多软件都带有额外的插件,安装过程中一定要留意界面上的提示,最好不要选择这些插件,如图5.39所示。这些插件作用不大,但会占用系统资源,使电脑速度变慢。

此外,当遇到英文界面的软件时,可以从网上下载该软件的汉化包将其汉化。汉化时,先安装原版软件,然后再安装该软件的汉化补丁即可,如图5.40所示为某款软件的原版以及汉化补丁。要注意的是,汉化补丁的安装路径需与原版软件相同。

图 5.39 避免安装额外的插件

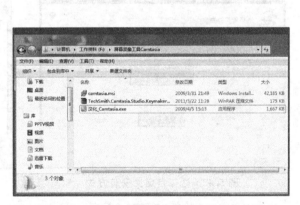

图 5.40 某种应用软件安装程序及汉化补丁

5.3.3 安装常用的应用软件

1. 安装 Office 办公软件

Microsoft Office 是目前最流行的电脑办公软件,下面就以 Mircrosoft Office 2010 为例介绍该软件的安装方法。

(1) 将 Office 2010 安装光盘放入光驱(或通过虚拟光驱软件打开其光盘镜像文件 Office 2010.iso),Office 2010 安装程序会自动运行。也可以浏览光盘,找到其安装目录,如图 5.41 所示。

(2) 在安装目录中找到 Office 2010 的安装程序 Setup.exe,如图 5.42 所示。双击该程序,启动 Office 2010 的安装过程。

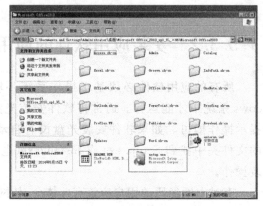

图 5.41　Office 2010 软件的安装目录　　　　图 5.42　找到 Office 2010 的安装程序

（3）在弹出的对话框中选择 Office 2010 的安装方式，如图 5.43 所示。这里建议选择"自定义"模式，因为软件所包含的应用模块很多，我们可以根据需要进行功能定制。

（4）出现 Office 2010 的自定义安装选项，如图 5.44 和图 5.45 所示，我们根据实际的需要作合理的选择。

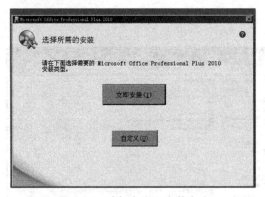
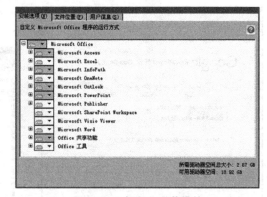

图 5.43　选择自定义安装方式　　　　　　　图 5.44　自定义安装模块

（5）确定软件的安装路径。默认情况下，安装程序会选择系统盘 C 盘进行安装。在这里我们建议大家选择空间较大的 D 盘作为应用程序安装的专用分区，这样以利于数据的维护，节省系统盘 C 盘的空间。如图 5.46 所示。

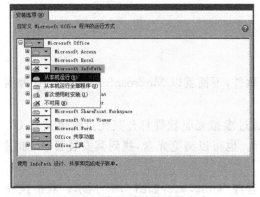
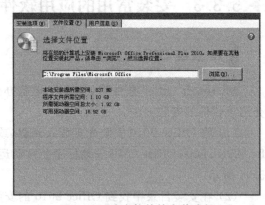

图 5.45　部分功能的安装方式　　　　　　　图 5.46　确定软件的安装路径

(6) 填写与用户相关的信息,如图 5.47 所示。

(7) 开始安装过程,如图 5.48 所示。这一过程大概需要 10 分钟即可完成。

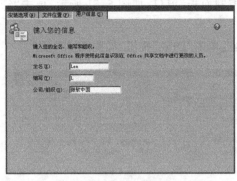

图 5.47 填写与用户相关的信息

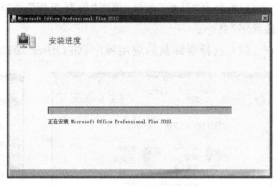

图 5.48 软件的安装过程

2. 安装其他的应用程序

前面我们已经介绍过,所有应用程序的安装存在一些共性,至少安装方法和过程都是类似的,关键在于软件功能的定制过程以及软件的注册。在此,我们不再赘述。

3. 卸载不常用的应用软件

当电脑上安装的软件过多时,系统往往会变得迟缓,所以应该将不常用的应用软件卸载掉,以节省磁盘空间和提高电脑性能。

卸载软件的方法有两种:一种是使用"开始"菜单进行卸载;另一种是使用"添加/删除程序"进行卸载。

1) 使用"开始"菜单卸载软件

大多数应用程序会自带卸载命令,安装好应用程序后,一般可以在"开始"菜单中找到该命令。我们只需执行该卸载命令,然后按照卸载向导中的提示操作即可完成卸载任务。下面介绍卸载 QQ 2013 软件的具体过程。

(1) 打开"开始"菜单,依次单击"所有程序">"腾讯软件">"QQ2013">"卸载腾讯 QQ"选项,如图 5.49 所示。

(2) 在弹出的对话框中单击"是"按钮,开始卸载 QQ 2013,卸载完毕后在弹出的对话框中单击"确定"按钮即可,如图 5.50 所示。

2) 使用"添加/删除程序"卸载应用软件

有些应用程序的卸载命令可能不在"开始"菜单中,此

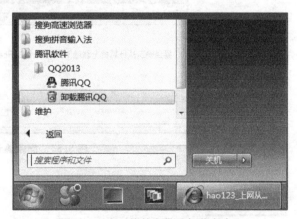

图 5.49 找到软件自带的卸载命令

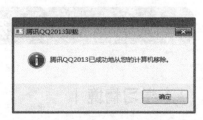

图 5.50 确定卸载 QQ 2013

时可以使用 Windows 7 提供的"添加/删除程序"功能进行卸载。下面以卸载 Office 2010 为例,学习使用"添加/删除程序"卸载应用软件的方法。

(1) 打开"开始"菜单,单击"控制面板",打开"控制面板"窗口,如图 5.51 所示,单击"卸载程序"命令。

(2) 选择要卸载的应用程序,如 Office 2010,然后单击"卸载"按钮,如图 5.52 所示。

图 5.51 "控制面板"窗口

图 5.52 选择要卸载的应用程序

(3) 一般来说,为防止用户误删除,大部分软件还会给出一个确认删除对话框。如图 5.53 所示,如对删除操作无疑义,单击"是"按钮,再根据提示操作即可。

图 5.53 删除确认对话框

项目实施

任务 5.1 安装操作系统

| 学习情境 |

硬盘的初始化工作完成以后,张超同学打算为爱机安装一款操作系统,以方便自己使

用。但面临 Windows XP、Windows 7、Windows 8 以及刚刚推出不久的 Windows 10 等多种版本选择,他感到有些疑惑,到底该为自己的机器安装什么样的操作系统呢?

| 任务分析 |

Windows 系列操作系统自从诞生以来,已经有若干个不同的版本,比如 Windows 95/98、Windows 2000/XP、Windows 2003/2008/2012、Windows 7、Windows 8 以及刚推出不久的 Windows 10 等,它们分别用来满足不同时代、不同用户的需求,当前比较流行的操作系统版本为 Windows XP、Windows 7 和 Windows 8。Windows XP 主要用来满足一些低配机型的系统需求,因为它对硬件的配置要求比较低;而 Windows 7 则可以满足当前大多数新用户的需求;Windiows 8 早已成为大多数笔记本电脑的预装系统,也逐步开始普及。

本任务中,以安装和使用 Windows XP、Windows 7 和 Windows 8 等三种不同的操作系统为例,因为这三种操作系统能够满足不同类型的用户的需求。

| 操作步骤 |

(1) 利用之前制作的 Windows XP 系统启动 U 盘,完成 Windwos XP 操作系统、设备驱动程序及常用应用软件的安装过程。

(2) 利用之前制作的 Windows 7 系统启动 U 盘,完成 Windwos 7 操作系统、设备驱动程序及常用应用软件的安装过程。

(3) 利用之前制作的 Windows 8 系统启动 U 盘,完成 Windwos 8 操作系统、设备驱动程序及常用应用软件的安装过程。

| 任务小结 |

本任务让大家亲自动手完成了 BIOS 设置中的十项基本设置,这也是我们装机之前必须做到的,相信本任务的完成,对大家掌握 BIOS 的基本设置有很大帮助,更多的扩展设置,请大家在使用计算机的过程中积累经验,边学边用。

任务5.2 安装设备驱动程序

| 学习情境 |

张超同学第一次安装操作系统,在装完系统以后,对机器进行了简单的测试,他发现自己的机器声卡不能正常使用,无法发声,他以为是主板的接口出了问题,于是请来专家帮忙把脉。

| 任务分析 |

其实,张超同学遇到的问题在装机过程中算是比较常见的,一般情况下,不要轻易怀疑机器的硬件出了故障,应该本着"先软后硬"的原则查找原因。也就是说,我们应该先检查一下所有的硬件是否正常驱动,如果部分硬件没有正常驱动,是不可能正常工作的,所以建议大家先通过设备管理器或第三方软件查看一下所有硬件的驱动是否正常,如果所有的硬件都驱动正常,那么问题可能出在连线、电源和设置上;如果有硬件没有正常驱动,则应重新安装正确的驱动程序。

操作步骤

(1) 通过设备管理器查看与管理已经安装的驱动程序。查看所有设备前有无异常的标记,如感叹号、问号和叉号。如果有,证明该设备的驱动程序有问题,或存在不兼容的情况;如果没有,则表明设备工作正常。

(2) 使用主板附带的驱动程序光盘安装主板驱动程序。安装主板驱动程序,也就是安装主板芯片组驱动,如果有多个选项需根据说明书选择合适的芯片组驱动。

(3) 使用"驱动精灵"检查、安装和管理和修改设备驱动等。

(4) 使用"驱动精灵",卸载错误的或低版本的设备驱动程序。

(5) 使用"驱动精灵",备份本机所有硬件的设备驱动程序。

任务小结

本任务让大家亲自动手完成了设备工作状态的检查、设备驱动程序的安装与备份,通过本任务的完成,让大家对驱动程序的作用有了清楚的认识,也掌握了设备驱动程序的安装与备份的方法等。

项目总结

项目介绍了主流操作系统、设备驱动程序和常用应用软件的安装方法和注意事项,通过两个具体的任务,让学生亲自体验了计算机系统软件的安装过程。

项目6 计算机系统的备份与恢复

| 知识目标 |

1. 了解利用 Windows 7 系统还原工具进行系统备份与还原的方法。
2. 掌握 Ghost 等软件进行系统数据备份及恢复的操作方法。

| 技能目标 |

1. 能够利用 Windows 7 系统还原工具进行系统备份与还原。
2. 能够利用 Ghost 等软件进行系统备份与恢复。
3. 掌握 Ghost 软件的操作技巧。

| 教学重点 |

1. Windows 7 系统还原工具。
2. Ghost 软件的使用方法。

| 教学难点 |

1. Ghost 软件的操作方法。
2. Ghost 软件的使用技巧。

项目知识

对于经常使用计算机的用户来说,在系统出现问题时重新安装操作系统是非常自然且常用的方法。安装 Windows 操作系统不需要花费多长的时间,但是让系统恢复到日常使用的状态,也就是安装各种程序软件,却是一个长久而且烦琐的过程,所以就要掌握一些快捷的系统备份和还原的方法。快速还原系统提高工作效率，尤其对于维护人员来讲是一个必须掌握的维护技能。

知识 6.1　Windows 7 系统还原工具

电脑的工作离不开操作系统,对于普通用户来讲,操作系统一旦不能正常使用,通常解决的办法就是重装系统,但是随之而来的问题是,之前安装过的软件以及存储在系统分区的文件,就都找不回来了。

Windows 7 操作系统中有个功能叫做系统还原,系统还原能够帮助用户在操作系统出现故障不能稳定运行的时候,将操作系统还原到相对稳定的状态,当然前提是必须开启此功能并设置过备份。这一功能其实和许多 OEM 厂商的一键还原系统至出厂状态相像,但是不会做得那么彻底。

系统还原并不是从 Windows 7 版本开始才有,其最早可以追溯到 Windows ME。Windows 7 的系统还原功能具体介绍如下。

1. Windows7 系统还原的开启与关闭

想要使用 Windows 系统还原功能,就必须保证该功能为激活状态。具体步骤如下。

（1）在桌面上右击"我的电脑",在弹出的快捷菜单中选择"属性"选项,如图 6.1 所示。

图 6.1　选择"属性"选项

（2）在"系统"属性窗口中点击"系统保护"按钮,如图 6.2 所示,即可进入"系统保护"选项卡。

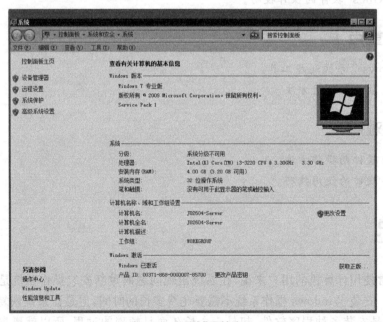

图 6.2　"系统"属性窗口

(3) 在"系统保护"选项卡中,在"保护设置"中单击所要打开的驱动器,如打开驱动器C盘,单击"配置"按钮,进入下一步操作,如图 6.3 所示。

(4) 在"系统保护本地磁盘"对话框中,"还原设置"项选择"还原系统设置和以前版本的文件"单选项,在"磁盘空间使用量"项拖动滑动条调整最大使用量,根据需要进行相应调整,如图 6.4 所示。

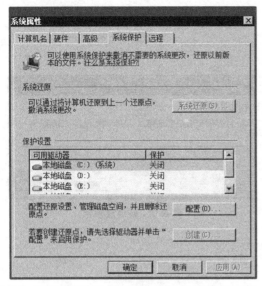

图 6.3 "系统保护"选项卡

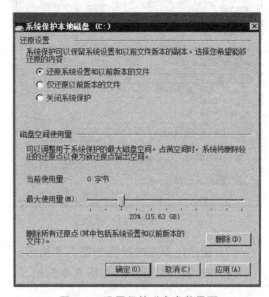

图 6.4 设置保护磁盘参数界面

单击"确定"即可完成打开"系统保护"功能,操作结果如图 6.5 所示。

注:还原设置中,"还原系统设置和以前版本的文件"会将还原点以前的系统设置,例如开机启动项目、电源设置等系统设置一并还原;"仅还原以前版本的文件"可以保留还原点以后的系统设置;"关闭系统保护"即不使用 Windows7 系统还原功能。

在步骤(4)中将"还原设置"项选择"关闭系统保护"即可关闭系统保护,其他操作步骤不变。

2. 还原点的创建

Windows 7 的系统还原功能会不定期地创建系统还原点,用户也可以手动创建系统还原点,具体操作步骤如下。

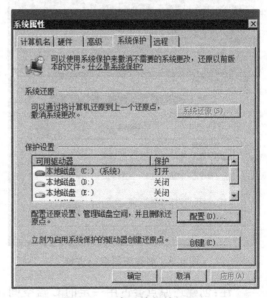

图 6.5 C 盘系统保护打开

(1) 在"系统保护"窗口中单击"创建"按钮,进入下一步操作,如图 6.6 所示。

(2) 在"创建还原点"对话框中输入创建还原点的名称,单击"创建"按钮,即可开始创建还原点,如图 6.7 所示。

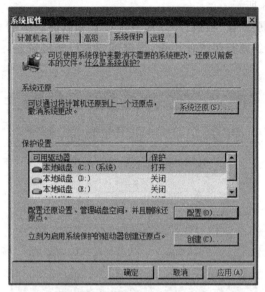

图 6.6 "系统保护"选项卡

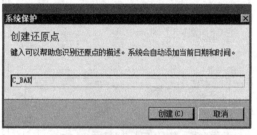

图 6.7 创建还原点

(3) 创建还原点的过程如图 6.8 所示。

(4) 成功创建还原点,如图 6.9 所示。

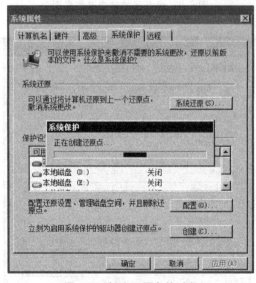

图 6.8 创建还原点的过程

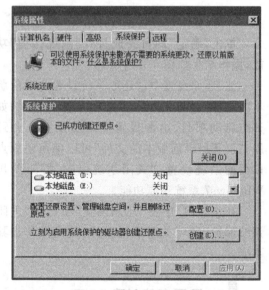

图 6.9 成功创建还原点

注:创建还原点会占用一定的 C 盘空间,建议不定期清理不需要的还原点,只留下最近一次创建的还原点,降低系统分区的空间占用。这一操作可以通过"C 盘右键属性"→"磁盘清理"→"其他选项"→"清理系统还原和卷影复制"完成。

3. 系统还原

Windows 7 提供的系统还原功能,都是基于还原点以及之前设置的备份进行的,了解了怎样开启系统保护之后,我们来看一下,系统还原修复实际的效果怎样。系统还原操作如下。

(1) 在"系统属性"的"系统保护"选项卡中选择"系统还原(S)…"按钮,即可进入系统下一步操作,如图 6.10 所示。

(2) 启动系统还原。系统还原过程第一步如图 6.11 所示,单击"下一步"按钮即可进入下步操作。

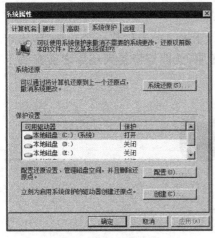

图 6.10 "系统保护"选项卡

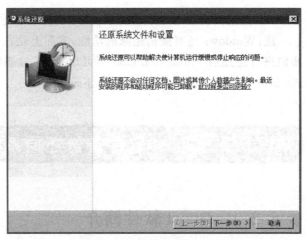

图 6.11 启动系统还原

(3) 选择还原点。进入选择还原点界面,看到了之前创建好的 C_BAK 还原点。在窗口的右下角,有一个"扫描受影响的程序"的选项。选择 C_BAK 还原点,然后单击"扫描受影响的程序"选项,可以看到有哪些程序是需要在还原之后重新安装才能使用的。在当前窗口表格中选择所要还原的还原点,如图 6.12 所示,单击"下一步"按钮,即可进入下一步操作。

(4) 确认还原点。在对话框中选择所要还原的驱动器,单击"完成"按钮,即可进入下一步,如图 6.13 所示。

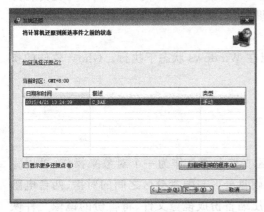

图 6.12 选择还原点

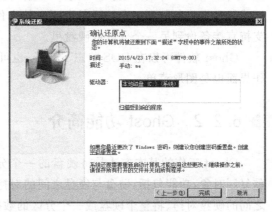

图 6.13 确认还原点

(5) 确认还原。Windows 会让用户确认选择的还原点并弹出警告,告知系统还原过程不能中断。单击"是"之后电脑将重新启动进入还原操作,如图 6.14 所示。

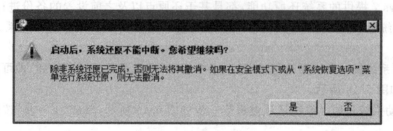

图 6.14　确认还原

(6) 重启后弹出还原成功提示信息,表明系统还原成功。

注:Windows 还有撤销还原的功能,实际上是在进行还原之前先创建一个还原点,比如我们进行还原后 Photoshop CS5 不可用了,通过撤销还原,就能够恢复到还原之前安装了 Photoshop CS5 的状态,操作与进行还原一致。

知识 6.2　Ghost 软件备份还原系统

▶ 6.2.1　Ghost 软件简介

Ghost 是 Symantec(美国赛门铁克)公司开发的系统备份软件。Ghost 是 General Hardware Oriented Software Transfer 的英文缩写,意思是"面向通用型硬件系统传送器"。Ghost 软件的最大作用就是可以轻松地把磁盘上的内容备份到镜像文件中去,也可以快速地把镜像恢复到磁盘,还原一个干净的操作系统。

Ghost 被称为"克隆"软件,说明其 Ghost 的备份还原是以硬盘的扇区为单位进行的,也就是说可以将一个硬盘上的物理信息完整复制,而不仅仅是数据的简单复制。Ghost 能"克隆"系统中所有的内容,包括声音动画图像,连磁盘碎片都可以一并复制。Ghost 支持将分区或硬盘直接备份到一个扩展名为 gho 的文件里(赛门铁克把这种文件称为镜像文件),也支持直接备份到另一个分区或硬盘里。

Ghost 软件可以在 DOS 状态下运行,也可以在 Windows 状态下执行。Ghost 软件的操作界面也是图形菜单。

▶ 6.2.2　Ghost 功能简介

Ghost 工作的基本方法是将硬盘的一个分区或整个硬盘作为一个对象来操作,可以完整复制对象,功能包括:硬盘与硬盘之间的对拷、硬盘分区与硬盘分区之间的对拷、两台电脑之间的硬盘对拷、将整个硬盘或一个分区的数据压缩备份成镜像文件、将备份的镜像文件恢复到硬盘或硬盘的一个分区中、硬盘数据的检测等。

1. Ghost 软件启动

使用带有 Ghost 工具的启动 U 盘或光盘启动,选择 Ghost 启动菜单项,即可出现如图 6.15 所示的界面。

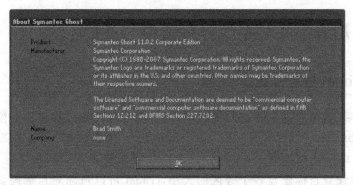

图 6.15　Ghost 启动界面

单击 OK 按钮后,就可以看到 Ghost 的主菜单,如图 6.16 所示。

2. Ghost 菜单介绍

1) 主菜单中各选项的含义

Local:本地操作,对本地计算机的硬盘进行操作。

Peer to peer:通过点对点模式对网络计算机上的硬盘进行操作。

Ghost Cast:通过单播/多播或者广播的方式对网络计算机上的硬盘进行操作。

图 6.16　Ghost 主菜单

Option:使用 Ghost 时的一些选取项,一般使用默认设置即可。

Help:帮助。

Quit:退出 Ghost 软件。

注意:当计算机上没有安装网络协议的驱动时,Peer to Peer 和 Ghost Cast 选项将不可用。

2) Local 二级菜单中各选项的含义

Disk:硬盘操作选项。

Partition:分区操作选项。

Check:镜像完整性检查功能。

3) 硬盘功能分为三种

Disk to Disk:硬盘复制(即从一个硬盘复制到另一个硬盘,又称整盘复制)。

Disk to Image:硬盘备份(即将硬盘的整盘数据备份压缩成镜像文件)。

Disk from Image:备份还原(即选择一个镜像文件来恢复整盘数据)。

4) partition 磁盘分区功能选项

Partition to Partition:复制分区(即将一个分区的内容完整地复制到另一分区中)。

Partition to Image:备份分区(即将一个分区的内容备份压缩成镜像文件)。

Partition from Image：还原分区（即选择一个镜像文件来恢复分区数据）。

5) Check

Check Image：当镜像文件有损坏时用来检测和修复。

Check Disk：当硬盘出现错误时用来检测和修复。

6.2.3 用 Ghost 对系统进行备份与还原

1. 用 Ghost 进行硬盘的"克隆"

硬盘的"克隆"就是对整个硬盘的复制，将一块硬盘上面的数据整体克隆到另外一块硬盘上。执行 Ghost.exe 文件，在显示出 Ghost 主画面后，选择菜单 Local→Disk→To Disk 命令，在弹出的窗口中选择源硬盘（第一个硬盘），然后选择要复制到的目标硬盘（第二个硬盘）。注意：可以设置目标硬盘各个分区的大小，Ghost 可以自动对目标硬盘按设定的分区数值进行分区和格式化。选择 Yes 开始执行。

Ghost 能将目标硬盘复制得与源硬盘几乎完全一样，并实现分区、格式化、复制系统和文件一步完成。只是要注意目标硬盘不能太小，必须能将源硬盘的数据内容装下。

Ghost 还可将整个硬盘的数据备份成一个文件保存在另一个硬盘上，选择菜单 Local→Disk→To Image 命令。

在需要对整块硬盘进行恢复时，利用 Ghost 硬盘还原功能进行操作，选择菜单 Local→Disk→From Image 命令。

由于 Ghost 对硬盘进行复制、备份、还原等功能主要用于数量较多的计算机维护中，个人用户使用较少，因此在这里不再详细说明。

2. 用 Ghost 进行分区备份

当我们要对系统进行备份时，就是利用 Ghost 分区备份功能，将系统分区（例如 C 盘）和软件分区（例如 D 盘）进行备份。在我们把系统及软件安装完毕后，做好所有配置工作，就可以利用 Ghost 对系统进行备份了，具体的操作如下。

（1）选择备份源盘。在 Ghost 主界面选择 Local→Partition→To Image 命令，屏幕显示出硬盘选择界面，请根据需要选择所需要备份的硬盘即源盘，如果只有一块硬盘按回车键即可，然后选择需备份的分区，如图 6.17 所示。

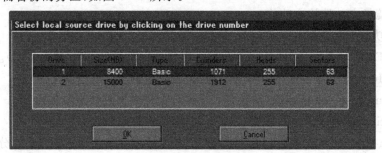

图 6.17 源硬盘选择

(2) 选择备份分区。如图 6.18 所示,根据需要选择所要备份的分区,在这里可选择多个分区,如果只备份系统,那就只选择第一个分区。

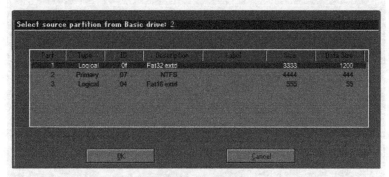

图 6.18 分区选择

(3) 选择存储位置和输入备份文件名称。如图 6.19 和图 6.20 所示,选择相应的目标盘和输入镜像文件名,默认扩展名为 GHO。此例中,存放的磁盘为 F 盘,文件名称为 winxp。

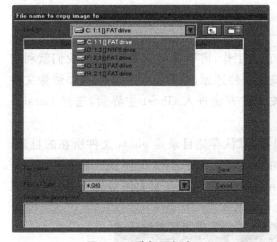

图 6.19 选择目标盘

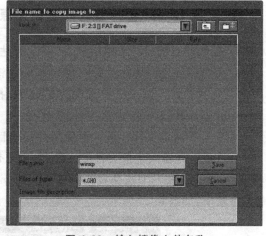

图 6.20 输入镜像文件名称

(4) 确认是否压缩镜像文件。在确认压缩映像文件的对话框中进行选择:No(不压缩)、Fast(低压缩比,速度较快)、High(高压缩比,速度较慢),如图 6.21 所示,在此操作过程中,如果备份目标盘空间不足,建议采用压缩。选择后,在确认的对话框中选择 Yes 后,Ghost 将开始生成映像文件。

图 6.21 确认是否压缩

(5) 镜像文件生成过程界面如图 6.22 所示。备份的速度与 CPU 主频、内存的大小以及硬盘数据传输速率有很大的关系。等进度条达到 100%,就表示备份制作完毕了,可以直接按机箱的重启按钮或 Ctrl+Alt+Del 组合键重启,而不用退出 Ghost 系统。

注:在备份过程,如果目标盘空间不足,可将镜像文件存储在多个分区。

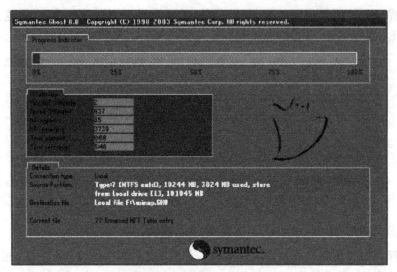

图6.22 正在进行备份操作

3. 用 Ghost 进行分区备份的还原

当我们的系统崩溃或感染病毒,系统无法正确工作,需要重新安装系统时,我们就利用 Ghost 分区备份还原功能对系统将制作好的镜像文件还原,这样又能恢复到制作镜像文件时的系统状态。下面介绍镜像文件的还原,按上述方法进入 Ghost 主界面,选择 Local→Partition→From Image 命令,具体操作如下。

(1) 选择镜像文件。进入镜像文件存储目录,默认存储目录是 ghost 文件所在的目录,在 File name 处输入镜像文件的文件名,也可带路径输入文件名(此时要保证输入的路径是存在的,否则会提示非法路径),如输入 F:\winxp.gho,表示将镜像文件 winxp.gho 保存到 F:\目录下,如图 6.23 所示。

图6.23 选择镜像文件

（2）选择源文件分区。由于一个镜像文件中可能含有多个分区，所以需要选择分区，如图 6.24 所示。

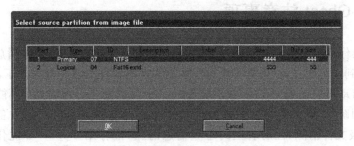

图 6.24　选择源文件分区

（3）选择目标硬盘。由于计算机上有可能安装了多块硬盘，因此需要对目标硬盘进行选择，如图 6.25 所示。

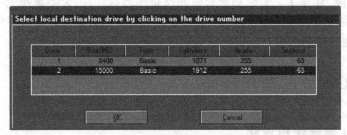

图 6.25　选择目标硬盘

（4）选择目标分区。选择将还原到哪个分区，在此要正确地选择目标分区，若选择错误有可能造成其他分区数据丢失或造成系统损坏，如图 6.26 所示。

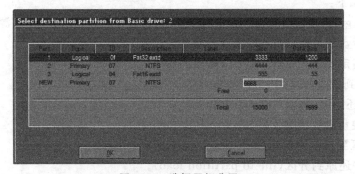

图 6.26　选择目标分区

（5）确认还原分区。如图 6.27 所示，给出提示信息，单击 Yes 确定，就进行系统恢复。

图 6.27　确认还原分区

同样,可以用上面的方法对其他文件进行备份及恢复,这里不再一一赘述。

6.2.4 Ghost 注意事项

(1) 完成操作系统及各种驱动的安装后,将常用的软件(如杀毒、媒体播放软件、Office 办公软件等)安装到系统所在盘,接着安装操作系统和常用软件的各种升级补丁,然后优化系统,最后就可以用启动盘启动到 DOS 下做系统盘的备份了,注意备份盘的大小不能小于系统盘。

(2) 如果因疏忽,在装好系统一段时间后才想起要备份,那也没关系,备份前最好先将系统盘里的垃圾文件清除,注册表里的垃圾信息清除(推荐用 Windows 优化大师),然后整理系统盘磁盘碎片,整理完成后到 DOS 下进行克隆备份。

(3) 什么情况下该恢复"克隆"备份?当感觉系统运行缓慢时(此时多半是由于经常安装卸载软件,残留或误删了一些文件,导致系统紊乱)、系统崩溃时、中了比较难杀除的病毒时,就要进行"克隆"还原了。有时如果长时间没整理磁盘碎片,又不想花上半个小时甚至更长时间整理时,也可以直接恢复克隆备份,这样比单纯整理磁盘碎片效果要好得多。

(4) 最后,在备份还原时一定要注意选对目标硬盘或分区。

6.2.5 Ghost 的使用技巧

1. Ghost 参数使用说明

在 DOS 系统下运行 Ghost 软件时,可在 Ghost.exe 命令后加上相应的参数,这样不用进入 Ghost 界面就可以进行具体操作,在实际的维护过程中,可大大提高我们的工作效率。具体命令格式如下:

ghost.exe(ghost 命令)-clone(固定参数),mode=(操作模式)src=(源盘或源镜像文件),dst=(目标盘或目标文件)-以及其他参数

1) mode 指定要使用哪种 clone 所提供的命令

copy:硬盘到硬盘的复制(disk to disk copy)。

load:文件还原到硬盘(file to disk load)。

dump:将硬盘做成镜像文件(disk to file dump)。

pcopy:分区到分区的复制(partition to partition copy)。

pload:文件还原到分区(file to partition load)。

pdump:分区备份成镜像文件(partition to file dump)。

2) 其他参数

-fxo:当源硬件出现坏块时,强迫复制继续进行。

-fx:当 Ghost 完成新系统的工作后不显示"press ctrl-alt-del to reboot"直接回到 Dos 下。

-ia:完全执行扇区到扇区的复制。当由一个镜像文件或由另一个硬盘为来源,复制一个分区时,Ghost 预设是首先检查来源分区,再决定是要复制文件和目录结构还是要做映像复制(扇区到扇区)。但是有的时候,硬盘里特定的位置可能会放一些隐藏的与系统安全有关的文件,只有用扇区到扇区复制的方法才能正确复制。

-pwd and-pwd=x:给镜像文件加密。

-rb：在还原或复制完成以后，让系统重新启动。

-sure：可以和 clone 合用。Ghost 不会显示"proceed with disk clone-destination drive will be overwritten?"提示信息直接操作。

2. 几个具体应用

（1）硬盘对拷：

ghost.exe － clone,mode＝copy,src＝1,dst＝2-sure

（2）将一号硬盘的第二个分区复制到二号硬盘的第一个分区：

ghost.exe － clone,mode＝pcopy,src＝1：2,dst＝2：1-sure

（3）将一号硬盘的第二个分区做成镜像文件放到 g 分区中：

ghost.exe － clone,mode＝pdump,src＝1：2,dst＝g:\bac.gho

（4）从内部存有两个分区的镜像文件中，把第二个分区还原到硬盘的第二个分区：

ghost.exe － clone,mode＝pload,src＝g：bac.gho：2,dst＝1：2

（5）用 g 盘的 bac.gho 文件还原 c 盘，完成后不显示任何信息，直接启动：

ghost.exe － clone,mode＝pload,src＝g：bac.gho,dst＝1：1-fx-sure-rb

3. 巧用 Ghost 进行快速分区格式化

现在主流的硬盘容量比较大，重装系统，每次都为分区、格式化而苦恼，工作甚是烦琐。

其实利用 Ghost 这个软件就可以实现快速分区格式化。首先，找一块硬盘，最好是小一点的，接在机器上，根据需要对这块硬盘进行分区、格式化，切记在这块硬盘上不要存储任何文件。然后，用系统盘启动机器，在 Dos 状态下运行 Ghost，选择"local→disk→to image"，将这个刚分区格式化的硬盘镜像成一个文件。由于这个硬盘内没有文件，所以所形成的镜像文件非常小，可以将 Ghos.exe 件与这个镜像文件存储在 U 盘启动盘上。下次哪个硬盘要分区、格式化，可以用这张 U 盘启动机器，运行 Ghost，选择"local→disk→from image"，然后选择 U 盘上的镜像文件，选择目标硬盘，然后在"destination driver details"窗口下的"new size"框中手动调整各个分区的容量（也可以不管它，直接用默认的容量分配），单击 ok 按钮，再单击 yes 按钮，只需几秒钟，一个大硬盘就完成了分区、格式化。

项目实施

任务 6.1　Windows 7 系统还原工具

│学习情境│

张超的同学刘宇欣安装的是 Windows 7 系统，她听说 Windows 7 系统功能强大，自身可以完成系统的备份还原操作，但不知道如何操作，她来请教张超同学，希望能指导她如何利用 Windows 7 系统还原工具完成系统备份和还原工作。

|任务分析|

Windows 7 的系统还原功能是我们计算机维护人员需要了解的一个系统功能。Windows XP、Windows 7 都具有系统还原功能，我们可以利用这一功能完成系统备份、还原操作。

|任务实施|

(1) 进入系统备份与还原功能。方法是依次选择"开始"→"控制面板"→"备份您的计算机"→"系统和安全"命令，进入系统备份界面，如图 6.28 所示。

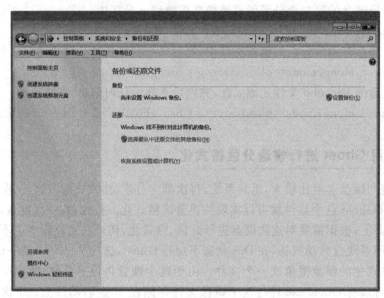

图 6.28 系统备份界面

(2) 创建系统映像。单击系统备份界面"创建系统映像"即可开始创建，方法为依次选择"保存位置"→"选择备份的分区"→"开始备份"命令，如图 6.29 所示。

(3) 系统还原。打开系统还原界面按第(1)步方法操作。系统还原操作过程为选择"还原文件"→"还原分区"→"还原"。

图 6.29 创建系统映像

| 任务小结 |

通过利用 Windows 7 的系统工具进行系统备份还原,不难看出操作系统具有强大的系统维护功能,我们要充分利用这些功能进行系统维护,提高我们的工作效率。

| 拓展知识 |

在此任务中,我们利用 Windows 7 的系统工具进行系统备份还原,方便了我们的系统维护工作,提高了工作效率。但在系统还原前,要对还原盘的有用数据进行备份,以防造成数据丢失。

任务 6.2 利用一键还原精灵软件备份与恢复系统

| 学习情境 |

一天,张超同学接到父亲打来的电话,说家里计算机系统感染了病毒,速度非常慢,并且很多软件都不能正常使用,非常着急,不知道怎么办才好。所以打电话来让张超周末回家重新安装系统。

| 任务分析 |

感染病毒后的系统维护是大部分计算机用户存在的共同问题,因为普通计算机用户并不懂得如何去进行系统维护,如何去安装系统。我们可以采用一个简单的系统维护方法,比如使用一键还原精灵软件就可以实现普通用户安装系统。

| 任务实施 |

(1)利用网络条件,在"一键还原精灵"官方网站直接下载一键还原精灵软件的新版本,网址为 http://www.yjhyjl.com.cn。本任务以 6.6 版本为例进行介绍。

(2)安装好一键还原精灵后,在系统启动时,按相关提示信息按 F11 键一键还原精灵主界面,如图 6.30 所示。在安装好一键还原精灵后第一次进入,会自动进行系统备份(备份 C 盘,即软件默认系统盘为 C 盘)。

(3)系统备份。如果系统没有备份,一键还原精灵主界面"还原系统"按钮为灰色,如图 6.30 所示,单击"备份系统"按钮,即可进入系统备份。当然在备份系统之前要保证系统运行正常以及所需的软件已安装。

(4)系统还原。进入一键还原精灵主界面,单击"还原系统"按钮,如图 6.31 所示,即可进入系统还原,系统还原界面如图 6.32 所示。

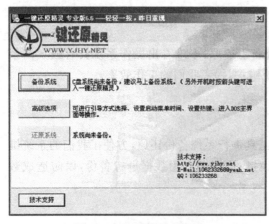

图 6.30　还原精灵主界面　　　　　　　图 6.31　系统还原

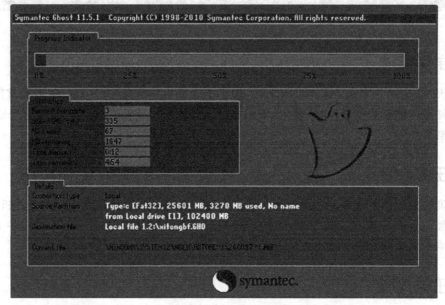

图 6.32　系统正在还原

任务小结

我们可以充分利用一些工具软件进行系统维护,简化计算机维护工作,使一些普通用户也可以轻松地完成自己的系统维护。例如,当计算机出现故障的时候,我们可以借助一键还原精灵一键还原系统;当计算机刚装完系统的时候,我们可以借助一键还原精灵实现一键备份系统操作。操作简单方便,即使是没有专业电脑技术的用户也可以完成。

拓展知识

在一键还原精灵官方网站 http://www.yjhyjl.com 上,有新的 U 深度一键还原精灵的相关安装、使用以及详细的操作说明,供大家课后访问学习。

| 项目自测 |

一、单项选择题

1. 下列( )操作对于一般用户来讲还原系统最简单。
　　A. 一键还原精灵　　B. Ghost　　C. 系统工具　　D. 重新安装系统

2. Ghost系统分区备份,利用的Ghost( )功能。
　　A. Partition To Partition
　　B. Partition To Image
　　C. Partition From Image
　　D. Disk To Image

3. "ghost.exe‐clone,mode＝pcopy,src＝1∶2,dst＝2∶1‐sure"命令中,参数pcopy代表( )。
　　A. 分区备份　　B. 分区拷贝　　C. 分区还原　　D. 硬盘还原

4. "ghost.exe‐clone,mode＝pcopy,src＝1∶2,dst＝2∶1‐sure"命令中,参数src＝1∶2中1∶2代表( )。
　　A. 第一硬盘的第二分区　　B. 第一分区中的第二部分

5. Ghost软件可以同时( )分区。
　　A. 1个　　B. 2个　　C. 3个　　D. 多个

二、多项选择题

1. Ghost软件的功能有( )。
　　A. Partition To Partition
　　B. Disk To Disk
　　C. Partition To Disk
　　D. Partition To Image

2. Ghost软件镜像文件类型有( )。
　　A. gho　　B. img　　C. RAR　　D. ISO

3. Ghost软件分区功能有( )。
　　A. Partition To Partition
　　B. Partition To Image
　　C. Partition From Image
　　D. Partition From Image

4. Ghost软件硬盘功能有( )。
　　A. Disk To Disk
　　B. Disk To Image
　　C. Disk From Image
　　D. Disk To Partition

5. 一键还原精灵在安装与使用过程中,涉及了( )软件。
　　A. Ghost　　B. PQ　　C. Fdisk　　D. DiskMan

三、判断题

1. 在系统崩溃后,我们再对系统备份以后还原即可。( )
2. 系统还原之前,可以不对还原分区新增的数据进行备份。( )
3. Windows XP系统具有系统备份还原功能。( )
4. Windows 7系统崩溃后,可以使用系统工具进行系统还原。( )
5. Ghost软件可以对多个分区同时进行备份。( )

四、思考题
1. 系统备份还原工具有哪些？
2. Ghost 的功能有哪些？
3. 系统备份还原工具有哪些？
4. Windows Server 2008 有系统还原工具吗？
5. Windows 7 系统可以同时备份多个分区吗？

项目7 计算机的性能测试与优化

| 知识目标 |

1. 了解计算机性能测试的方法与工具。
2. 掌握对计算机软件系统优化的方法与技巧。
3. 认识数据备份的重要性,掌握如何进行数据备份与恢复。

| 技能目标 |

1. 能够使用软件工具对计算机硬件性能参数进行测试。
2. 能够对系统进行手工优化或使用工具软件优化。
3. 能够合理地对数据进行备份,并能够利用常用的数据恢复软件找回丢失或误删除的数据。

| 教学重点 |

1. 计算机性能测试的方法与工具。
2. 系统优化。
3. 数据备份与恢复。

| 教学难点 |

1. 软件系统的优化。
2. 数据备份与恢复。

项目知识

一台计算机组装完毕并安装好操作系统和应用软件后,用户最关心的是这台计算机的各个硬件是什么型号,各部件或整体能发挥多大的作用、性能如何。如果只是一般性地了解计算机的性能是否满足要求,则可以使用常用的软件来测试。若要精确了解,则需要用一些专门的测试软件对各部件或整机进行全方位的测试。

知识 7.1 计算机硬件检测与性能测试

对计算机性能测试的方法分为常用应用软件测试方法和专用测试工具检测的方法。

▶ 7.1.1 常用应用软件测试计算机

一般来说,计算机性能测试方法可分为几类:游戏测试、播放视频测试、图形图像处理测试、复制测试、压缩测试、网络性能测试等。这些测试基本上包括了对计算机整体性能的测试。

1. 游戏测试法

对于每位计算机用户来讲游戏是计算机的主要功能之一,而游戏测试法可以对计算机性能进行综合测试,包括 CPU、内存、显卡、硬盘的数据处理能力,鼠标、键盘的灵敏度,声卡和音箱的音效,以及显示器的显示效果等进行全方位测试,其表现效果可使用户一目了然。大家可选择几款大型的游戏软件对计算机性能进行测试,例如魔兽争霸、极品飞车、古墓丽影、CS、虚幻竞技场等。

2. 图形图像处理法

一般可选择常用的图形图像处理软件来进行测试,如 3D MAX、AutoCAD、Photoshop、MAYA 等。通过运行这些软件打开一些图片处理,查看显示效果,利用 AutoCAD 建模与 3D MAX 渲染来测试计算机的处理能力。

3. 视频播放测试法

建议选择常用的播放器和比较熟悉的视频或电影,这样可以不用和其他计算机对比就能分辨出自己计算机的优劣。测试时应注意播放是否正常、画面的鲜艳程度、高速显示器的亮度后的画面变化情况、视频画面的清晰程序等。

4. 复制文件测试法

复制文件测试比较简单,应该尽量选择在一些的文件拷贝,用户可以选择拷贝 VCD 或 DVD。压缩测试可以使用我们常用的 WinZip 或 WinRAR 来压缩大的一些的文件;也可以通过压缩 VCD、DVD 来测试计算机,选择我们常用的超级解霸软件来测试。这些测试主要是看速度。

5. 网络测试法

网络性能测试相对比较简单,主要检测网络是否能够正常连接以及联网速度是否正常。

▶ 7.1.2 常用工具软件检测计算机

1. 测试软件的优势

(1)了解硬件性能的表现。虽然用户平常在使用计算机时能够通过使用操作系统、应用软件、游戏等来"感性认识"整台计算机的"快慢",不过这些测试只是感觉,不能真正说明问题。如果通过测试软件进行系统测试,我们便能够得到更科学详细的数据,了解整机及各配件的性能参数。

(2)可以识别硬件的真伪。我们在采购硬件时,经常会提到"识假打假"。虽说硬件高手们能通过自己的眼睛和经验识别鉴别真伪,可大部分用户并不是硬件高手,我们不可能要求用户都凭一双肉眼来识别所有的部件。测试软件具有"慧眼",只要运行测试软件,它就会实实在在的告诉我们该硬件的好坏。

(3)确定系统瓶颈,合理配置计算机。计算机是由一个个配件组成,计算机的整体性能依靠所有硬件的共同性能的发挥,不是由某一部件独立"撑"起。一台配置合理的计算机,必须要考虑性能的均衡性,然后根据用户的实际需求来向某方面倾斜。测试软件能将系统各部件的性能都用数据的形式展现给用户,用户能够找到计算机的系统瓶颈,借此对部件进行调整,使其配置更加合理。

2. 测试软件的使用

1) 通过操作系统了解计算机硬件信息

一台能够正常使用的 Windows 7 操作系统计算机,不借助于其他工具,也可以查看到这台计算机硬件的大致信息,方法如下。

(1) CPU 和内存信息查看。在桌面上右击"我的电脑",在弹出的快捷菜单中选择"属性"选项,如图 7.1 所示。也可以在"控制面板"中双击"系统"图标打开。在弹出的"系统"对话框中,即可看到 CPU 和内存的基本信息,如图 7.2 所示。从图中可以看出,这台计算机的 CPU 是 Intel(R) Core(TM) i3-3220 双核 3.3GHz,内存大小为 4GB。

(2) 显卡和显示器的信息。在桌面的空白处右击,在弹出的快捷菜单中选择"屏幕分辨率"对话框中可看到显示器的相关信息如图 7.3 所示。在弹出的"屏幕分辨"对话框中选择"高级设置"按钮,"适配器"选项卡中可看到显卡相关信息,如图 7.4 所示。

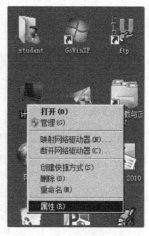

图 7.1 选择"属性"选项

图 7.2 CPU 和内存基本信息

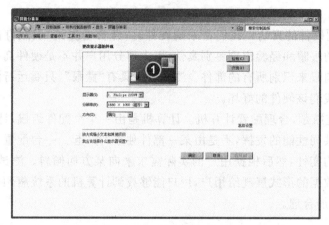

图 7.3 显示器信息界面

图 7.4 显卡信息界面

(3) 其他硬件的信息。在桌面上右击"我的电脑",在弹出的快捷菜单中选择"属性"选项,如图7.1所示。也可以在"控制面板"中双击"系统"图标打开。在弹出的"系统"对话框中,选择"设备管理器"按钮。在弹出的"设备管理器"窗口中,可以看到系统中所有硬件的相关信息,如图7.5所示。

图7.5 "设备管理器"窗口

2) 硬件单项测试

(1) CPU-Z 软件。CPU-Z 是一款家喻户晓的 CPU 测试软件,它支持的 CPU 种类相当全面,软件的启动速度及检测速度都很快。另外,它还可以检测主板和内存的相关信息,包括我们常用的内存双通道检测。该软件可以到网上下载,是绿色软件,分为32位与64位的两种,根据操作系统进行选择。CPU-Z 的界面如图7.6所示。

图7.6 CPU-Z 界面

通过图 7.6 显示的信息，我们可以知道 CPU 的型号、额定工作频率、代号等。当选择"缓存"选项卡时，还可以给出高速缓存的相关信息，如图 7.7 所示。

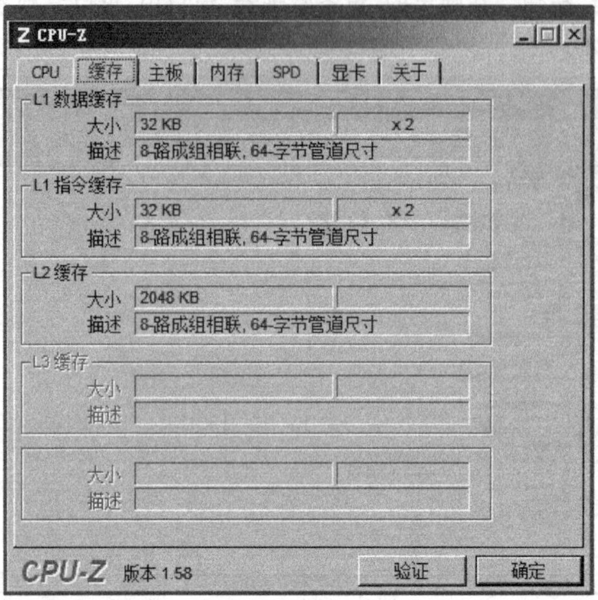

图 7.7　CPU-Z 关于缓存的信息

（2）MaxxMEN2 内存测试软件。MaxxMEM2 是一款内存性能测试工具，测试内存的读写等性能。下载解压即可使用，不需安装。其运行界面如图 7.8 所示，单击 Start benchmark 按钮即可完成对内存的测试，测试结果如图 7.9 所示。

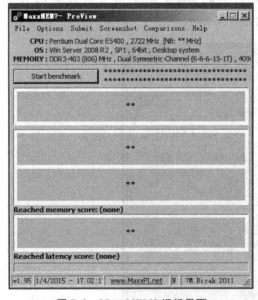

图 7.8　MaxxMEM2 运行界面

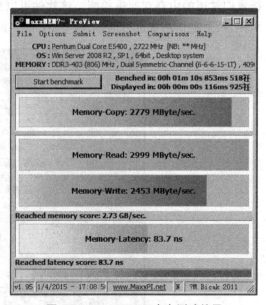

图 7.9　MaxxMEM2 内存测试结果

（3）HD Tach 硬盘测试工具。HD Tach 是一款专门针对磁盘底层性能的测试软件，它主要通过分段拷贝不同容量的数据到硬盘进行测试，可以测试硬盘的连续数据传输率、随机存取时间及突发数据传输率,它使用的场合并不仅仅只是针对硬盘,还可以用于软驱、ZIP 驱动器测试。HD Tach 运行界面如图 7.10 所示,单击"开始测试"按钮开始测试,测试结果如图 7.11 所示。

图 7.10　HD Tach 运行界面

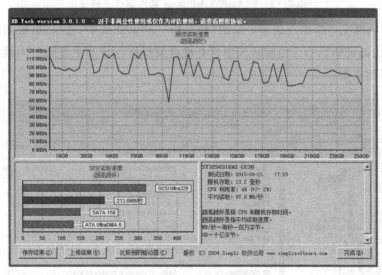

图 7.11　HD Tach 测试结果

3) EVEREST 综合测试软件

EVEREST 是一款全能型的检查、测试软件(原名 AIDA32),是一个测试软硬件系统信息的工具(硬件检测工具 everest),EVEREST Ultimate 可以详细地显示出计算机每一个方面的信息。支持上千种(3400+)主板,支持上百种(360+)显卡,支持对并口/串口/USB 这些 PNP 设备的检测,支持对各式各样的处理器的侦测。目前 Everest Home 已经能支持包括中文在内的 30 种语言,让你轻松使用。而且经过几次大的更新,现在的 Everest 已经具备了一定的硬件测试能力,使用户对自己电脑的性能有个直观的认识。

(1) 运行 EVEREST Ultimate 软件,运行界面如图 7.12 所示。

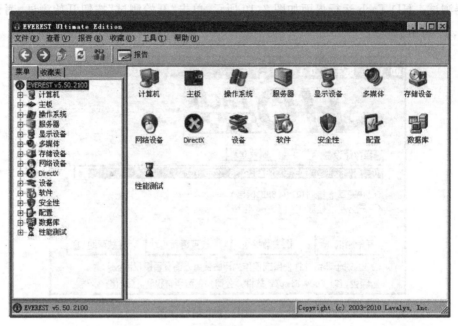

图 7.12　EVEREST Ultimate 软件运行主界面

(2) 计算机概况。单击左边窗口中的"计算机"→"系统摘要"选项,出现如图 7.13 所示界面,即在右边的窗格显示了当前系统中所有硬件及操作系统的主要信息和状态,有助于用户快速了解系统概况。

图 7.13　EVEREST Ultimate 检测计算机系统概况

(3) 检测 CPU。在左边窗口中选择"主板"→"中央处理器(CPU)"选项,则在右边窗口中显示了 CPU 的相关信息,如图 7.14 所示。

项目7 计算机的性能测试与优化

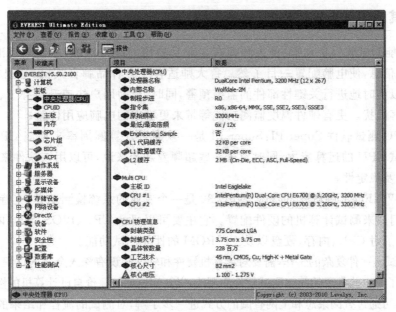

图 7.14　EVEREST Ultimate 检测到 CPU 的状况

（4）性能测试。此功能可对内存、CPU 等进行性能测试。在左边窗口中选择"性能测试"→"内存读取"选项，则在右边窗口中显示了内存读取的测试结果，并且还能看到计算机的 CPU 有没有被超频，如图 7.15 所示。

图 7.15　EVEREST Ultimate 软件内存读取测试结果

EVEREST Ultimate 软件功能强大，它可以检测操作系统、服务器、显示器、网络设备等，这里不再一一阐述。

3. 其他测试工具软件

(1) 全能测试软件鲁大师：鲁大师拥有专业且易用的硬件检测，不仅超级准确，而且提供中文厂商信息，使电脑配置一目了然。鲁大师适合于各种品牌台式机、笔记本电脑、DIY兼容机，可以实时地进行关键性部件的监控预警，同时，帮助用户快速升级补丁、安全修复漏洞、远离黑客困扰。更有硬件温度监测功能等带来更稳定的电脑应用体验。

(2) CPU 测试软件 Super PI：Super PI 是一款通过计算圆周率来检测 CPU 性能的工具，一般测试 CPU 的运算能力，同时对于一些超频爱好者来说，可以用该软件来检测系统超频后的效果及稳定性。

(3) HWiNFO32 测试软件：HWiNFO 32 是一个专业的系统检测工具，支持最新的技术和标准，专门用来测试计算机的硬件配置。它主要可以显示 CPU、BIOS 版本、内存等信息。另外还提供了对 CPU、内存、硬盘以及 CD-ROM 的性能测试功能。

硬件测试是一件复杂的工作，需要对计算机硬件和软件知识有深入全面的认识与了解，普通用户只需要了解一些常用的简单测试软件的用法，以及知道如何评价自己计算机的性能即可。若想深入学习，可通过查阅杂志和上网查阅的方式进一步了解，对测试的流程和结果的分析有进一步的认识，从而提高自己对硬件的分析和评测能力，成为一个真正的计算机硬件测试高手。

知识 7.2　系统优化

计算机运行一段时间后速度往往会越来越慢，由于系统的垃圾文件会越来越多，甚至有时还会出现程序间的冲突，为使计算机保持良好的运行状态，我们需要对计算机进行日常的软件维护与优化。

在对计算机的软件进行日常维护与系统优化时，可采用手工和工具软件两种方式。

▶ 7.2.1　手工软件维护与系统优化

手工软件维护与系统优化主要采用手工的方式进行系统垃圾的清理、系统设置等操作提升计算机的运行速度，使计算机保持良好的运行状态。手工优化的优点在于自己亲自动手操作，若误操作可自行恢复，工具软件优化则不同，执行某一命令后就自动执行，不便于查找错误。

1. 磁盘优化

对磁盘进行优化，即系统瘦身，清除系统不必要的程序与文件，为磁盘提供足够的运行空间，同时使文件存放有序，从而提高计算机的运行速度。

1) 删除不必要的文档和清空回收站

(1) 在系统目录 C:\Windows 中，有一些不必要的文档如 *.tmp、*.bak、*.log、*.old、*.txt 甚至是作为桌面背景的 *.bmp 文件，都可以删除。

(2) 删除系统目录 Windows\Temp 文件夹下的文件，此文件属于临时文件夹，其目录下所有文件都可以删除,如图7.16所示。

图7.16 Temp临时文件夹可清除文件

(3) 清空回收站。右击"回收站",在弹出的右键菜单中,单击"清空回收站(B)"选项即可,如图7.17所示。

(4) "我的文档"数据的清理。大家习惯于将数据或文件保存在我的文档里,随着时间的增长,文件越来越多,占用磁盘空间越来越大。"我的文档"默认状态下是在系统分区下,随着存放文件的增多,会导致系统越来越慢,因此清理"我的文档"或转移我的文档是非常有必要的。"我的文档"转移方法,打开"我的文档"右键菜单,选择"属性"菜单选项,然后选择"位置"选项卡,单击"转移"按钮,在弹出的窗口中选择所转移到的路径即可。具体操作如图7.18~20所示。

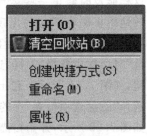

图7.17 清空回收站

图7.18 "我的文档"右键菜单

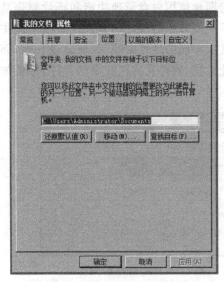

图7.19 "我的文档"位置选项卡

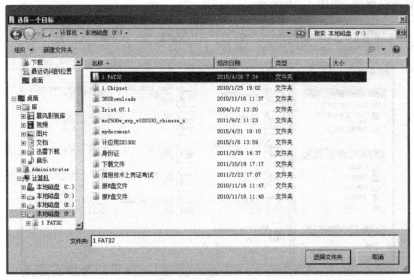

图 7.20 "我的文档"转移路径

2）定期对磁盘进行扫描

要养成定期在 Windows 下进行磁盘扫描的习惯，这样能及时修正一些运行时产生的错误，进而可以有效地防止磁盘坏道的出现。打开"我的电脑"，右击想要扫描的磁盘，选择"属性"菜单项，在出现的磁盘"属性"对话框中选择"工具"选项卡，再单击"开始检查"按钮，如图 7.21 所示。在出现的"检查磁盘"对话框中，选择"磁盘选项检查"中的复选框后，单击"开始"按钮，如图 7.22 所示，开始扫描磁盘。

3）磁盘清理和碎片整理

定期地使用磁盘清理功能和碎片整理功能是一个维持系统高效率的很好的方式。磁盘清理主要是扫描各分区上存在的垃圾文件，保证磁盘空间；而碎片整理可以让系统、软件文件存放更加有序，都更加高效率的运行。

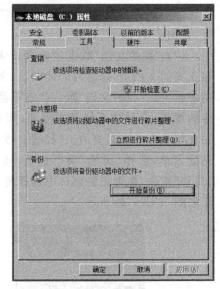

图 7.21 "属性"对话框

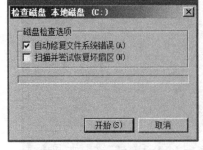

图 7.22 "检查磁盘"对话框

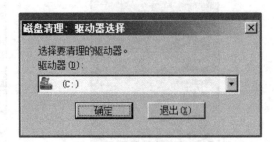

图 7.23 磁盘清理对话框

(1) 磁盘清理。磁盘清理是清理磁盘上不必要的数据或文件,释放磁盘空间。方法是依次选择"开始"→"程序"→"附件"→"系统工具"→"磁盘清理",便会出现如图 7.23 所示窗口;选择所要清理的驱动器单击"确定",单击"确定"便出现如图 7.24 所示对话框;勾选所要清理的复选项,单击"确定"即进行磁盘清理,如图 7.25 所示。

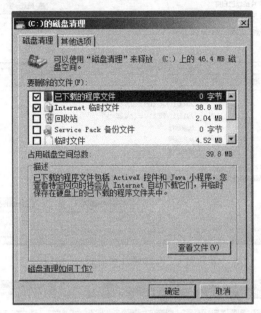

图 7.24 磁盘清理选项

图 7.25 开始磁盘清理

(2) 磁盘碎片整理。系统运行一段时间后,随着保存文件和安装软件的增多,运行效率明显下降,一旦出现此类问题,最有效的方法就是进行磁盘碎片整理,以提高硬盘的运行速度。可以使用 Windows 自带的磁盘碎片整理程序进行碎片整理,方法是依次选择"开始"→"程序"→"附件"→"系统工具"→"磁盘碎片整理程序",便会出现如图 7.26 所示窗口,可以先单击"分析"按钮让系统判断指定驱动器碎片的多少,得到分析结果后如图 7.27 所示,如果碎片过多就需要进行碎片整理了。

2. 系统设置

1) 性能设置

为提高计算机的处理速度,对计算机视觉效果、处理器计划、内存使用,以及虚拟内存进行相应设置。方法是依次选择"我的电脑右键属性"→"高级系统设置"命令,便会出现

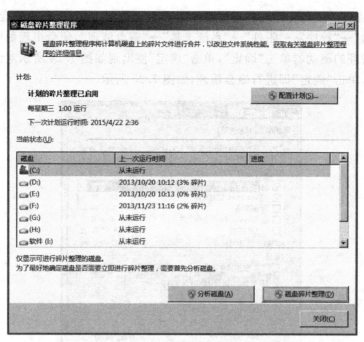

图 7.26 "磁盘碎片整理程序"窗口

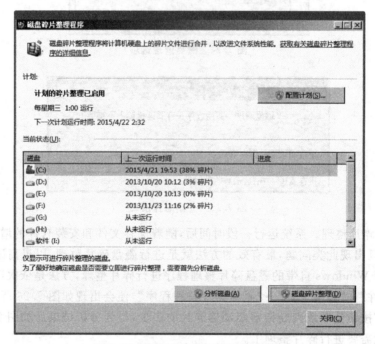

图 7.27 磁盘碎片整理程序分析结果

如图 7.28 所示系统属性窗口，单击性能"设置"按钮，出现"性能选项"对话框如图 7.29 所示，在视觉效果选项卡中选择"调整为最佳性能"单选项，在"高级"选项卡中点击更改，设置虚拟内存，去掉"自动管理所有驱动器的分页文件大小"，选择所要设置虚拟内存的驱动器，输入自定义的内存大小，点击确定即可，如图 7.30 所示，虚拟内存设置为物理内存的 2～3 倍即可。

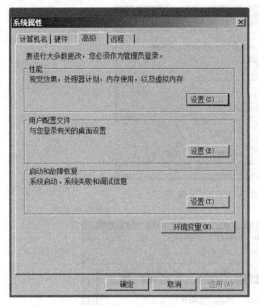
图 7.28 系统属性高级选项卡图示

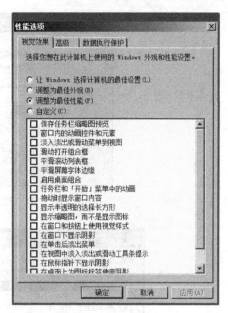
图 7.29 视觉效果设置

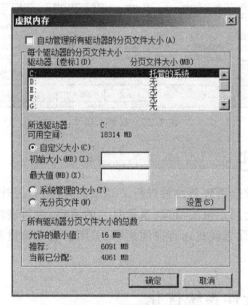
图 7.30 虚拟内存设置

2)设置启动程序项

我们安装软件后,部分软件会自动加载到启动中,在启动操作系统的同时会自动运行,会导致系统启动的速度变慢。因此关闭不必要的自动加载程序软件,只保留必需的程序是非常有必要的,其具体操作方法为选择"开始"→"运行"命令,在"运行"窗口中输入 msconfig 命令打开系统配置窗口如图 7.31 所示,选择"启动"选项卡,如图 7.32 所示,去掉不需要启动的程序即可。

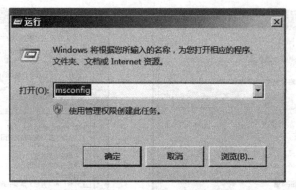

图 7.31 运行内输入 msconfig 命令

图 7.32 启动选项卡

3. 其他手工优化

以上只是对典型的数据清理与设置进行了详细讲解,除此之外还有其他的相关数据清理与优化,数据清理,如上网记录的清理、系统日志的清理、注册表多余项的清理、卸载不必要的程序与软件等;系统设置优化还有关闭远程、关闭系统自动更新、关闭系统自动备份功能、DX 加速等。

▶ 7.2.2 工具软件系统优化

1. Windows 优化大师的安装与使用

Windows 优化大师(以下简称优化大师)是一款功能强大的系统工具软件,它提供了全面有效且简便安全的系统检测、系统优化、系统清理、系统维护四大功能模块及数个附加的工具软件。使用 Windows 优化大师,能够有效地帮助用户了解自己的计算机软硬件信息;简化操作系统设置步骤;提升计算机运行效率;清理系统运行时产生的垃圾;修复系统故障及安全漏洞;维护系统的正常运转。

优化大师总体来说还是比较好用的,可以检测自己机器的性能,还可以清楚一些临时文件使你的 C 盘有更多空间,还可以备份驱动,还可以删除一些无法自动删除的死程序,总之功能很多,但是如果对有关知识不了解的话,有些功能要谨慎使用。

1) 优化大师的安装

安装优化大师之前,必须确保计算机已经安装了 Windows 操作系统和各硬件驱动程序,能顺利进入操作系统,同时准备好优化大师安装光盘或者优化大师官方网站下载的优化大师软件安装程序。具体步骤如下:

(1) 打开优化大师安装程序所在文件夹,双击优化大师软件安装程序,弹出如图 7.33 所示安装界面,单击"继续"按钮。

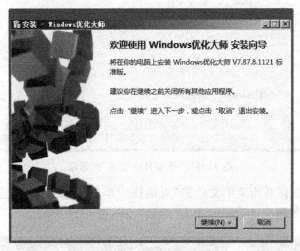

图 7.33 优化大师安装界面

(2) 在弹出的"许可协议"对话框中选择"我接受协议"单选按钮,如图 7.34 所示,单击"继续"按钮。

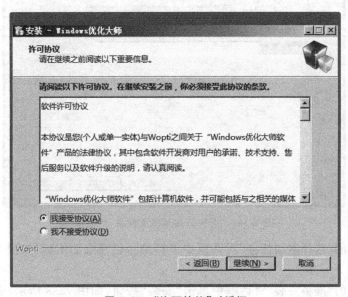

图 7.34 "许可协议"对话框

(3) 在弹出的"选择目标位置"对话框中单击"浏览"按钮,选择优化大师的路径,如图7.35 所示,单击"继续"按钮进入下一步。

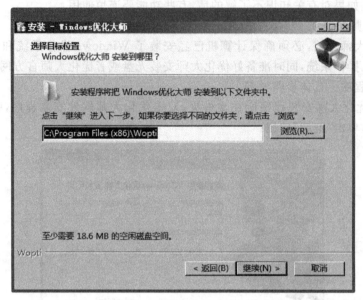

图 7.35 "选择目标位置"对话框

(4) 在弹出的"选择开始菜单文件夹"对话框中单击"浏览"按钮,选择优化大师在开始菜单中的安装路径,如图 7.36 所示,单击"继续"按钮进入下一步。

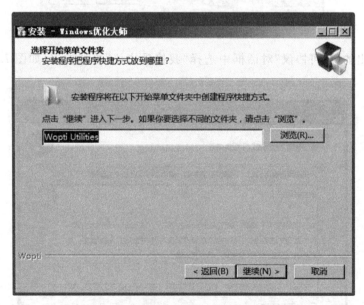

图 7.36 "选择开始菜单文件夹"对话框

(5) 在弹出的"选择附加任务"对话框中选择是否创建桌面图标,如图 7.37 所示,单击"继续"按钮进入下一步。

(6) 在弹出的"准备安装"对话框中单击"安装"按钮,如图 7.38 所示,安装程序自动进行安装,如图 7.39 所示。待安装完毕,出现如图 7.40 所示界面。

项目7 计算机的性能测试与优化

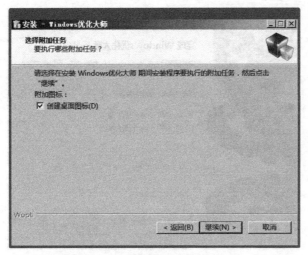

图 7.37 "选择附加任务"对话框

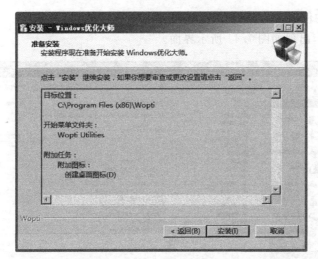

图 7.38 "准备安装"对话框

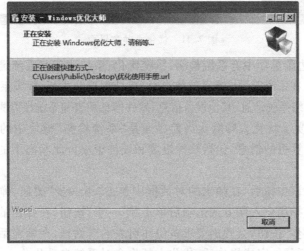

图 7.39 "正在安装"对话框

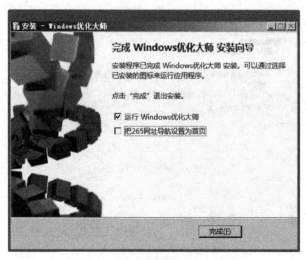

图 7.40　优化大师完成安装界面

2) 优化大师的使用

运行优化大师，出现如图 7.41 所示界面。

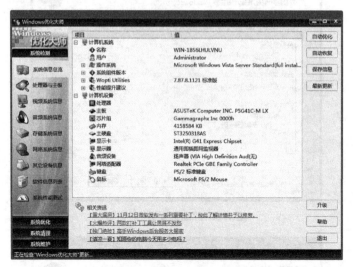

图 7.41　优化大师主界面

优化大师的左边菜单项中有系统检测、系统优化、系统清理和系统维护 4 个模块。

（1）系统检测。在系统检测中有系统信息总览、处理器与主板、视频系统信息、音频系统信息、存储系统信息、网络系统信息、其他设备信息、软件信息列表和系统性能测试 9 个子模块。

① 系统信息总览。优化大师默认当前界面是"系统检测"模块中的"系统信息总览"子模块，显示了当前计算机的信息，包括软件组成和硬件组成。此状态下的右侧分别有以下功能模块。

自动优化：单击该按钮后，在弹出的对话框中单击"下一步"按钮，弹出对计算机入网方式的优化对话框，选择用户入网方式选项后单击"下一步"按钮，在弹出的优化组合方案对话框中继续单击"下一步"按钮，会弹出要求备份注册表的对话框，在该对话框中单击"确定"按钮，如图 7.42～45 所示。完成操作后，优化大师将会对系统自动优化。

项目7 计算机的性能测试与优化

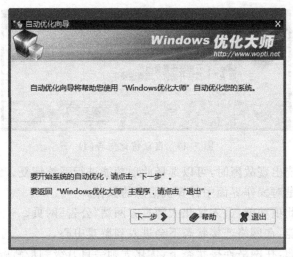

图 7.42 自动优化向导(1)

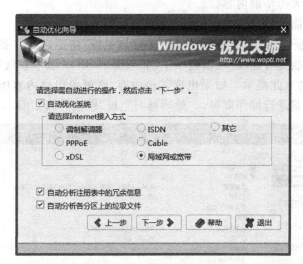

图 7.43 自动优化向导(2)

图 7.44 自动优化向导(3)

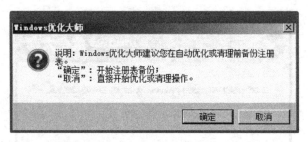

图 7.45　自动优化向导(4)

自动恢复：当系统出现故障时,可以选择此项功能进行系统恢复。

保存信息：此项是对操作界面中计算机信息的保存。

最新更新：单击此项功能,进入优化大师官方网站"公告"网页。

游戏：单击此功能,在网络连接状态下会进入到游戏中心。

升级：单击此功能,在网络连接状态下,优化大师会自升级到最新版本。

帮助：显示优化大师帮助内容。

退出：单击此功能,退出优化大师。

② 处理器与主板。"系统检测"中的"处理器与主板"功能选项主要显示处理器与主板的相关信息。在"性能提升建议"功能选项中,如果提示 BIOS 版本较低可不必理会,优化大师对新计算机也常会有此提示。如果出现其他内容,则可单击该内容所提示的链接进入百度搜索中,按所给答案进行操作即可。"处理器与主板"模块界面如图 7.46 所示。

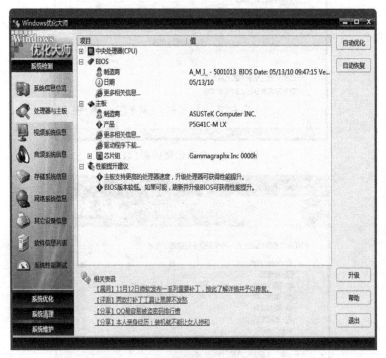

图 7.46　"处理器与主板"模块界面

③ 视频系统信息。"视频系统信息"模块包括显卡、显示器在内的相关信息界面,可查看"性能提升建议"相关内容,按照优化大师提供的相关建议进行调整即可。"视频系统信息"模块界面如图 7.47 所示。

④ 音频系统信息。单击"系统检测"中的"音频系统信息"功能选项,即进入音频系统的相关信息界面,如图 7.48 所示。

图 7.47 "视频系统信息"模块界面

图 7.48 "单频系统信息"模块界面

⑤ 存储系统信息。"存储系统信息"包括内存、硬盘、光驱在内的相关信息,可查看"性能提升建议"相关内容,按照优化大师提供的相关建议操作即可,如图 7.49 所示。

⑥ 网络系统信息。"网络系统信息"包括网卡、网络、网络流量的相关信息,其界面是如图 7.50 所示。

图 7.49 "存储系统信息"模块界面

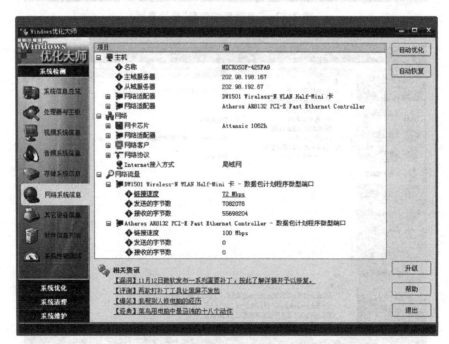

图 7.50 "网络系统信息"模块界面

⑦ 其他设备信息。"其他设备信息"包括电池、键盘、USB、打印机等设备在内的相关信息,可根据"性能提升建议"进行相应的功能调整即可,如图 7.51 所示。

⑧ 软件信息列表。在"软件信息列表"中可以查看安装在计算机上的软件,在操作界面下部有"分析"、"删除"、"卸载"、"帮助"4 个按钮,如图 7.52 所示。

图 7.51 "其他设备信息"模块界面

图 7.52 "软件信息列表"模块界面

分析：可以分析无效的软件进行删除。

删除：在软件列表中选择软件事单击"删除"按钮，即可将软件的注册表信息删除掉，此功能建议慎用，可能会导致某些软件不能正常使用。

卸载：选中软件列表中的某项进行卸载。

帮助：显示故障信息。

⑨ 系统性能测试。单击"系统检测"中的"系统性能测试"功能选项，可以了解当前系统的评估情况，其模块界面如图 7.53 所示。

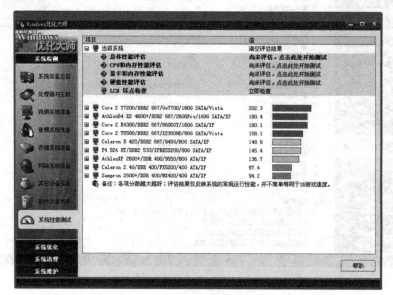

图 7.53　"系统性能测试"模块界面

(2) 系统优化。系统优化中有硬盘优化、桌面菜单优化、文件系统优化、网络系统优化、开机速度优化、系统安全优化、系统个性设备和后台服务优化 8 个模块。"系统优化"模块界面如图 7.54 所示。

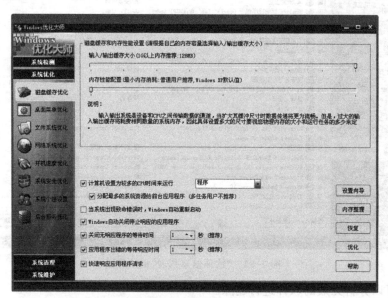

图 7.54　"系统优化"模块界面

① 磁盘缓存优化。在"输入/输出缓存大小"选项中可按照计算机内存大小进行选取；"内存性能配置"建议调到最低，其余各个选项，建议选择推荐配置。单击"设置向导"按钮进

入自动优化过程,单击"下一步"按钮进行选择即可;单击"内存整理"按钮可以进行快速整理和深度整理;单击"恢复"按钮可以优化到先前状态。设置完以上内容后,单击"优化"按钮即可生效。

② 桌面菜单优化。在"桌面菜单优化"模块中,"开始菜单速度"和"菜单运行速度"是对菜单使用速度的管理,"桌面图标缓存"是对桌面缓存的管理。其余选项可以根据需要进行选择,选完后单击"优化"按钮即可,如图 7.55 所示。

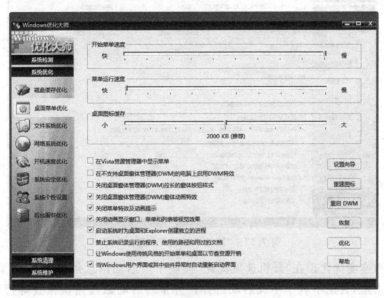

图 7.55 "桌面菜单优化"模块界面

③ 文件系统优化。在"文件系统优化"模块的"二级数据高级缓存"选项中,选择"自动匹配"即可,其余选项可根据需要选择。以上操作完成后,单击"优化"按钮即可完成优化,如图 7.56 所示。

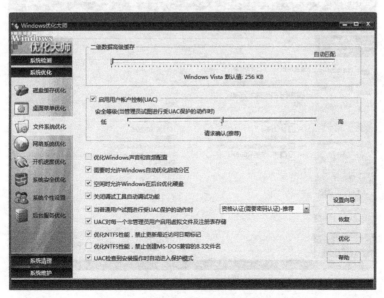

图 7.56 "文件系统优化"模块界面

④ 网络系统优化。在"网络系统优化"模块中,"上网方式选择"可根据网络提供商进行相应的选择,其余选项可根据需求选择。以上操作完成后,单击"优化"按钮即可,如图7.57所示。

图 7.57 "网络系统优化"模块界面

⑤ 开机加速度优化。在"开机速度优化"模块中,"启动信息停留时间"可以设置为3～5s,时间不能太短,否则不利于系统启动选择;"异常时启动磁盘错误检查等待时间"可以设置为2s左右;"请勾选开机时不自动运行的项目"建议保留系统的项目和杀毒软件,其他项目建议去消选择,选好后单击"优化"按钮,若选错可以单击"恢复"按钮进行修复,如图7.58所示。

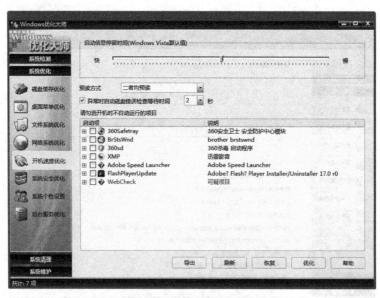

图 7.58 "开机速度优化"模块界面

⑥ 系统安全优化。在"系统安全优化"模块中,"分析及处理选项"中建议全部选择,至少要选择"扫描木马程序"、"扫描蠕虫病毒"、"常见病毒检查和免疫";下面的选项建议选择"禁止系统建立空链接"、"禁止系统自动雇用管理共享"和"禁止系统自动启动服务共享"复选框,然后单击"优化"按钮。"附加工具"是侦听 IP 信息的;"开始菜单"可以选择开始菜单中的显示内容;"控制面板"可以隐藏控制面板中的项目;"收藏夹"可以对收藏夹进行管理;"更多设置"可以对注册表等进行安全设置;"共享管理"可以对计算机共享文件夹进行管理,其操作界面如图 7.59 所示。

图 7.59 "系统安全优化"模块界面

⑦ 系统个性设置。在"系统个性设置"模块中,"右键设置"和"桌面设置"选项可以根据喜好进行设置,设置完成后单击"设置"按钮即可,其操作界面如图 7.60 所示。

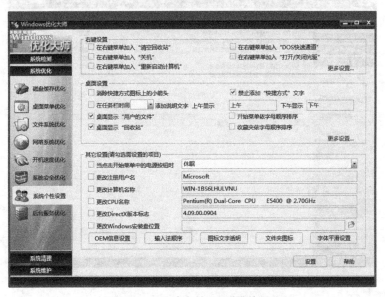

图 7.60 "系统个性设置"模块界面

⑧ 后台服务优化。在"后台服务优化"模块中，可以查看并开启或关闭后台服务项目，如图7.61所示。

图7.61 "后台服务优化"模块界面

(3) 系统清理。系统清理中有注册信息清理、磁盘文件管理、软件智能卸载和历史痕迹清理4个模块。"系统清理"模块界面如图7.60所示。

① 注册信息清理。在"注册信息清理"模块中选择要清理的项目，单击"扫描"按钮，会自动扫描出注册表的系统垃圾文件。扫描完毕，建议先单击"备份"按钮，备份一份，然后单击"全部删除"，删除注册表垃圾。如果误操作、误删除，可以单击"恢复"，选择之前备份的数据进行恢复。其操作界面如图7.62所示。

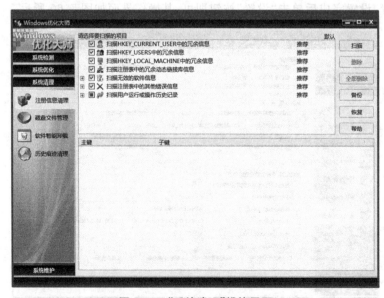

图7.62 "系统清理"模块界面

② 磁盘文件管理。在"磁盘文件管理"模块中,"硬盘信息"选项卡显示了本地磁盘的基本信息;"扫描选项"选项卡可以设置磁盘清理扫描时的参数;在"扫描结果"选项卡中显示扫描结果;"删除选项"选项卡可以设置扫描完成后的删除参数;在"目录统计"选项卡中统计磁盘中的目录数目;在"文件恢复"选项卡中只能恢复删除到回收站的文件,其操作界面如图7.63所示。

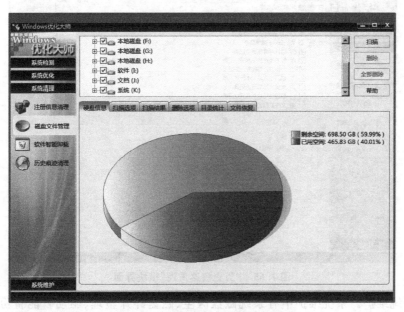

图 7.63 "磁盘文件管理"模块界面

③ 软件智能卸载。在"软件智能卸载"模块中可以对软件进行"分析"和"卸载",使用此功能可以完整地卸载软件,不留痕迹,其操作界面如图7.64所示。

图 7.64 "软件智能卸载"模块界面

④ 历史痕迹清理。在"历史痕迹清理"模块中,选择要扫描的项目,单击"扫描",扫描要清除的痕迹。扫描完成后,单击"删除"或"全部删除",即可清除历史痕迹,其操作界面如图7.65所示。

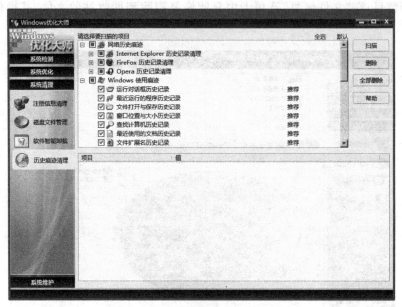

图 7.65 "历史痕迹清理"模块界面

(4) 系统维护。系统维护中有系统磁盘医生、磁盘碎片整理、驱动智能备份、其他设置选取项和系统维护日志5个模块。

① 系统磁盘医生。在"系统磁盘医生"模块的"请选择要检查的分区"选项中选择要检查的分区,单击"检查",可以对磁盘进行检测修复,其操作界面如图7.66所示。

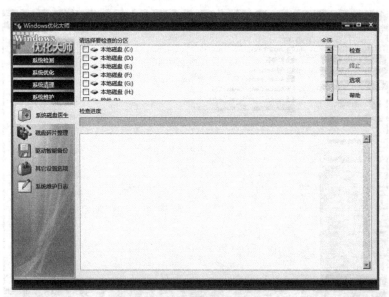

图 7.66 "系统维护"模块界面

② 磁盘碎片整理。在"磁盘碎片整理"模块中可以对磁盘产生的碎片文件进行整理。选中一个分区,单击"分析",会自动对该分区的磁盘存储数据进行分析。分析完毕,单击"碎片整理",即可执行碎片整理,其操作界面如图 7.67 所示。

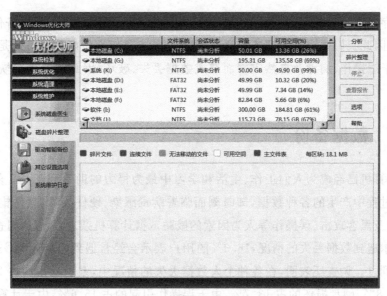

图 7.67 "磁盘碎片整理"模块界面

③ 驱动智能备份。在"驱动智能备份"模块中可以对计算机的驱动程序进行备份、卸载、升级。选择要备份或卸载驱动的设备,单击"备份"或"卸载",即可对该设备的驱动进行备份或卸载。

选择"驱动搜索模式"和"驱动显示模式"后,单击"驱动升级"或"恢复",即可对选中的设备进行驱动升级或恢复操作,其操作界面如图 7.68 所示。

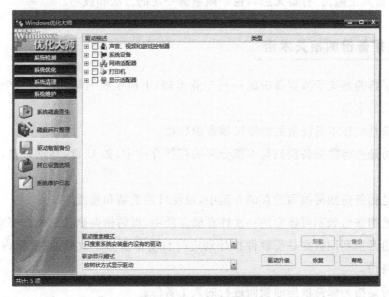

图 7.68 "驱动智能备份"模块界面

知识 7.3　数据的备份与恢复

目前保存在硬盘上的资料、数据越来越多,但往往会由于用户不及时做备份处理,而造成数据丢失,因此我们要提高数据备份意识,运用正确方法定期做好数据备份是非常有必要的。同时由于误操作、病毒及自然灾害而造成数据丢失、破坏,因此掌握数据恢复技术也是非常关键的。

▶ 7.3.1　数据备份

当前,计算机已经成为人们工作、生活和学习中最为得力的助手和工具。然而,人们在使用计算机过程中产生的各种数据,却时刻面临着病毒感染、硬件故障、软件错误等难以预测的意外,以及黑客攻击、误操作等人为因素的威胁。据计算机杂志 CHIP 调查,有 79.9% 的用户会偶尔遇到数据丢失的情况,16.3% 的用户表示会经常遇到,只有 3.8% 的用户表示从来没有遇到过。调查还表明,在各种个人数据丢失的情况中,系统崩溃的占 21.3%,病毒破坏的占 45.8%,硬盘损坏的占 13.7%,由于误操作引起的占 15.6%,由于计算机丢失的占 0.3%,其他情况占 3.3%。由此可见,数据安全已经成为信息时代的一大隐患,而数据备份自然也就成为计算机用户必须了解和掌握的一种重要预防手段。

数据备份并不是一些用户想象的那样,只是简单地对文件进行拷贝。对于政府、军队、企业等对数据安全极为敏感的关键部门来说,数据备份是一项具有专业性、技术性和经常性特点的重要工作。即使是对于与普通个人用户密切相关的个人数据备份,尽管数据量小,备份频率低,但要真正做到"有备无患",也必须掌握一定的方法和技巧。

1. 数据备份的相关术语

首先应了解的是关于数据备份的一些专业术语,下面主要列举和解释几个与个人数据备份紧密相关的术语。

本地备份是指在本机硬盘的特定区域备份数据。

异地备份是指将数据备份到与本机分离的存储介质中,如 U 盘、移动硬盘、光盘甚至磁带机等介质。

活备份是指备份到可擦写的存储介质中,以便日后更新和修改。

死备份是指备份到不可擦写的一次性存储介质中,以防错误删除或他人有意篡改。

动态备份是指利用数据备份软件按计划定时自动备份指定数据,或数据内容发生变化后随时自动备份。

静态备份是指为保持数据原貌而进行的人工备份。

完全备份是指备份系统中所有的数据。若只备份上次备份以后有变化的数据,就是增量备份。若根据临时需要有选择地进行数据备份,就是随机备份。

硬件备份是指采用硬件方法对数据进行实时备份,以保证系统的连续运行。

软件备份是指采用专门的数据备份软件定期将数据保存到其他存储介质中,当发生数据灾难时可以将数据恢复到备份时的状态。

人工备份是指用户采用复制粘贴的方法进行手动备份。

2. 数据备份手段

硬件备份、软件备份和人工备份这三种备份手段各有其优缺点。

硬件备份可以完全不需要专门软件支持和人工干预,实现完全自动备份。Raid1 磁盘阵列备份就是一种典型的硬件备份方式。Raid1 使用磁盘镜像技术,其原理是在工作磁盘之外再加一个规格一模一样的备份磁盘,数据在写入工作磁盘的同时也写入到备份磁盘,其中任何一个磁盘单独损坏后都不会影响数据安全。这种方法备份和恢复速度最快,是对付硬盘损坏造成数据丢失的好办法,缺点是无法防止逻辑错误,如误操作、病毒、死机等逻辑错误发生时,磁盘阵列只会将错误复制一遍,无法保存错误前的正确数据。由于成本的原因,以前磁盘阵列只用于银行、电信、电力等高端领域,现在随着计算机主板技术的进步,一些个人计算机主板也具备了组建磁盘阵列的功能,加之硬盘价格持续降低,因此普通个人用户如果对数据安全要求较高,完全可以组建一个低成本的磁盘阵列,以防硬盘出现问题。

软件备份的备份和恢复速度都较慢,但其一般采取异步备份,备份了发生错误前的数据,只要保存足够长时间的历史数据,就能够恢复正确的数据,因此可以有效防止数据中的逻辑错误。软件备份可以使用操作系统内置的功能如文件同步功能,以及一些免费的个人数据备份软件。一些专业的数据备份软件功能更为强大,能够灵活制定备份策略,不过价格通常也比较高。

人工备份是一种最为原始却最为简单和有效的备份手段。这种方法备份和恢复的速度最慢,只适应于单机条件下小数据量的备份,由于是非自动方式,需要用户养成良好的备份习惯,不至于疏于备份而导致发生数据丢失时找不到数据副本。

3. 个人数据备份介质

对个人用户而言,最常用的备份介质有 U 盘、移动硬盘、光盘和网络硬盘,当然还有备份到本机时使用的本机硬盘。使用 U 盘进行备份具有安全快速、简单方便的特点,但U 盘容量通常较小,只适合于数据量较小的情况,其便携性的特点也容易造成丢失。移动硬盘通常容量较大,但在安全性、稳定性方面赶不上 U 盘,使用过程中也要注意保管防止丢失。

光盘成本低廉,是死备份的唯一选择。光盘备份速度较慢,操作起来稍微有点复杂,需要专门的刻录软件。由于光盘易损坏,因此要注意精心保管,防止光盘损坏造成数据丢失。由于光盘记录数据所使用的染料化学性质不太稳定,需要长期保存的数据,建议选用质量较好的刻录盘,并每 3～5 年将光盘翻刻一次,存放时应避免挂擦、强光、高温和扭曲变形。

互联网上一些网站提供的网络硬盘也是个人数据备份的可用选择之一,但网络硬盘通常容量很小,安全性也难以得到保证,只适用于备份小数据量且不涉及个人隐私、不涉密、不重要的数据。

将个人数据备份到本机硬盘最为简单快速,但其安全系数也最低,操作时要尽量将备份的数据与原始数据分开保存。例如,有两块硬盘的计算机,可将数据备份到第二块硬盘。只有一块硬盘的计算机,则尽量将数据备份在不同的分区。

4. 数据备份内容

普通个人用户需要进行备份的数据,按其重要性排列,一般分为以下几类。

(1) 个人制作和编辑的文件,如各种文档、程序代码、数字作品、数码照片、数字视频等,这是重要的个人劳动果实,是需要进行重点备份的对象。

(2) 从光盘、网络等媒体上复制的文件,如有重要用途的软件、珍贵稀有的文献资料等,这类文件有些可以复得,有些过期则会消失。这类文件通常采用静态备份,因为复制它的目的一般是再度使用而不是进行修改。

(3) 系统自动生成或用户添加形成的个人信息,如输入法词库、网页收藏夹等,这类具有个性化特征的数据一旦丢失,需要花费精力重新组织,因此也需要备份。由于它们随时都在更新变化,所以最好进行本地动态的活备份,在一定时间后再做一个异地死备份。

(4) 安装操作系统和应用软件后形成的文件。这些文件虽然可以通过重装后再次得到,但若在系统安装后做一次完全静态备份,可以大大缩短系统崩溃后的系统恢复时间。

5. 数据备份时机

由于个人数据备份通常采用手动备份,因此备份时机的选择就显得非常重要。一般说来以下几种情况需要及时进行备份。

(1) 需要重装操作系统时。重装操作系统后,系统桌面上的文件、我的文档、IE 收藏夹、OutLook 地址簿等,以及一些安装在系统盘中的应用程序数据都会丢失,且很难完整地恢复,因此必须提前作备份。

(2) 发现系统感染病毒时。一旦发现系统有感染病毒的迹象,必须立即备份重要数据。备份时注意不要选择保存有以往备份文件的存储介质,以防病毒感染破坏这些介质中的历史备份文件。

(3) 产生重要文件数据时。用户在完成起草文件、撰写论文、制作报表、编写程序等重要工作后,一定要注意对新产生的文件数据进行增量备份。

(4) 系统硬件状态不稳时。老旧计算机通常更容易出现故障,尤其是使用时间过长、使用频率过高的硬盘更是"数据杀手",存储其中的数据需要进行经常性的备份,条件许可的情况下应尽快更换硬盘。

6. 几点备份技巧

除以上提到的有关个人数据备份的策略以外,还有以下几点备份技巧需要掌握。

(1) 重要个人数据应采取多重备份。对于工作学习中的各类在编文档,应该采用动态备份,随时记录最新数据;取得阶段性成果后要做静态的异地备份;工作完成后,再做一个死备份,以防备份丢失、被篡改,或者因存储介质损毁而不可使用。极端重要的个人数据还可以多级备份,如双备份,甚至三备份,多级备份中尽量采取不同的存储介质。

(2) 备份前要确保系统和数据无毒。条件许可的情况下尽量在每次备份前进行杀毒处理,如果把病毒和数据一同备份下来,必会后患无穷。使用备份的数据副本恢复数据时,也要保证系统是干净的。

(3) 要做好备份文件的管理。每次备份时最好标明备份时间,并对备份文件按照统一的方式进行命名,如在文件名中加上备份日期等,便于以后万一发生数据灾难,及时找回最新数据。备份文件的保留时间应依据需要来确定,如果时间已经很长且做了多次备份,就可以酌情删除最先备份的数据。

(4) 尽量采取加密备份。加密备份是保护被盗数据的最好方式。加密不可能是完美的,但它对恶意利用丢失和被窃数据的行为制造了更多的障碍。

(5) 备份数据量较大时可以采取压缩备份。压缩备份时应尽量使用带校验功能的压缩软件,以保证备份数据的安全可靠。

工作中还应根据实际情况,灵活地采取各种备份策略,将本地备份与异地备份结合起来,定期备份与随机备份结合起来,活备份与死备份结合起来,U盘、硬盘、光盘等备份介质结合起来。"黄金有价,数据无价",对每一名普通用户来说,只有制定科学合理的备份计划,长期坚持进行数据备份,当真正发生数据灾难时,才不会追悔莫及。

▶ 7.3.2 数据恢复

我们误操作误删除的数据为什么能够找回来,首先要了解数据恢复的原理。

1. 数据恢复原理

一个完整的硬盘数据应包括主引导记录和分区信息结构两大部分。主引导记录与操作系统无关,所有硬盘的主引导记录结构都是相同的;分区信息结构则与分区类型有关,但基本相似,以DOS分区为例,分区信息结构包括DOS引导记录、文件分配表、根目录表和数据存储区四个部分,如图7.69所示。

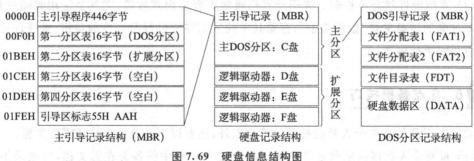

图 7.69 硬盘信息结构图

其中主分区 FAT 表（file allocation table，文件分配表）就好像是仓库的货架号，目录表就好像是仓库的账簿。当需要找某一物品时，就需要先查找账目，再到某一货架上取东西。正常的数据读取也是这个原理，先读取某一份的 BPB（BIOS parameter block，BIOS 参数块）参数至内存，BPB 记录着本分区的起始扇区、结束扇区、文件存取格式、硬盘介质描述符、根目录大小、FAT 个数以及分配单元（即簇）的大小等重要参数。当需要读取某一文件时，就先读取文件的目录表，找到相对应的首扇区和 FAT 表的放口后，再从 FAT 表中找到后续扇区的相应链接，移动磁臂到对应的位置进行文件读取，就完成了某个文件的读写操作。

其中主分区（C 盘）的存储结构如图 7.70 所示。

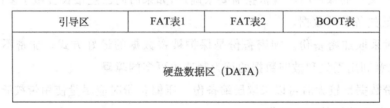

图 7.70 数据存储结构

下面具体介绍操作系统对硬盘进行分区、格式化以及读写和删除硬盘数据的过程。

1) 文件的读取

操作系统从目录（BOOT 表）中读取文件信息（包括文件名、后缀名、文件大小、修改时间和文件在数据区保存的第一个簇的簇号），这里假如第一个簇号为 1003。

操作系统从 1003 簇读取相应的数据，然后找到 FAT 表的 1003 单元，如果此处的内容文件结束标志为 FF，则表示文件结束，否则从该处读取下一个簇号，再读取相应单元的内容，这样重复下去，直到遇到文件结束标志。

2) 文件的写入

当要保存文件时，操作系统首先在目录中找到空闲区写入文件名、大小和创建时间等相应信息，然后在数据区中找出空闲区域将文件保存，再将数据区的第一个簇写入目录区，同时完成 FAT 表的填写。

3) 文件的删除

操作系统对文件的删除工作是很简单的，只是将目录区中该文件的第一个字符改为 E5 来表示该文件已经被删除，同时改写引导扇区的第二个扇区中表示该分区可用空间大小的相应信息。

4) 分区和格式化

分区和格式化的操作与文件的删除类似,无论是分区还是格式化都没有将数据从数据区直接删除,分区只是改变分区表,格式化只是修改了 FAT 表(文件分配表),因此误删除分区或格式化分区的硬盘数据是可能恢复的。

2. 数据恢复软件

由于大部分的数据丢失是操作不当或误删除引起的,因此下面主要从误操作、误格式化两个方面介绍数据恢复的方法。数据恢复软件有很多,如 FinalData、易我数据恢复、WinHex 等,下面主要对数据恢复软件 FinalData 进行介绍。

FinalData 是一款高效的数据恢复软件,使用该软件能够很好地为你恢复因各种原因丢失的文件,不仅能够误删除的文件、误格式化的数据,还可以恢复误 Ghost 操作后丢失的数据,以及恢复 U 盘提示"文件或目录损坏且无法读取"数据等。如果遇到了数据丢失的情况,推荐使用 FinalData(数据恢复软件)进行恢复,一般来说,只要没有被覆盖的数据,使用 FinalData 都是可以完全恢复的。

FinalData 支持电脑硬盘、U 盘、移动硬盘、手机、内存卡等几乎所有存储设备上的文件/数据恢复,FinalData 拥有扫描速度快,恢复效果好,操作简易等特性,是一款不可多得的数据恢复软件。

1) 误删除文件恢复

文件误删除通常是指由于种种原因把文件直接删除(按 Shift+Del 键),或删除文件后清空了回收站,从而造成数据丢失。这是一种比较常见的数据丢失的情况。对于文件误删除,在数据恢复前不要再向该分区写入数据,这样被删除的文件被恢复的可能性较大,否则就可能引起数据覆盖,从而造成数据无法恢复。

文件删除仅仅是指文件的首字节被打上了一下"标志",而数据区的内容并没有被修改,因此比较容易恢复,利用数据恢复软件很轻松地将误删除或意外丢失的文件找回来。

误删除数据恢复操作步骤如下。

(1) 在开始菜单中依次单击"所有程序"→FinalData→FinalData Enterprise 3.0 菜单项,打开"FinalData 企业版"窗口,然后依次单击"文件"→"打开"菜单命令,如图 7.71 所示。

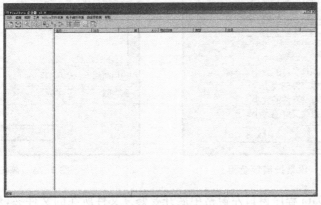

图 7.71　FinalData 运行界面

(2) 打开"选择驱动器"对话框,在"逻辑驱动器"选项卡中选中要恢复数据的硬盘分区,并单击"确定"按钮,如图 7.72 所示。

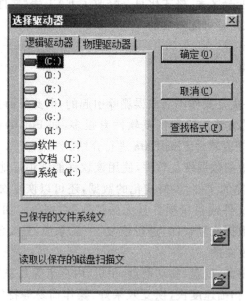

图 7.72 选择驱动器

(3) FinalData 开始扫描所选中硬盘分区中已被删除的数据,扫描结束后会打开"选择要搜索的簇范围"对话框。搜索簇需要较长的时间,不过仍然强烈建议进行全面搜索。因为尽管取消搜索簇以后也能显示出丢失的数据,但不能最大限度地对这些数据进行恢复。单击"确定"按钮,如图 7.73 和图 7.74 所示。

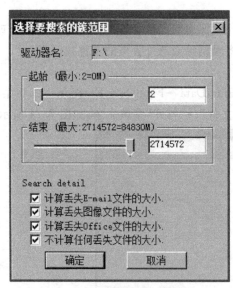

图 7.73 设置扫描簇范围

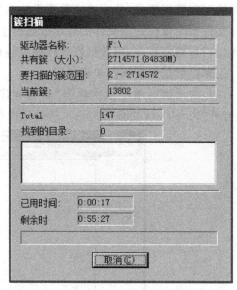

图 7.74 簇扫描

(4) 在 FinalData 程序窗口左窗格中展开要修复文件所在的文件夹,然后在右窗格中右键单击要恢复的文件,选择"恢复"命令,如图 7.75 所示。

图 7.75 选择所恢复数据

（5）在"选择要保存的文件夹"对话框中，选中除所恢复的数据所在分区以外的任意安全位置，单击"保存"按钮，如图 7.76 所示。

图 7.76 保存所恢复数据

2）误格式化分区文件恢复

当某磁盘被格式化时，并没有将数据从 Data 区直接删除，而是重新建立了 FAT 表。所以当出现误格式化造成数据丢失时，最好不要再对磁盘进行任何操作，特别是不要向格式化的磁盘写入数据，否则将导致数据无法恢复。

误格式化分区操作步骤与误删除数据操作步骤相同，在此不再赘述。

项目实施

任务 7.1　硬件检测与性能测试

| 学习情境 |

王强同学的新购买的计算机已经组装完毕并安装好了操作系统，但他还是担心自己的计算机的配置与配置单上标注的不符。他听说可以使用一些专业硬件测试工具对整台计算机或各部件进行全面测试，但他不知道具体有哪些测试软件及如何进行测试，于是他向张超同学请教有关问题。

| 任务分析 |

张超首先应向王强介绍一些专门用于计算机硬件测试的软件，然后介绍测试的相关方法，使王强能够通过一些工具软件完成对计算机硬件系统的测试。

| 任务实施 |

（1）运行 EVEREST Ultimate 软件。

（2）利用 EVEREST Ultimate 软件逐步对硬件设备进行测试。测试内容包括计算机概要、CPU、主板、内存、显卡等，测试结果略。

注：本软件的使用详情请参照本项目 EVEREST 综合测试软件。

| 任务小结 |

通过本任务，我们可知通过工具软件对计算机硬件、性能进行测试，评测其质量好坏，了解计算机硬件配置，保证用户权益。

| 拓展知识 |

通过本任务，我们得知计算机硬件、性能可以通过软件进行测试，评测其质量好坏。我们除使用计算机外，手机现在也成为我们生活的必需品，并且品牌繁杂，不乏存在鱼目混杂，使手机用户蒙受损失。我们可以进入安兔兔官网 http://www.antutu.com/index.shtml，对我们的手机性能进行测试。

任务 7.2　对软件系统进行优化

|学习情境|

张超同学的计算机用了一年了,系统能够正常运行,但速度很慢。重新安装系统要花费很长的时间,同时有很多软件需要重新下载安装,如何在不重新安装系统的情况下提升计算机的运行速度呢?

|任务分析|

由于我们经常上网、通过聊天工具聊天、下载数据,使计算机系统下存储了大量的垃圾数据;同时反复操作计算机,如新建、复制、粘贴等,使计算机的数据存储无序,从而导致硬盘的读盘效率下降,因此我们要经常对计算机软件系统进行优化。一些优化工具可以轻松的帮我们完成系统优化工作。

|任务实施|

(1)安装超级兔子软件。在相关网站下载软件,并进行安装。安装后,进入超级兔子主界面,如图 7.77 所示。

图 7.77　超级兔子主界面

(2) 开机优化。在超级兔子主界面左侧选择"开机优化",即进行开机优化界面,开机优化包括开机项、服务项和多系统项功能,如图 7.78 所示,默认为"开机项"选项卡。

图 7.78　开机优化

(3) 系统清理。在主界面工具栏选择"系统清理"即可进入系统清理界面,如图 7.79 所示。

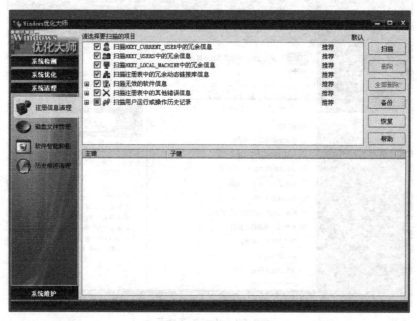

图 7.79　系统清理

(4) 其他优化。清理注册表、清理 IE 插件等。

|任务小结|

随着我们使用计算机的时间的增长，计算机速度会越来越慢，我们在计算机的日常维护过程中，要注意进行系统优化，清除多余数据、软件、系统垃圾，并对系统进行相应的设置，这些工作可以通过一些常用的计算机维护软件帮我们完成。

|拓展知识|

通过本任务分析，我们要时常对计算机进行优化。对系统优化的软件很多，除我们前面介绍的软件外，还有 360 相关软件、Windows 优化大师等，都可以帮我们完成系统优化，课后大家自行学习利用 360 进行系统优化。

任务 7.3　进行数据的备份与恢复

|学习情境|

张超的英语老师李老师给他打电话，说他辛辛苦苦做了一个月的项目文件被误删除了，找不回来了，非常着急，不知道怎么解决，听说张超同学是计算机维护高手，因此打电话让他帮忙解决。

|任务分析|

我们在使用计算机过程当中发生误操作是难免的事情，数据、文件被误删除也时有发生，对于普通计算机用户来讲不知道如何找回很正常。我们可通过数据恢复工具软件进行数据恢复，恢复的可能性非常大。

|任务实施|

（1）在易我科技官方网站下载易我数据恢复软件，并进行安装，进入主界面，如图 7.80 所示。

（2）选择丢失文件的分区。例如，误删除的文件在 E 盘，选择 E 盘，单击"下一步"，即进行数据扫描操作，如图 7.81 所示。

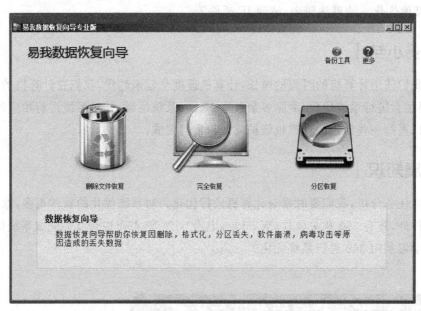

图 7.80　易我数据恢复主界面

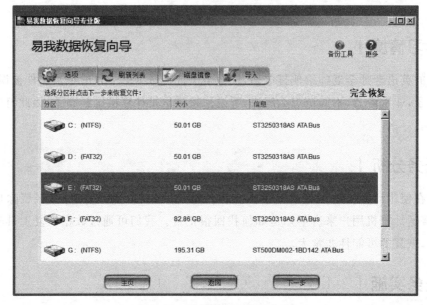

图 7.81　选择丢失文件的分区

（3）选择丢失的文件。经过扫描后，易我数据恢复软件会找到丢失的文件，勾选所要恢复的文件或文件夹，单击"下一步"按钮，即可进入下一步操作，如图 7.82 所示。

（4）选择恢复数据存放的路径。如图 7.83 所示，单击"下一步"按钮，即可完成数据备份。注意：在选择恢复数据位置时，不要选择文件误删除的分区，我们刚才误删除数据的位置为 E 盘，我们可选择存放在 F、G 盘等，以免造成数据覆盖。

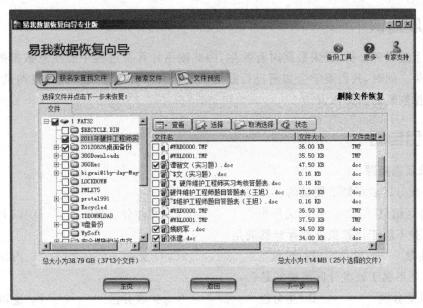

图 7.82 选择丢失文件

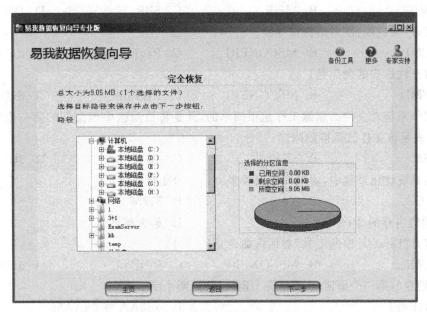

图 7.83 选择数据存放路径

|任务小结|

由于我们经常对计算机进行操作,误删除数据和文件时有发生,因此我们要提高数据安全意识,对非常重要的数据做好备份,以防不测之需。数据、文件被误删除时也不必过于着急,通过技术的手段恢复的可能性非常大;同时注意在发生误删除数据和文件后,不要再对此盘进行操作,以免造成数据覆盖,不能恢复。

拓展知识

根据上述任务分析,丢失数据时有发生,因此使用计算机过程中要注意数据的备份,以防数据丢失。同时,我们要学会如何进行数据恢复。大家可以进入易我科技网站学习数据备份与数据恢复的相关知识。

项目自测

一、单项选择题

1. 硬盘分区表存储了硬盘的( )。
   A. 分区信息　　　　B. 文件头　　　　C. 文件分区表　　　　D. 以上都是
2. 下列不属于计算机外部存储器的是( )。
   A. 硬盘　　　　　　B. 光盘　　　　　C. U盘　　　　　　　D. 内存
3. 下列不属于硬盘分区类型的是( )。
   A. 系统分区　　　　B. 主分区　　　　C. 扩展分区　　　　　D. 逻辑分区
4. 硬盘主引导记录的英文名称是( )。
   A. MBR　　　　　　B. MHR　　　　　C. SBR　　　　　　　D. DBR
5. 打开"系统配置"对话框命令是( )。
   A. CMD　　　　　　B. MSCONFIG　　 C. RegEdit　　　　　D. dxDiag
6. 打开注册表的命令是( )。
   A. CMD　　　　　　B. MSCONFIG　　 C. RegEdit　　　　　D. dxDiag
7. 操作系统对文件的删除工作是很简单的,只是将目录区中该文件的第一个字符改为( )来表示该文件已经被删除。
   A. E5　　　　　　　B. 5E　　　　　　C. 4B　　　　　　　　D. 3C
8. 在系统优化过程中,虚拟内存设置多大( )比较合适。
   A. 1G　　　　　　　　　　　　　　　　B. 512M
   C. 物理内存的2~3倍　　　　　　　　　D. 越大越好
9. 打开"DirectX诊断工具"对话框命令是( )。
   A. CMD　　　　　　B. MSCONFIG　　 C. RegEdit　　　　　D. dxDiag
10. 硬盘的第一个扇区(0道0头1扇区)最后两个字节为( )。
    A. 0xFFFF　　　　　　　　　　　　　B. 0x55AA 或 0xAA55
    C. 0x55AA　　　　　　　　　　　　　D. 0xAA55

二、多项选择题

1. 在硬盘的主引导区内主要有( )。
   A. 主引导记录　　　B. 硬盘分区表　　C. 文件数据　　　　　D. 数据尾
2. MBR包括( )。
   A. 主引导程序　　　B. 分区表　　　　C. 结束标志55AAH　　D. 文件头
3. 下列( )工具软件可进行数据恢复。
   A. FinalData　　　　　　　　　　　　B. 易我数据恢复软件

C. RAR　　　　　　　　　　　　D. Windows 优化大师

4. 下列（　　）工具软件可对系统进行优化。

A. 360 软件　　　　　　　　　　B. Windows 优化大师

C. 鲁大师　　　　　　　　　　　D. 超级兔子

5. 下列（　　）工具软件可对硬件系统进行性能测试。

A. 鲁大师　　　　　　　　　　　B. EVEREST Ultimate

C. CPU-Z　　　　　　　　　　　D. 超级兔子

三、判断题

1. "簇"所能存储的内容比扇区要大。（　　）

2. 在操作系统中可以看到 CPU 的型号与内存的大小。（　　）

3. 重新分区后数据不可以找回。（　　）

4. 按下 Shift＋Del 组合键,数据就从硬盘上物理删除了。（　　）

5. 我们可以通过手工的方式对软件系统进行优化。（　　）

四、思考题

1. 误删除的数据可以找回来吗？

2. 计算机系统使用一段时间后,速度会越来越慢,我们如何操作才可提高计算机的运行速度呢？

3. 数据丢失后,采用何种方法可以恢复？

4. 利用手工的方法进行系统优化,我们应该如何操作？

5. 采用何种方法对硬件性能进行测试？

项目8 Chapter 8 系统的维护与常见故障的处理

| 知识目标 |

1. 了解计算机运行环境对计算机的影响。
2. 了解计算机日常维护的工作内容。
3. 了解计算机故障分类,掌握计算机故障分析的方法。
4. 了解典型软硬件故障排除的方法与技巧。

| 技能目标 |

1. 能够根据日常维护工作对计算机进行日常维护。
2. 掌握常见计算机故障的分类、故障检测的方法。
3. 能够分析和解决常见的故障,特别是一些典型的软硬件故障。

| 教学重点 |

1. 计算机的日常维护。
2. 计算机故障分析与排除的方法。
3. 常见故障的分析与排除。

| 教学难点 |

1. 计算机故障分析与排除的方法。
2. 常见故障的分析与排除。

项目知识

知识 8.1 计算机的日常维护

8.1.1 运行环境对计算机的影响

计算机对工作环境的要求主要包括环境温度、湿度、清洁度、静电、电磁干扰、防震、接地、供电等方面,这些环境因素对计算机的正常运行有很大的影响。只有在良好的环境中计算机才可以长期正常工作。

1. 温度和湿度对计算机的影响

1) 温度

计算机各部件和存储介质对温度都有严格的规定,如果超过或者无法达到这个标准,计算机的稳定性就会降低,同时使用寿命也会缩短。如温度过高时,各部件运行过程中产生的热量不易散发,影响部件的工作稳定性,并极易造成部件过热烧毁,尤其是计算机中发热量较大的信息处理器件,还会引起数据丢失及数据处理错误。经常在高温环境下运行,元器件会加速老化,明显缩短计算机的使用寿命。而温度过低时,对一些机械装置的润滑机构不利,如造成键盘触点接触不良、打印机运行不畅、打印针受阻等故障,同时还会出现水汽凝聚或结露现象。因此,计算机工作环境温度应保持适中,一般在18℃~30℃之间。

当室温达到 30℃ 及以上时,应减少开机次数,缩短使用时间,每次使用时间不要超过 2 小时,当室温在 35℃ 以上的时候,最好不要使用计算机,以防止损坏。

2) 湿度

计算机的工作环境应保持干燥,在较为潮湿的季节中计算机电路板表面和器件都容易氧化、发霉或结露,键盘按键也可能失灵。特别是显示器受潮,使得显示器需开机很长一段时间才能慢慢地有显示。在潮湿的环境中软盘和光盘很容易发霉,如果将这些发霉的软盘或光盘放入软驱或光驱中使用,对驱动器的损伤很大。经常使用的计算机,由于机器自身可以产生一定热量,所以不易受到潮湿的侵害。在较为潮湿的环境中,建议计算机每天至少开机一小时来保持机器内部干燥。

一般情况下,将计算机机房的湿度保持在 40%~80% 之间是比较合适的。

2. 灰尘对计算机的影响

灰尘可以说是计算机的隐形杀手,往往很多硬件故障都是由它造成的。比如软盘中的灰尘,在读写的时候不仅容易将盘片划伤,还会把灰尘传播到软驱中,以后读写时会损伤软盘。另外,灰尘沉积在电路板上,会造成散热不畅,使得电子器件温度升高,老化加快;灰尘还会造成接触不良和电路板漏电;灰尘混杂在润滑油中形成的油泥,会严重影响机械部件的运行。

一般来说,计算机房内灰尘粒度要求小于 $0.5\mu m$,每立方米空间的尘粒数应小于 1 000 粒。

3. 电磁干扰对计算机的影响

计算机应避免电磁干扰,电磁干扰会造成系统运行故障、数据传输和处理错误,甚至会出现系统死机等现象。这些电磁干扰一方面来自于计算机外部的电器设备,比如手机、音响、微波炉等,还有可能是机箱内部的组件质量不过关造成的电磁串扰。

减少电磁干扰的方法是保证计算机周围不摆设容易辐射电磁场的大功率电器设备,同时选购声卡、显卡、内置调制解调器卡等设备的时候,最好采用知名厂商的产品,知名品牌设备产生电磁干扰的可能性较小。

一般来说,可以采用计算机设备的屏蔽、接地等方法,或将电器设备之间相隔一定的距离(1.5米)加以解决。

一般要求,干扰环境的电磁场强应小于 800A/m。

4. 静电对计算机的影响

在计算机运行环境中,常常存在静电现象,例如,人在干燥的地板上行走,摩擦将产生 1 000V 以上的静电,当脱去化纤衣物而听见"啪、啪"的放电声时,静电已高达数万伏。

5. 机械振动对计算机的影响

计算机在工作时不能受到振动,主要是因为硬盘和某些设备怕振动。目前硬盘转速都保持在 5 400r/min 或 7 200r/min 高速运转,由于采用了温彻斯特技术,硬盘的盘片旋转时,磁头是不碰盘面的(离盘面 $0.1\sim 0.3\mu m$),振动就很容易使磁头碰击盘面,从而划伤盘面形成坏块。振动也会使光盘读盘时脱离原来光道,而无法正常读盘。对于打印机、扫描仪等外设,如果没有一个稳定的操作环境,也无法提供最佳的工作状态。振动也是导致螺钉松动、焊点开裂的直接原因。因此计算机必须远离振动源,放置计算机的工作台应平稳且要求结构坚固。击键和其他操作应轻柔,运行中的计算机绝对不允许搬动。即使计算机已经关闭,强烈的振动和冲击,也会导致部件和设备的损坏。

6. 接地条件对计算机的影响

由于漏电等原因,计算机设备的外壳极有可能带电,为保障操作人员和设备的安全,计算机设备的外壳一定要接地。对于公用机房和局域网内计算机的接地将尤为重要。

接地可分为直流接地、交流接地和安全接地。直流接地是指把各直流电路逻辑地和地网连接在一起,使其成为稳定的零电位,此接地就是电路接地;交流接地是指把三相交流电源的中性线与主接地极连通,此方法在计算机系统上是不允许使用的,接地系统的接地电阻应小于 4Ω。

7. 供电条件对计算机的影响

计算机能否长期正常运行与电源的质量和可靠有着密切的关系,因此电源应具备良好的供电质量和供电的连续性。

在供电质量方面,要求 220V 电压和频率稳定,电压偏差≤10%;过高的电压极易烧毁计算机设备中的电源部分,也会给板卡等部件带来不利的影响。电压过低会使计算机设备无法正常启动和运行,即使能启动,也会出现经常性的重启动现象,久而久之也会导致计算机部件的损坏。因此,最好采用交流稳压净化电源给计算机系统供电。当然计算机本身电源的好坏也是非常重要的,一个质量好的计算机电源有助于降低计算机的故障率。

在供电的连续性方面,建议购置一台计算机专用的 UPS,它不仅可以保证输入电压的稳定而且遇到意外停电等突发性事件的时候,还能够用储存的电能继续为计算机供电一段时间,这样就可以从容不迫地保存当前正在进行的工作,保证计算机的数据的安全。

▶ 8.1.2 日常维护内容

(1) 计算机运行环境的经常性检查。计算机运行环境经常性检查的项目主要包括温度、湿度、清洁度、静电、电磁干扰、防振、接地系统、供电系统等方面,对不合要求的运行环境要及时地调整。

(2) 对计算机各部件要定期进行清洁。例如,用毛刷和吸尘器清洁机箱内的灰尘,清洁打印机灰尘及清洗打印头,清洁软盘和光盘驱动器内灰尘及清洁磁头,清洁键盘等。

(3) 正常开关机。开机顺序是先打开外设(如显示器、打印机、扫描仪等)的电源,再开主机;关机顺序则相反先关闭主机电源,再关闭外设电源,使用完毕后,应彻底关闭计算机系统的电源。

(4) 不要频繁地开关机,每次关、开机的时间间隔应不小于 30 秒,因为硬盘等高速运转的部件,在关机后仍会运转一段时间。频繁地开关机极易损坏硬盘等部件。

(5) 在增删计算机的硬件设备时,必须在彻底断电下进行,禁止带电插拔计算机部件及信号电缆线。

(6) 在接触电路时,不应用手直接触摸电路板上的铜线及集成电路的引脚,以免人体所带的静电击坏集成电路。

(7) 计算机在运行时,不应随意地移动和震动计算机,以免造成硬盘磁道的划伤。在安装、搬运计算机过程中也要轻拿、轻放,防止损坏计算机部件。

(8) 盘片保存要注意防霉、防潮、防磁、防污染和防划伤等。

(9) 经常性地对硬盘中的重要数据进行备份,保证数据的安全性。

(10) 经常进行病毒的检查和清除,对外来的软件在使用前要进行查病毒处理。

(11) 计算机及外设的电源插头要使用三线插头,确保计算机接地;机箱的接地端不能与交流电源的零线接在一起,保证供电要安全可靠。

(12) 操作键盘时,力度要适当,不能过猛,手指按下后应立即弹起。

知识 8.2　计算机故障分类

计算机故障是指造成计算机系统功能失常的硬件物理损坏或软件系统的程序错误。小故障可使计算机系统的某个部分不能正常工作或运算结果产生错误,大故障可使整套计算机系统完全不能运行。计算机系统故障分为硬件系统故障和软件系统故障。

1. 硬件系统故障

硬件故障是指计算机中的电子元件损坏或外部设备的电子元件损坏而引起的故障。硬件系统故障分为元器件故障、机械故障、介质故障和人为故障等。

(1) 元器件故障主要是元器件、接插件和印刷板引起的故障。

(2) 机械故障主要发生在外部设备中,如驱动器、打印机等设备,而且这类故障也比较容易发现。

(3) 介质故障主要指软盘、硬盘的磁道损坏,而产生读写故障。

(4) 人为故障主要因为计算机的运行环境恶劣或用户操作不当产生的。

2. 软件系统故障

软件系统故障是指由软件出错或不正常的操作引起文件丢失而造成的故障。软件系统故障是一个复杂的现象,不但要观察程序本身、系统本身,更重要的是要看出现什么样的错误信息,根据错误信息和故障现象才能查出故障原因。软件系统故障可分为系统故障、程序故障和病毒故障等。

(1) 系统故障通常由系统软件被破坏、硬件驱动程序安装不当或软件程序中有关文件丢失造成的。

(2) 对于应用程序出现的故障,主要反映在应用程序无法正常使用。需要检查程序本身是否有错误(这要靠提示信息来判断);程序的安装方法是否正确,计算机的配置是否符合该应用程序的要求,是否因操作不当引起,计算机中是否安装有相互影响或相互制约的其他软件等。

(3) 计算机病毒是一种对计算机硬件和软件产生破坏的程序。由于病毒类型不同,对计算机资源的破坏也不完全一样。计算机病毒不但影响软件和操作系统的运行速度,还影响打印机、显示器正常工作等,轻则影响运行速度,重则破坏文件或造成死机,甚至破坏硬件。

3. 致命性与非致命性故障

(1) 致命性故障。这种情况下系统自检过程不能完成,一般无任何提示信息,又被称为电脑"点不亮"或者是"黑屏",原因比较复杂。这种故障和显示器、显卡的关系最密切,同时主板、CPU、内存等部件的故障也会导致这些现象。

(2) 非致命性故障。一般情况下,机器出现根本无法启动的致命性故障概率并不大,通常故障都是在自检过程中或自检完成后出现死机,系统给出声音、文字等提示信息。可以根据开机自检时非致命性错误代码和开机自检时扬声器对应的错误代码,对可能出现故障的部件做重点检查;但也不能忽略相关部件的检查,因为相当多的故障并不是由提示信息指出的部件直接引起,有时是由相关部件的故障引发。一些关键系统部件(如 CPU、内存条、电源、系统后备电池、主板、总线等)的故障也常常以各种相关或不相关部件故障的形式表现出来,因此这些部件的检查也应在考虑范围之内。

知识 8.3 计算机故障判断分析原则与方法

我们进行计算机故障分析与判断就像医生给患者看病一样,利用一些检测的手段进行相应的检查与测试。我们是计算机医生,只是和医生的诊断对象不同,而使用的方法与过程基本相似。在故障分析过程中,既看、又听、又问、又摸,同时进行分析,并做好记录,通过诊断得出结论,然后对症下药,解决与排除故障。

8.3.1 故障诊断基本原则

(1) 先静后动。检修前先要向使用者了解情况,分析考虑问题可能在哪,再依据现象直观检查,最后才能采取技术手段进行诊断。

(2) 先外后内。首先检查计算机外部电源、设备、线路,如插头接触是否良好、机械是否损坏,然后再打开机箱检查内部。

(3) 先软后硬。从故障现象无法区分是软故障或硬故障时,要先从排除软故障入手,然后再考虑硬件方面的问题。

(4) 先简单后复杂。在进行计算机故障分析与排除时,首先应从简单故障入手,然后再分析复合性的故障。

8.3.2 计算机硬件加电及自检过程

计算机硬件加电、自检、启动过程是有先后顺序的,可根据其自检的先后顺序进行故障定位,能够达到事半功倍的效果。计算机硬件加电及自检过程如图 8.1 所示。

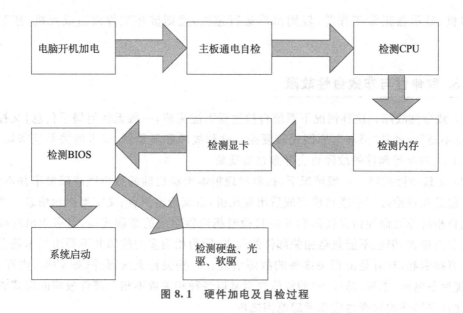

图 8.1 硬件加电及自检过程

8.3.3 故障检测方法

1. 直观检查法

直观检查法即"看、听、闻、摸"。

(1) 看。即观察是否有火花,板卡是否插紧,电缆是否松动、损坏、断线,元器件引脚是否相碰,芯片表面是否开裂,有无烧焦痕迹,铜箔是否烧断、锈蚀,机械部件是否松动或卡死,有无氧化、虚焊,是否有异物掉进主板元器件之间(这可能造成短路)。

(2) 听。听主机喇叭报警声和各风扇、软硬盘电机或寻道声是否正常。如果风扇声音大,可采用在风扇轴承上滴润滑油的方法来解决。

(3) 闻。闻主机中是否有烧焦气味,烧焦处气味更大,根据烧焦气味确定故障部位。

(4) 摸。即用手按压芯片或者显卡声卡等,判断是否松动或接触不良。另外,在系统运行时用手触摸某个部件温度是否正常。一些电流较小、使用率不高的芯片忽然烫手就可能有短路,而一些平时温度较高的芯片忽然变冷了,就有可能未工作。

直观检查法对一些"假性故障"检查特别有效。

2. 拔插法

拔插法是通过将部件"拔出"或"插入"系统来检查故障。拔插法是一种有效的检查方法,最适于诊断计算机死机及无任何显示的故障。将故障系统中的部件逐一拔出,每拔出一个部件,测试一次计算机当前状态,一旦拔出某部件后,计算机能处于正常工作状态,那么故障原因就在这部件上。拔插法也适用于印制板上有插座的集成电路的芯片。

拔插法的另一用途就是可判断是否因安装和接触不良引起的故障。

3. 交换法

交换法就是用相同或相似的性能良好的插卡、部件、器件进行交换，观察故障的变化，如果故障消失，说明换下来的部件是坏的。交换可以是部件级的，也可以是芯片级的，如两台显示器的交换、两台打印机的交换、两块插卡的交换、两条内存的交换等。交换法是常用的一种简单、快捷的维修方法。当故障机为主板故障时，应将故障机除主板以外的所有配件采用交换法插在好的计算机上试验。交换时，尽量用同一种型号的部件交换，否则现象可能不一样。

4. 比较法

对怀疑故障部位或部件不能用交换法进行确定时可用比较法，如某部件很难拆卸和安装，或拆卸和安装后将会造成该部件的损坏，则只能使用比较法。但是必须有两台同样的设备或部件，并且要处于同一工作状态或外界条件。当怀疑某部件有故障时，分别测试相同设备或部件的相同测试点，将正常的特征与故障的特征进行比较，来帮助判断和排除故障。

5. 升温降温法

当计算机工作较长时间或环境温度升高后，即出现故障，而关机检查时又正常，可采用升温法检查。人为升高计算机运行环境的温度，可以检验计算机各部件（尤其是CPU）的耐高温情况，从而及早发现事故隐患。此法对于部件性能变差而引起的故障很适用。逐个加温即可发现是哪个部件发生故障，但一般不要超过70℃，若温度过高，会损坏部件。

人为降低计算机的运行温度，如果计算机的故障出现率大大减少，则说明故障出在高温或不能耐高温的部件中。使用该方法可以缩小故障诊断范围。

事实上升温降温法的采用，是故障促发的原理，以制造故障出现的条件，促使故障频繁出现，从而观察和判断故障所在的位置。

6. 原理分析法

按照计算机部件工作的基本原理，根据各控制信号的时序关系，从逻辑上分析各点应具有的特征，继而找出故障原因，这种方法称为原理分析法。例如，先搞清楚正常状态下某一时刻、某个点应有多宽的脉冲信号，或者应满足哪些条件，正常的电平状态是高电平还是低电平，然后测试和观察该点的实际状态，考虑产生故障的多种可能性，并缩小范围进行观察、分析和判断，直至找出故障原因。此方法经常用于显示器等设备的维修。

7. 软件法

软件法是计算机维修中使用较多的一种维修方法，因为很多计算机故障实际上是软件问题，即所谓的"软故障"，特别是病毒引起的问题，更需依靠软件手段解决。软件维修法常用在开机自检、系统设置、硬件检测、硬盘维护等方面。但是计算机应能基本运行,才能使用软件法。

8. 电压测量法

采用万用表的电压挡来测量组件或元件的各个管脚之间或对地的电压大小,与各点的参考电压比较,若电压与参考值之间相差的比例较大,则表明此组件或元件及外围电路有故障,应对此进行进一步检修;若电压正常,说明此部分完好,可转入对其他组件或元件的测量。

9. 电阻测量法

电阻测量法的方法之一是把怀疑有故障的晶体管、集成芯片取下来,用万用表进行测试,以判断器件的好坏。

电阻测量法的方法之二是在路测量法。用万用表的×1或×10挡测量各点对地电阻或元件脚之间电阻(无电情况下)。

如在路测量导线通断,电阻是否变大,二极管有无正反向特性(正向小,反向大),三极管的好坏等。例如,在路测量$1k\Omega$的电阻,测出的电阻应小于或等于$1k\Omega$,如大于$1k\Omega$,则说明电阻的阻值变大或开路。

10. 最小系统法

最小系统法是指能保证计算机能开机的最小配置,只含主板、CPU、内存、电源、扬声器。显卡和显示器看情况选择要还是不要。

▶ 8.3.4 计算机故障排除步骤

为了保证计算机能够稳定、可靠与高效的工作,必须制定一套有效的维护方法。尤其是在计算机发生故障的时候,如果没有一个完备的分析问题、解决问题的方法与思路,就不能快速地从根本上解决问题。

虽然计算机故障的形式多种多样,但大部分的计算机在维护的时候都可以遵守一定的步骤进行,而具体采用什么样的措施来排除故障,就要根据计算机故障的实际情况而定。计算机的维护基本步骤如图8.2所示。

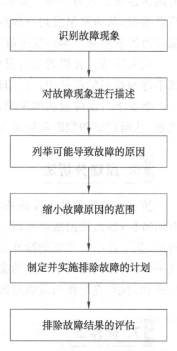

图8.2 计算机故障排除的步骤

知识 8.4　常见计算机故障分析与排除

▶ 8.4.1　计算机假故障排除

平时常见的微机故障现象中,有很多并不是真正的硬件故障,而是由于系统某些特性不为人知,而造成的假故障现象。认识这些微机假故障现象有利于快速地确认故障原因,避免不必要的故障检查工作。

1. 电源问题

电源插座、开关等很多外围设备都是独立供电的,运行计算机时只打开计算机主机电源是不够的。例如,显示器电源开关未打开,会造成"黑屏"和"死机"的假象;外置式调制解调器电源开关未打开或电源插头未插好则不能拨号、上网、传送文件,甚至连调制解调器都不能被识别,碰到独立供电的外设故障现象时,首先应检查设备电源是否正常、电源插头/插座是否接触良好、电源开关是否打开。

2. 连线问题

外设跟计算机之间是通过数据线连接的,数据线脱落、接触不良均会导致该外设工作异常,如显示器接头松动会导致屏幕偏色、无显示等故障,打印机放在计算机旁并不意味着打印机连接到了计算机上,应检查各设备间的线缆连接是否正确。

3. 设置问题

例如,显示器无显示很可能是行频调乱、宽度被压缩,甚至只是亮度被调到最暗;音箱放不出声音也许只是音量开关被关掉;硬盘不被识别也许只是主、从盘跳线位置不对等。详细了解该外设的设置情况,并动手试一下,有助于发现一些原本以为必须更换零件才能解决的问题。

4. 系统新特性

很多故障现象其实是硬件设备或操作系统的新特性。例如,带节能功能的主机,在间隔一段时间无人使用计算机或无程序运行后会自动关闭显示器、硬盘的电源,再敲一下键盘后就能恢复正常。如果不了解这一特征,就可能会认为显示器、硬盘出了毛病,再如 Windows 的一些屏幕保护程序常让人误以为病毒发作等,多了解计算机、外设、应用软件的新特性,有助于增加知识、减少无谓的恐慌。

5. 其他易疏忽的地方

如 CD-ROM 的读盘错误也许只是无意中将光盘正、反面放倒了；U 盘不能写入也许只是写保护滑到了"只读"的位置。发生了故障，首先应先判断自身操作是否有疏忽之处，而不要盲目断言某设备出了问题。

引起计算机系统故障的原因是多方面的。当遇到计算机有故障时，应结合自己对计算机系统原理的理解和日常的维修经验，确定故障的类别，判断故障的部件和原因。

▶ 8.4.2 启动故障分析与排除

在计算机启动过程中，BIOS 系统起着非常重要的作用，它主要是进行系统自检及初始化工作，开机后 BIOS 最先被调用，然后它会督促各硬件设备排队依次接受检查，如果发现严重问题，就停止计算机启动，并不进行任何"提醒和解释"；如果是"可以容忍的错误"，则给出屏幕提示或声音信号报警，等待用户处理。当然，如果未发现任何问题，则令各硬件处于备用状态，然后将指挥权交给操作系统。

计算机启动过程中的故障主要表现为不能启动，不能启动又会表现出多种情况，下面我们根据不同情况进行分析（在假故障已经排除的情况下）。

1. 声音判断故障

在硬件系统自检启动过程中，由于硬件安装不到位或接触不良等原因会导致无法检测到该部件，BIOS 程序设有报警声音，我们可以根据 BIOS 的提示声音来对故障进行定位，由于各 BIOS 厂商的声音所表达的意义不同，下面列出 AMI BIOS 与 AWARD BIOS 声音供大家参考。

AMI BIOS 响铃声的一般含义如下：

（1）一声短：内存刷新失败，内存损坏比较严重，要更换内存。

（2）二声短：内存奇偶校验错误，可以进入 CMOS 设置，将内存 Parity 奇偶校验选项关掉，即设置为 Disabled，不过一般来说，内存条有奇偶校验并且在 CMOS 设置中打开奇偶校验，这对微机系统的稳定性是有好处的。

（3）三声短：系统基本内存（第 1 个 64Kb）检查失败，要更换内存。

（4）四声短：系统时钟出错，维修或更换主板。

（5）五声短：CPU 错误，但未必全是 CPU 本身的错，也可能是 CPU 插座或其他什么地方有问题，如果此 CPU 在其他主板上正常，则肯定错误在于主板。

（6）六声短：键盘控制器错误，如果是因为没插好键盘，则插上就行；如果键盘连接正常但有错误提示，则不妨换一个好的键盘试试；否则就是键盘控制芯片或相关的部位有问题了。

（7）七声短：系统实模式错误，不能切换到保护模式；这也有可能是主板出错。

(8)八声短：显存读/写错误，显卡上的存储芯片可能有损坏的，显卡需要维修或更换。

(9)九声短：ROM BIOS 检验出错，换块相同类型的好 BIOS 试试。

(10)十声短：寄存器读/写错误。只能是维修或更换主板。

(11)十一短：高速缓存错误。

AWARD BIOS 的响铃声含义简单一些，一般含义如下：

(1)一声短：启动正常。

(2)一声长二声短：显卡没插好或显示器接头处松动了，检查显示器连接或测试显卡。

(3)二声短：表示 CMOS 中有不正确的设置。

(4)一声长长响：RAM 或主板出错（即内存条部位出了问题）。

(5)一声长三声短：键盘控制器错误。

(6)一声长九声短：可能是 BIOS 损坏。

2. 屏幕提示判断故障

硬件检测通过，计算机屏幕会显示相关信息，由于 BIOS 设置错误或系统引导失败，计算机屏幕会有相关的信息提示，我们可根据提示进行故障分析与判断，排除故障。一般常见故障如下。

(1) BIOS ROM checksum error-System halted：BIOS 总和检查时发现错误，表明 BIOS 代码遭到损坏。和供应商联系，更换一个 BIOS 芯片或自己动手进行刷新 BIOS 程序。

(2) CMOS battery failed：给 CMOS 供电的主板上的电池失效，如果开机一段时间后重新启动微机时仍然出现此提示，就应该更换电池。

(3) CMOS checksum error-Defaults loaded：CMOS 总和检查时发现错误，加载 BIOS 系统默认设置。此错误通常由于电池失效所引起，检查电池并根据需要予以更换。

(4) Floppy disk(s) fail：不能发现或初始化软驱。检查软驱数据线和电源连线是否正确，如果没有软驱，就在 CMOS Setup 中将 Diskette Drive 设置为 NONE。

(5) HARD DISK INSTALL FAILURE：硬盘安装失败。检查硬盘数据线和电源连线是否正确，以及硬盘跳线设置是否正常；或硬盘本身损坏，尝试更换硬盘。

(6) Hare disk(s) diagnosis fail：执行硬盘诊断时发现有坏的硬盘，可以先把被怀疑的硬盘接到其他计算机上试一试，以确认硬盘确实有故障。

(7) Keyboard error or no keyboard present：不能初始化键盘，检查键盘是否正确安装，键盘上有没有重物压在按键上。

(8) Memory test fail：内存测试时发现错误。随后屏幕还会进一步显示内存错误的类型和位置。

(9) Override enabled-Defaults loaded：如果系统不能按照当前 CMOS 的配置启动，则按照 BIOS 默认的设置启动。

(10) Press TAB to show POST screen：一些原装机往往会更改 BIOS 的开机画面（个人也可以更改），被更改后的 BIOS 会在屏幕的底部显示这样一行提示，以便用户按下 Tab 键后,还原到 BIOS 的正常开机画面显示。

(11) Primary master hard disk fail:第一硬盘接口上的主硬盘有错误,或者是硬盘参数设置不正确,进入 CMOS 重新设置;硬盘线路未连接好,或硬盘自身损坏,检查线路连接是否正常或更换硬盘进行测试。

知识 8.5 典型故障分析与排除

▶ 8.5.1 蓝屏故障

几乎所有使用电脑的用户都遇到过电脑蓝屏的现象,电脑蓝屏是一个非常普遍的现象,即使是比尔·盖茨在介绍 Windows 98 功能的发布会这么重要的场合仍未能避免蓝屏现象。电脑"蓝屏"现象很常见,因为电脑蓝屏的发生有着多种原因。例如,硬件自身出现问题,操作系统原因以及硬件之间不兼容、软件之间不兼容都可能造成蓝屏的问题。蓝屏故障的解决方法也比较多,这里从硬件和软件两方面入手,介绍此类故障的主要原因和解决方法。

计算机由于硬件或软件原因会引起蓝屏故障,本小节将对蓝屏故障进行分析与讲解。电脑蓝屏引发的故障现象如图 8.3 所示。

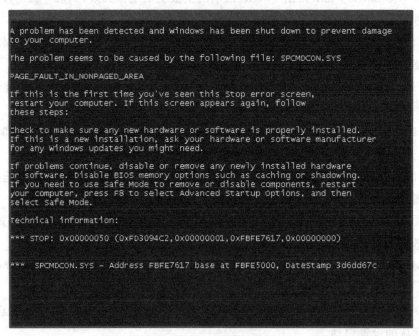

图 8.3 计算机蓝屏

1. 蓝屏故障的原因

1) 硬件因素

（1）散热不良。电源、CPU、显卡在工作中发热量非常大，因此保持良好的通风状况非常重要。工作时间太长会导致电源或显卡散热不良而造成蓝屏；CPU 的散热是关系到电脑运行的稳定性的重要问题，也是散热故障发生的"重灾区"。

（2）移动不当。在电脑移动过程中受到较大振动常常会使计算机部件松动，从而导致接触不良，引起电脑死机或蓝屏，所以移动电脑时应当避免剧烈振动。

（3）灰尘杀手。机器内灰尘过多也会引起死机故障。如软驱磁头或光驱激光头沾染过多灰尘后，会导致读写错误，严重的会引起电脑蓝屏或死机。

（4）软硬件不兼容。三维软件和一些特殊软件可能在有的计算机上就不能正常启动甚至安装，其中可能就有软硬件兼容方面的问题。

（5）内存条故障。主要是内存条松动、虚焊或内存芯片本身质量所致，应根据具体情况排除内存条接触故障，如果是内存条质量存在问题，则需更换内存才能解决问题。

（6）硬盘故障。主要是硬盘老化或由于使用不当造成坏道、坏扇区，这样机器在运行时就很容易发生蓝屏或死机。可以用专用工具软件来进行排障处理，如损坏严重则只能更换硬盘。

（7）CPU 超频。超频提高了 CPU 的工作频率，同时，也可能使其性能变得不稳定。究其原因，CPU 在内存中存取数据的速度本来就快于内存与硬盘交换数据的速度，超频使这种矛盾更加突出，加剧了在内存或虚拟内存中找不到所需数据的情况，这样就会出现"异常错误"。解决办法当然也比较简单，就是让 CPU 回到正常的频率上。

（8）硬件资源冲突。例如，由于声卡或显卡的设置冲突，引起异常错误。此外，其他设备的中断、DMA 或端口出现冲突的话，可能导致少数驱动程序产生异常，以致蓝屏或死机。

（9）内存容量不够。内存容量越大越好，应不小于硬盘容量的 0.5%～1%，如出现这方面的问题，就应该换上容量尽可能大的内存条。

（10）劣质零部件。少数不法商人在给顾客组装兼容机时，使用质量低劣的板卡、内存，有的甚至出售冒牌主板和 Remark 过的 CPU、内存，这样的机器在运行时很不稳定，发生蓝屏或死机在所难免。因此，用户购机时应该警惕，并可以用一些较新版本的工具软件测试电脑，长时间连续拷机（如 72 小时），以及争取尽量长的保修时间等。

2) 软件因素

（1）病毒感染。病毒可以使计算机工作效率急剧下降，造成频繁死机。这时，我们需用杀毒软件如 360 等来进行全面查毒、杀毒，并做到定时升级杀毒软件。

（2）CMOS 设置不当。该故障现象很普遍，如硬盘参数设置、模式设置、内存参数设置不当从而导致计算机无法启动。

（3）系统文件的误删除。由于系统文件被误删除，系统启动时无法加载系统文件，而导致系统蓝屏。

(4) 动态链接库文件(DLL)丢失。在 Windows 操作系统中还有一类文件也相当重要，这就是扩展名为 DLL 的动态链接库文件，这些文件从性质上来讲是属于共享类文件，也就是说，一个 DLL 文件可能会有多个软件在运行时需要调用它。如果我们在删除一个应用软件的时候，该软件的反安装程序会记录它曾经安装过的文件并准备将其逐一删去，这时候就容易出现被删掉的动态链接库文件同时还会被其他软件用到的情形，如果丢失的链接库文件是比较重要的核心链接文件的话，那么系统就会蓝屏或死机甚至崩溃。

(5) 硬盘剩余空间太少或碎片太多。如果硬盘的剩余空间太少，由于一些应用程序运行需要大量的内存，这样就需要虚拟内存，而虚拟内存则是由硬盘提供的，因此硬盘要有足够的剩余空间以满足虚拟内存的需求。

(6) 软件升级不当。大多数人可能认为软件升级是不会有问题的，事实上，在升级过程中都会对其中共享的一些组件也进行升级，但是其他程序可能不支持升级后的组件从而导致各种问题。

(7) 使用盗版软件。因为盗版软件可能隐藏着病毒，一旦执行，会自动修改系统，使系统在运行中出现蓝屏死机。

(8) 非法操作。用非法格式或参数非法打开或释放有关程序，也会导致电脑蓝屏或死机。

(9) 非正常关闭计算机。一般情况下，不要直接使用机箱中的电源按钮，否则会造成系统文件损坏或丢失，引起自动启动或者运行中死机。对于 Windows 98/2000/NT 等系统来说，这点非常重要，严重的话，会引起系统崩溃。

2. 蓝屏故障排除思路

排除蓝屏故障的步骤如下：
(1) 重新启动电脑。
(2) 检查新硬件兼容。
(3) 卸载或禁用新驱动和新服务。
(4) 检查病毒。
(5) 检查 BIOS 的设置。
(6) 检查系统日志。
(7) 最后一次正确配置。
(8) 安装最新的系统补丁和 Service Pack。
(9) 检查计算机的散热系统。

3. 排除故障的方法

1) 根据故障代码

部分故障根据代码就可以准确地找出答案，部分故障可根据代码缩小故障范围。如图

8.4 所示,显示代码 0x00000050 AGE_FAULT_IN_NONPAGED+AREA。

图 8.4 蓝屏代码图示

错误分析:有问题的内存(包括物理内存、二级缓存、显存)、不兼容的软件(主要是远程控制和杀毒软件)、损坏的 NTFS 卷以及有问题的硬件(比如 PCI 插卡本身损坏)等都会引发这个错误。

2) 利用 PE 系统进行解决

利用光盘或 U 盘启动盘启动 PE 系统,如果能够启动,可以排除主板、内存、显卡、CPU 等部件不存在问题,故障应该是由于硬盘、操作系统或软件方面的原因。例如,硬盘有坏道,软件方面例如系统文件丢失、驱动程序、病毒、新安装的软件或新启用的服务等原因。光盘 WIN8 PE 启动如图 8.5 所示。

3) 利用安全模式

如果系统能够正常进入安全模式,并且工作稳定,就可以断定硬件没有问题,问题应该是出在软件方面(例如驱动程序、病毒、新安装的软件或新启用的服务)。

图 8.5 光盘 WIN8 PE 启动

如果系统不能进入安全模式,那就不能断定是硬件或是软件的原因。首先重新设置 BIOS 看故障是否排除,然后重新安装操作系统,如果在安装系统的过程当中仍然出现蓝屏那就说明是硬件部分出现了问题,如果是硬件问题就按我们上面讲过的方法进行硬件故障检测,如果系统能够顺利安装,那就说明是系统文件丢失而造成系统蓝屏。

▶ 8.5.2 死机故障分析与排除

在计算机故障现象中,死机是一种较常见的故障现象,同时也是难以找到原因的故障现象之一。由于在"死机"状态下无法用软件或工具对系统进行诊断,因而增加了故障排除的难度。死机现象一般表现为:系统不能启动、显示黑屏、显示"凝固"、键盘不能输入、软件运行非正常中断等。死机可以由软件和硬件两方面的原因引起,我们主要分析由硬件引起的死机故障以及相应的检查处理方法。

(1) 排除系统"假"死机现象,使用我们前面介绍的方法进行解决。

(2) 排除病毒和杀毒因素引起的死机现象,用无毒干净的系统盘引导系统,然后运行防病毒软件的最新版本对硬盘进行检查,确保计算机安全,排除因病毒引起的死机现象。另外,如果在杀毒后引起了死机现象,这多半是因为病毒破坏了系统文件、应用程序及关键的数据文件;或是杀毒软件在清除病毒的同时对正常的文件进行了错误操作,破坏了正常文件的结构,碰到这类问题,只能将被损坏(即运行时引起死机)的系统或软件进行重装。

(3) 频繁死机现象的故障判断,如果死机现象是从无到有,并且越来越频繁,一般有以下两个原因:①使用维护不当,请参见第(6)步;②计算机部件品质不良或性能不稳定,请参见第(8)步。

(4) 排除软件安装、配置问题引起的死机现象。

① 如果是在软件安装过程中死机,则可能是系统某些配置与安装的软件冲突。这些配置包括系统 BIOS 设置、系统配置文件以及一些硬件驱动程序和内存驻留程序,可以试着修改上述设置项。对 BIOS 可以加载其默认设置;对系统配置文件则可以在启动时按 F8 逐步选择执行来判断与安装程序什么地方发生了冲突;一些硬件驱动程序和内存驻留程序则可以通过不加载它们的方法来避免冲突。

② 如果是在软件安装后发生了死机,则是安装好的程序与系统发生冲突。一般的做法是恢复系统在安装前的各项配置,然后分析安装程序新装入部分使用的资源和可能发生的冲突,逐步排除故障原因,删除新安装程序也是解决冲突的方法之一。

(5) 系统启动过程中的死机现象可以按照我们前面介绍的方法处理。

(6) 排除因使用、维护不当引起的死机现象,微机在使用一段时间后会因为使用、维护不当而引起死机,尤其是长时间不使用计算机后常会出现此类故障,引起的原因有以下几种:

① 积尘导致系统死机,灰尘是计算机的大敌。过多的灰尘附着在 CPU、芯片、风扇的表面会导致这些元件散热不良;电路印刷板上的灰尘在潮湿的环境中常常导致短路。上述两种情况均会导致死机。可以用毛刷将灰尘扫去,或用棉签蘸无水酒精清洗积尘元件。注意不要将毛刷和棉签的毛、棉留在电路板和元件上而成为新的死机故障源。

② 部件受潮,长时间不使用计算机,会导致部分元件受潮而使用不正常。可用电吹风的低热挡均匀对受潮元件"烘干"。注意不可对元件一部分加热太久或温度太高,避免烤坏元件或导致虚焊。

③ 板卡、芯片引脚氧化导致接触不良,将板卡、芯片取出,用橡皮擦轻轻擦拭引脚表面去除氧化物,重新插入插座。

④ 板卡、外设接口松动导致死机,仔细检查各 I/O 插槽插接是否正确,各外设接口接触是否良好,线缆连接是否正常。

⑤ 意外损坏,如雷击电流通过未经保护的电源及调制解调器电话线进入主机,损坏电源、主机板、调制解调器及各种内外设备。意外损坏是否发生、其对计算机产生了什么破坏性的后果,都只能用交换法、拨插法测试主机各部件的好坏来判断。

(7) 排除因硬件安装不当引起的死机现象,硬件外设安装过程中的疏忽常常导致莫名其妙的死机,而且这一现象往往在微机使用一段时间后才逐步显露出来,因而具有一定的迷惑性。

①部件安装不到位、插接松动、连线不正确引起的死机,显示卡与 I/O 插槽接触不良常常引起显示方面的死机故障,如"黑屏";内存条插接松动则常常引起程序运行中死机,甚至

系统不能启动；其他板卡与插槽（插座）的接触问题也常常引起各种死机现象。要排除这些故障，只需将相应板卡、芯片用手摁紧，或从插槽（插座）上取下重新安装。如果有空闲插槽（插座），也可将该部件换一个插槽（插座）安装以解决接触不良问题。线缆连接不正确有时也会引发死机故障。

② 安装不当导致部件变形、损坏引起的死机，口径不正确、长度不恰当的螺钉常常导致部件安装孔损坏、螺钉接触到部件内部电路引起短路导致死机；不规格的主板、零部件或不规范的安装常常引起机箱、主板、板卡外形上的变异因而挤压该部件内部元件导致局部短路、内部元件损坏导致莫名其妙的死机。如果只是计算机部件外观变形，可以通过正确的安装方法和更换符合规格的零部件来解决；如果已经导致内部元件损坏，则只能更换新的零部件了。

（8）排除因硬件品质不良引起的死机现象，一般说来，计算机产品都是国际大厂按照国际标准流水线生产出来的，部件不良率是很低的。但是一些非法厂商对微机标准零部件改头换面、进行改频、重新标记（Remark）、以次充好，甚至将废品、次品当作正品出售，导致这些硬件的产品性能不稳定，环境略有不适或使用时间稍长就会频繁发生故障，尤其是CPU、内存条、主板等核心部件及其相关产品的品质不良，是导致无原因死机的主要故障源。

知识8.6　计算机主要部件故障汇总

为帮助大家更好地进行故障分析与故障定位，这里将计算机的主要部件故障表现形式、故障现象，以及故障原因等进行简单汇总，如表8.1所示。

表8.1　计算机主要部件故障汇总表

设备	故障表现形式、现象和原因
内存条	报警声：AWARD BIOS 一声长长响，内存损坏或内存没有正确安装或接触不好
	按小键盘上的 Num Lock 键，如果亮闪烁，内存检测通过，未闪烁内存没有检测通过
	会引发蓝屏、死机、黑屏等故障
显卡	报警声：Award BIOS 一长两短
	会引发花屏、蓝屏、死机等故障
硬盘	找不到硬盘，BIOS检测不到
	BIOS能够到检测，但数据不正确
	不能够找到系统盘
	物理坏道、逻辑坏道处理
	硬盘连线不正确或跳线设置错误
散热系统	CPU、显卡、机箱风扇不工作或南、北桥散热系统不好，会引发系统死机、蓝屏等故障现象

续表

设备	故障表现形式、现象和原因
电源连接	未连接电源线
	未连接主板电源线
	未连接机箱开关电源
显示器	电源指示灯。根据显示器指示灯状态,判断是否工作正常
	手背接触屏幕。若指示灯不亮,用手背接触屏幕,如果有静电感觉表示显示器已通电

项目实施

任务8.1 计算机各部件的日常维护

| 学习情境 |

张超同学接到英语老师打来的电话,说自己的计算机经常死机,最近越来越频繁,同时计算机的运行速度很慢。英语老师描述前段时间在使用计算机时会出现死机,但不是太频繁,偶尔出现,但近期工作不到10分钟就要死机,无法正常使用。不知道如何处理,便打电话求助于张超。

| 任务分析 |

张超同学到现场,将计算机断电后打开机箱一看,发现机箱里面都是灰尘,并且由于长期没有保养,CPU风扇都是油腻并沾满了灰尘。通过观察,他判断有可能是由于灰尘过多而导致系统散热效果不好,而引发的死机故障。

| 任务实施 |

1) 对各部件进行全面除尘

(1) 首先释放静电,触摸墙壁或地板以释放静电。

(2) 对各部件进行全面除尘工作,把计算机各部件卸载下来,对各部件进行全面清洁。用毛刷扫去各部件的表面灰尘,用橡皮擦去内存条、显卡金手指上的氧化层,重新组装计算机,保证硬件运行环境良好。

2) 系统优化

系统运行速度慢引发的原因也有可能因为系统垃圾过多,因此可通过清理系统垃圾提升计算机的运行速度。

(1) 安装优化大师。

(2) 使用优化大师对系统进行优化，Windows 优化大师运行界面如图 8.6 所示。

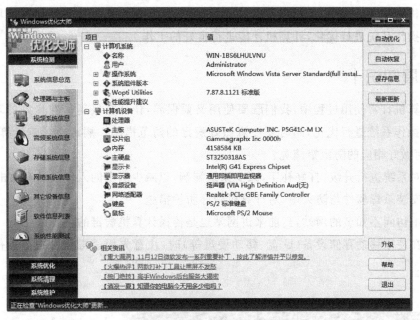

图 8.6　Windows 优化大师运行界面

(3) 任务模拟

对计算机实验室指定的计算机进行日常检查与维护，并将检查结果记录于表 8.2 中。

表 8.2　计算机日常检查与维护登记表

学生姓名		计算机号	
指导教师		时间	
检查结果			
硬件系统 存在的问题		处理结果	
软件系统 存在的问题		处理结果	
计算机日常 使用建议			

任务小结

计算机在使用过程中,要加强日常维护与保养,首先要保证硬件系统运行环境良好,同时也要对操作系统进行优化,计算机才能进行良好的工作。

拓展知识

在计算机日常使用过程中,我们既要使用又要保养,让计算机运行在良好的环境中,并且也要对操作系统进行优化,同时要注意做好病毒的防范措施。病毒会影响计算机的正常运转,如何做好相应的防范措施呢?

(1) 对系统进行升级,打好补丁,减少系统漏洞,以减少病毒的入侵及黑客攻击的机会。

(2) 安装杀毒软件与防火墙,对计算机做好防护措施。

(3) 不访问不知名的网站,当前来讲网站也是传播计算机病毒的主要途径。

(4) 在使用移动存储设备(U盘、移动硬盘等)时,注意先用杀毒软件扫描后使用,保证使用安全。

任务 8.2　掌握计算机维修的方法

学习情境

一天下午,张超的高中同学陈慧打来电话,调侃地说:"张超同学,听说你是电脑高手,我的计算机蓝屏了,无法进入系统,不知道如何处理,请你帮忙解决一下了!"同时进行了故障描述,安装是的 Windows XP 系统(Ghost 版),原来计算机一切工作正常,因为陈慧同学是学室内设计的,由于显卡配置低而不能满足需要,购买了一张新的显卡对系统进行升级。更换显卡后第一次启动系统正常,并且还做了一张图没有任何问题,过几分钟后,重新启动系统就出现了蓝屏故障,就不知道如何解决了。

任务分析

这是一个典型的计算机"蓝屏"故障。引发蓝屏的故障很多,计算机硬件系统与软件系统都可能导致系统蓝屏,我们应该从哪里下手来进行分析解决呢?同时采用何种方法才能以最快的速度排除故障呢?

任务实施

1) 故障原因分析

根据故障描述,做如下分析。

（1）在更换显卡前计算机工作正常，说明计算机原来的硬件（CPU、主板、内存、显卡、硬盘）是正常的，应该不是原硬件的问题。

（2）更换显卡后，第一次启动系统正常，说明新显卡也不存在问题。

（3）更换显卡前，系统都能够正常启动，并且更换显卡后，第一次系统启动正常，说明操作系统出现故障的概率较小。

根据以上的分析可得出，故障原因可能是出在显卡驱动上，归根结底是由于 Ghost 版系统引起的，由于 Ghost 版系统中自带有很多驱动程序，会自动安装一个兼容驱动，但由于驱动和硬件兼容性不好从而导致系统蓝屏。

2）故障排除过程

（1）卸载显卡驱动。在操作系统启动过程中，按 F8 进入 Windows 高级选项菜单，选择安全模式，如图 8.7 所示。启动系统后，进入设备管理器，选择显卡右键菜单"卸载"命令，卸载显卡驱动，如图 8.8 所示。

图 8.7　Windows 高级选项菜单

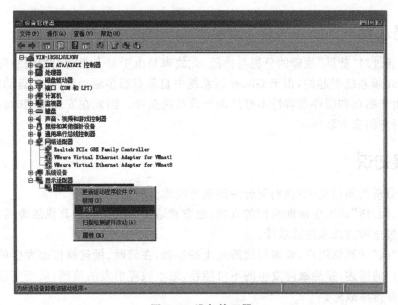

图 8.8　设备管理器

（2）安装显卡启动。卸载显卡驱动后，重新启动计算机，进入系统正常启动模式，在显卡官方网站下载 Windows XP 系统显卡驱动，进行安装即可。或利用驱动人生或驱动精灵自更新驱动也可。

3）故障排除总结与归纳

将故障原因、所使用的方法、排除故障的过程，以及故障定位等，根据要求填写故障排除表，填写维修记录表 8.3。

表 8.3 维修记录表

维修员		指导教师	
维修时间		故障类型	
故障现象			
故障原因分析			
故障排除过程			
维修方法			
总　结			

| 任务小结 |

本任务通过对"蓝屏"故障的分析与排除，此故障是由于显卡驱动引发的故障，归根结底是由于 Ghost 版系统引起的，由于 Ghost 版系统中自带有很多驱动程序，会自动安装一个兼容驱动，但由于驱动和硬件兼容性不好从而导致系统蓝屏。因此在安装驱动时，要安装与系统、硬件相对应的官方驱动。

| 拓展知识 |

在故障分析判断过程中，我们要合理的选择故障分析的方法。

"望、问、闻、切"是医生诊断病情的方法，也非常适用于我们对计算机故障的判断。很多时候我们通过这种方法来排除故障。

我们要"问"计算机用户，要询问故障发生的过程，在何时、做何操作而发生的故障，我们可以通过用户的描述，排除故障发生的不可能性，缩小故障引发的范围，从而实现故障定位，以最快的速度排除故障。

同时，我们要有良好心态，坚信能够排除故障，即要有四心：耐心、信心、恒心、细心。

任务 8.3　常见故障的分析和处理

| 学习情境 |

有一天张超同学的同学李旭跑来问他，说自己的计算机出现了问题，开不了机，不知道

是怎么回事。李旭的计算机能够加电，但无显示，内存也没有任何报警声，也不知道哪里出了问题。

|任务分析|

这是一个典型的计算机黑屏故障。计算机黑屏，没有任何反应，那应该是计算机硬件出现了问题。例如，CPU、主板、内存、显卡等都有可能引起黑屏故障。我们可以合理利用计算机故障分析的方法，根据测试来找出故障点的所在。

|任务实施|

1) 故障原因分析

根据上述故障现象所述，这是一个典型的黑屏故障，这类故障与显示器、显示卡关系很密切，同时系统主板、CPU、CACHE、内存条、电源等部件的故障也能导致黑屏。

（1）假"黑屏"，如显示器数据连线脱落，显示器电脑没有打开等。

（2）设置出现问题，如 BIOS 参数设置不正确等。

（3）硬件接触不良引发的原因，如灰尘过多导致内存条、显卡等部件接触不良等。

（4）硬件损坏，如主板、CPU、内存、显卡、电源、显示器等。

2) 故障排除流程

根据第1)步的故障原因分析，可依照流程图逐步排除故障，如图8.9所示。

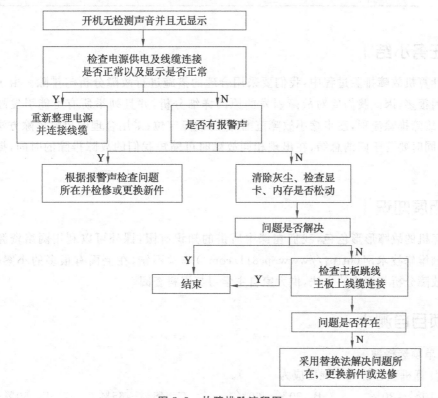

图 8.9　故障排除流程图

3) 故障排除总结与归纳

将故障原因、所使用的方法、排除故障的过程以及故障定位等,根据要求填写故障排除表,填写维修记录表8.4。

表8.4 维修记录表

维修员		指导教师	
维修时间		故障类型	
故障现象			
故障原因分析			
故障排除过程			
维修方法			
总　结			

| 任务小结 |

在计算机故障排除过程中,我们要采用合理的措施进行故障分析与排除。由于引发故障的原因很多,因此我们要对故障引发的原因详细分析,并且列举所有可能引发故障的原因;设计故障排除流程,逐步缩小故障范围,进行故障定位;采用合理的故障排除方法进行故障排除;同时要善于归纳总结,在出现相同故障时可缩短我们的故障排除的时间,提高工作效率。

| 拓展知识 |

计算机的故障形形色色,我们在课中所讲的知识有限,课外可以利用网络资源进行学习。电脑维修技术网(http://www.pc811.com/)非常不错,在上面有很多的小案例,提供了很多故障分析与解决的方法,供大家自主学习与资料查阅。

| 项目自测 |

一、单项选择题

1. 计算机理想的工作湿度应为(　　)。
   A. 10%～30%　　　B. 30%～60%　　　C. 45%～65%　　　D. 60%～80%
2. 室内相对湿度大于(　　)时,显示器会有漏电的危险。

A. 80%　　　　B. 70%　　　　C. 50%　　　　D. 30%

3. 在打开机箱之前,双手要触摸一下地面或者墙壁,原因是(　　)。
A. 去掉灰尘　　B. 清洁手部　　C. 释放静电　　D. 增大摩擦

4. 可以用(　　)来擦拭金手指,除去尘土。
A. 砂纸　　　　B. 酒精　　　　C. 清洁剂　　　D. 油画笔

5. 当内存条的金手指出现氧化层或沾上油污,可以用(　　)来擦拭清洁。
A. 砂纸　　　　B. 卫生纸　　　C. 橡皮　　　　D. 毛笔

6. 一般计算机关机后距离下一次开机的时间间隔至少应有(　　)。
A. 1分钟　　　B. 30秒　　　　C. 20秒　　　　D. 10秒

7. 计算机硬件资源冲突解决的办法是以(　　)模式启动操作系统。
A. 正常　　　　B. MS-DOS　　　C. 安全　　　　D. 分步

8. AWARD BIOS的主板开机时,出现一长二短的报警声音,这表示(　　)。
A. 显卡错误　　B. 内存错误　　C. 键盘错误　　D. CPU错误

9. Award BIOS的声音代码(　　)表示键盘控制器错误。
A. 一长三短　　B. 一长一短　　C. 一长八短　　D. 一长二短

10. 分析并找出故障点应按照(　　)的原则进行。
A. 先软后硬、先外后内
B. 先硬后软、先外后内
C. 先硬后软、先外后内
D. 先硬后软、先内后外

二、多项选择题

1. 计算机故障处理的一般规则是(　　)。
A. 先繁后简　　B. 先简后繁　　C. 先硬后软　　D. 先软后硬

2. 检测计算机故障的方法和手段有(　　)。
A. 直接观察法　B. 重启法　　　C. 插拔法　　　D. 替换法
E. 敲打法　　　F. 接电法

3. 内存故障出现的现象有(　　)。
A. 死机　　　　B. 加电无显示　C. 声音报警　　D. 不能运行

4. 兼容性故障一般可分为(　　)。
A. 硬件与硬件之间的兼容性故障
B. 硬件与软件之间的兼容性故障
C. 软件与软件之间的兼容性故障
D. 硬件与机箱之间的兼容性故障

5. 解决灰尘引发的插槽与板卡接触不良的最好办法是(　　)。
A. 重新插拔板卡　B. 清洁插槽　　C. 清洁金手指　D. 更换板卡

三、判断题

1. 显示器处于通风的环境下,可以确保显示器良好的散热。(　　)
2. 使用计算机的次数少或使用的时间短,就能延长使用寿命。(　　)
3. 计算机系统加电自检程序存储在ROM BIOS芯片中。(　　)
4. 软件原因引起的死机是病毒感染造成的。(　　)
5. 在退出Windows时,选中"关闭计算机"退出系统后,ATX会自动切断对主板所有电

路的供电。（　　）

四、思考题

1. 计算机按下电源开关以后电源指示灯亮,但是计算机不能正常显示,也没有声音代码报错,电源风扇转动,CPU风扇不转,分析引发故障的原因及排除故障的方法。

2. 某用户的计算机最近运行速度明显变慢,开机未运行任何程序,CPU的使用率为100%,从任务管理器的进程栏中,可检查到一项未知进程占用了大部分的CPU,请问这是为什么?

3. 开机后计算机加电无显示,且伴有三声短报警声,计算机主板采用的是AMI BIOS,请判断是哪个部件出现了问题,如何解决?

4. 开机后计算机加电无显示,且伴有一长二短报警声,计算机主板采用的是AWARD BIOS,请判断是哪个部件出现了问题,如何解决?

5. 什么是最小系统维护法?

参 考 文 献

[1] 刘洋,曲大海,文佳. 计算机组装、维护与维修项目教程[M]. 北京:航空工业出版社,2014.

[2] 杨继萍,夏丽华等. 计算机组装与维护标准教程(2015-2018版)[M]. 北京:清华大学出版社,2014.

[3] 陈桂生等. 计算机组装与维护项目化教程[M]. 北京:北京邮电大学出版社,2012.

[4] 王钢,李鹏程,邵丹. 计算机操作系统安装教程[M]. 西安:西北工业大学出版社,2012.

[5] 马琰. 计算机组装与维护教程[M]. 北京:机械工业出版社,2013.

[6] 郑志刚. 计算机组装与维护[M]. 哈尔滨:哈尔滨工业大学出版社,2013.